# Sonne, Mond und Venus

ACTUS
BAND X et IMAGO

Berliner Schriften für Bildaktforschung
und Verkörperungsphilosophie

Herausgegeben von Horst Bredekamp und
Jürgen Trabant

Schriftleitung: Marion Lauschke

Ulrike Feist

# Sonne, Mond und Venus

## Visualisierungen astronomischen Wissens im frühneuzeitlichen Rom

Akademie Verlag

Einbandgestaltung unter Verwendung von Francesco Colonna, „Hypnerotomachia Poliphili", 1499 (Vorderseite) und Francesco Bianchini, Tuschzeichnung, Detail, 1726, Biblioteca Capitolare Verona, cod. CCCCXXXIV, fol. 191r (Rückseite).

Bibliografische Information der Deutschen Nationalbibliothek
Die Deutsche Nationalbibliothek verzeichnet diese Publikation in der Deutschen Nationalbibliografie; detaillierte bibliografische Daten sind im Internet über http://dnb.d-nb.de abrufbar.


Ein Wissenschaftsverlag der Oldenbourg Gruppe

www.akademie-verlag.de



Reihengestaltung: Petra Florath, Berlin
Druck und Bindung: DZA Druckerei zu Altenburg GmbH, Altenburg

Dieses Papier ist alterungsbeständig nach DIN/ISO 9706.

ISBN 978-3-05-006365-2

# Inhaltsverzeichnis

# DANK

Die vorliegende Studie wurde im Januar 2011 von der Philologisch-Historischen Fakultät der Universität Augsburg als Dissertation im Fach Kunstgeschichte/ Bildwissenschaft angenommen. Großer Dank gebührt in erster Linie den Betreuern dieser Arbeit, Gabriele Bickendorf (Augsburg) und Horst Bredekamp (Berlin), die meine Forschungen über die gesamte Promotionszeit engagiert unterstützt und vertrauensvoll begleitet haben. Gabriele Bickendorf hat mir im Graduiertenkolleg *Wissensfelder der Neuzeit* mit Rat und Tat zur Seite gestanden und in mancher Situation den entscheidenden Rückhalt geboten. Während meines Studiums hat Horst Bredekamp durch seine Lehrveranstaltungen und Forschungsprojekte mein Interesse für bild- und wissenschaftsgeschichtliche Fragestellungen geweckt und die Themenfindung und Ausrichtung dieser Arbeit inspiriert. Sein Enthusiasmus und seine Ermutigungen haben mit dazu beigetragen, die Arbeit auch durch schwierige Phasen hindurch weiter voranzutreiben und zu vollenden.

Für die kollegiale und freundschaftliche Unterstützung sowie anregende Diskussionen danke ich allen Mitgliedern des Graduiertenkollegs *Wissensfelder der Neuzeit* des Instituts für Europäische Kulturgeschichte der Universität Augsburg sowie der Kolleg-Forschergruppe *Bildakt und Verkörperung* des Instituts für Kunst- und Bildgeschichte der Humboldt-Universität zu Berlin. Hinweise zu einzelnen Aspekten verdanke ich Fabrizio Bònoli, Rudolf Burandt, Lucas Burkart, Ivano Dal Prete, Simone De Angelis, Peter H. Feist, Robert Felfe, Arne Karsten und Brigitte Sölch. Der Biblioteca Capitolare in Verona sowie der Biblioteca Vallicelliana in Rom danke ich für die Hilfe während meiner Archivrecherchen.

Für die Aufnahme meiner Studie in die Schriftenreihe *Actus et Imago. Berliner Schriften für Bildaktforschung und Verkörperungsphilosophie* gilt mein Dank den Herausgebern, Horst Bredekamp und Jürgen Trabant. Martin Steinbrück danke ich für die umsichtige Betreuung seitens des Akademie Verlags und Petra Florath für die graphische Gestaltung des Bandes.

Ohne das Vertrauen, die Geduld und Unterstützung sowie den steten aufmunternden Zuspruch meiner Eltern, Großeltern und Freunde wäre diese Arbeit nicht entstanden. Ihnen sei mit der Widmung dieses Buches herzlich gedankt.

# EINLEITUNG

Die Erfindung des Fernrohrs führte im Verlauf des 17. Jahrhunderts zu einem Aufschwung der Astronomie. Dieser äußerte sich nicht nur in einer verstärkten Himmelsbeobachtung, sondern damit einhergehend auch in einer ansteigenden Produktion astronomischer Visualisierungen.[1] Dass diese Entwicklung weit über den Bereich der im Zuge der Himmelserforschung geschaffenen astronomischen Karten und Globen hinausging, zeigt das Beispiel Kardinal Bernardino Spadas (1594–1661), der im Jahre 1644 das gesamte Gewölbe einer repräsentativen Galerie seines römischen Palastes mit einer Spiegelsonnenuhr dekorieren ließ. In das dichte Netz verschiedener Stundenlinien sind auch figürliche Darstellungen der Tierkreiszeichen integriert (Bild 1).

Die Observation des Himmels mit Hilfe von Teleskopen sowie die Visualisierung der beobachteten Sternenkonstellationen in Form von gezeichneten Sternbildern (Bild 2) markierten auch den Beginn der astronomischen Forschungen Francesco Bianchinis (1662–1729). Den Höhepunkt von dessen Karriere als Astronom bildete die Publikation eines Traktats über den Planeten Venus unter dem Titel *Hesperi et Phosphori. Nova Phaenomena sive Observationes circa Planetam Veneris*, das eineinhalb Jahrhunderte als die wichtigste Referenz für die Erforschung der Venus galt.[2]

Mit der Spiegelsonnenuhr des Palazzo Spada und den Venuszeichnungen Francesco Bianchinis stehen Beispiele frühneuzeitlicher astronomischer Visualisierungen im Zentrum der vorliegenden Arbeit, die zu unterschiedlichen Zeiten, in unterschiedlichen Kontexten und in unterschiedlichen Medien entstanden sind. Eine Vergleichbarkeit entsteht jedoch durch den theoretischen und

1 In der Wissenschaftsgeschichte des 17. und frühen 18. Jahrhunderts können zwei große Visualisierungsschübe ausgemacht werden. Vgl. Bickendorf 2002.

2 Erst im Jahre 1890 wurden von Giovanni Virginio Schiaparelli grundlegend neue Erkenntnisse veröffentlicht. Vgl. Schiaparelli 1930. Siehe auch Dal Prete 2003, S. 17.

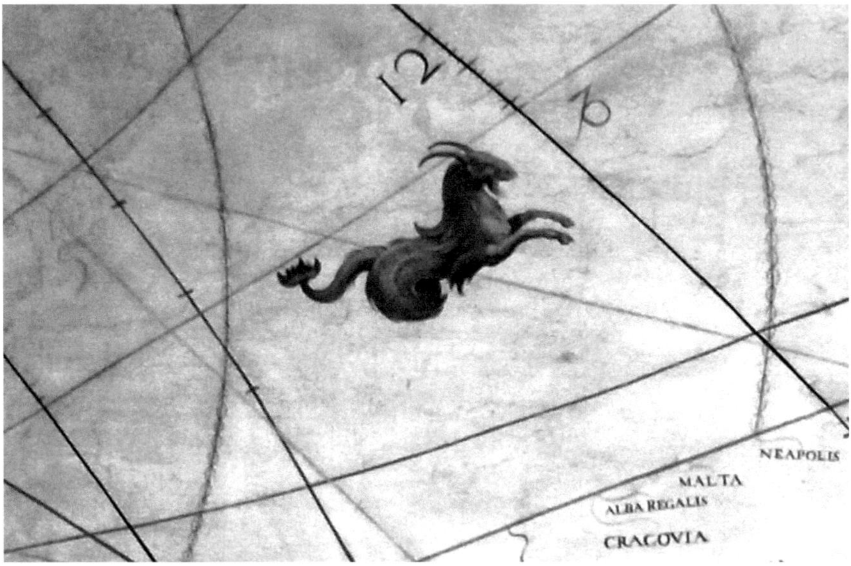


Bild 1 Giovanni Battista Magni, Tierkreiszeichen Steinbock, Fresko, 1644, Galleria della Meridiana, Palazzo Spada, Rom.

methodischen Rahmen sowie die konkrete Fragestellung. Ziel ist es, die bisher kaum wahrgenommenen Werke in ihren verschiedenen Darstellungsformen zu beschreiben, die spezifischen Entstehungskontexte zu untersuchen sowie die jeweiligen Strategien der Verbildlichung und Evidenzerzeugung aufzudecken und zu analysieren. Dabei wird deutlich werden, dass der individuelle Erfolg der Visualisierungsstrategien unabhängig von der Korrektheit des visualisierten Wissens war.

Die Kunstpatronage war seit jeher ein wesentlicher Bestandteil des Selbstverständnisses weltlicher wie geistlicher Fürsten. Da die naturwissenschaftliche Betrachtungsweise und die damit verbundene Mathematisierung sowie zunehmende Berechenbarkeit der Welt den monarchisch verfassten Staaten der Frühen Neuzeit jedoch die wichtigen Elemente ihrer Legitimation nahm,[3] musste eine Strategie gefunden werden, diese Entwicklung ins Gegenteil zu kehren und die mathematischen Wissenschaften, darunter auch die Astronomie, vielmehr zum Zwecke einer Stärkung und Legitimierung von Herrschaft zu fördern. Dem Aufstieg der mathematischen Wissenschaften zu Leitwissenschaften in der Frühen Neuzeit ging folglich einher, dass die Wissenschaftspatronage zunehmend einen der Kunstpatronage vergleichbaren Stellenwert erlangte. Daher

3 Vgl. Bredekamp/Schneider 2006, S. 7.

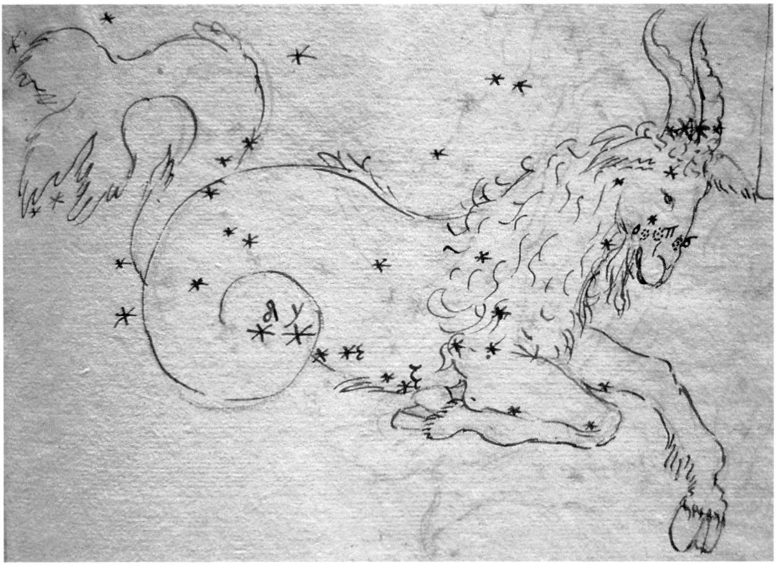

Bild 2 Francesco Bianchini, Sternbild Steinbock, Tinte auf Papier, um 1680, BCV, cod. CCCLXXXVII, fol. 258.

muss jenen Patronageverhältnissen, die die Produktion und Verbreitung von Wissen ermöglichten, sowie sozialhistorischen Implikationen wie Macht und Exklusivität, dem Austausch in Netzwerken und nicht zuletzt den verschiedenen Strategien der Authentifizierung besonderes Augenmerk gelten.

Die vorliegende Arbeit ist in zwei Hauptteile gegliedert, die sich der Galleria della Meridiana (Sonnenuhrgalerie) im Palazzo Spada sowie Francesco Bianchinis Exploration der Venus widmen.[4] Im Anschluss an eine ausführliche Beschreibung des Quadranten der Sonnenuhr, der Dekorationen und der Inschriftentafeln der Galleria della Meridiana wird im zweiten Abschnitt des ersten Teils der Fokus auf die wissenschaftliche Sammlung Kardinal Spadas gelegt und dessen Rolle als Patron des französischen Mathematikers Emmanuel Maignan, des Erfinders dieser Sonnenuhr, in den Blick genommen. Im dritten Kapitel zur Galleria della Meridiana werden mögliche Vorbilder für die Spiegelsonnenuhr sowie weitere astronomische Visualisierungen vorgestellt. Anschließend folgt eine Untersuchung der Rezeptionsgeschichte der Galleria della Meridiana und des Erfolgs oder auch Misserfolgs dieser spezifischen Visualisierungsstrategie.

4 Einige Teilaspekte der vorliegenden Arbeit wurden bereits in Aufsätzen vorgestellt. Vgl. Feist 2012; Feist 2013, Strategies of Evidence sowie Feist 2013, Reflection Sundial.

Die Aufteilung in drei Abschnitte, die sich der detaillierten Beschreibung der astronomischen Visualisierungen, dem Patronageverhältnis sowie der Rezeption widmen, gilt ebenso für den zweiten Teil der Arbeit über Francesco Bianchinis Venusforschungen. Zunächst werden die Bilder des Traktats sowie Bianchinis Originalzeichnungen der Venus beschrieben, um im Anschluss daran das Patronageverhältnis zwischen Bianchini und dem portugiesischen König Johann V., das sich auch in der Nomenklatur der Venusflecken widerspiegelt, zu untersuchen. Der dritte Abschnitt behandelt ausführlich die von Bianchini angewandten Strategien der Evidenzerzeugung.[5] Nach einem Vergleich der verschiedenen Ergebnisse bezüglich der Rotationsperiode der Venus wird die Rezeptionsgeschichte der Venusforschungen analysiert, ehe abschließend eine Einordnung der wissenschaftlichen Leistung Bianchinis erfolgt.

Der Palazzo Spada ist zum einen berühmt für die Galleria Spada – die größtenteils von Kardinal Bernardino Spada zusammengetragene und in vier Räumen des Palastes ausgestellte Gemäldesammlung – und zum anderen für die vom Architekten Francesco Borromini 1652 im Giardino Segreto errichtete perspektivische Kolonnade. Die restlichen Bereiche des Palastes, darunter auch die Galleria della Meridiana, sind der Öffentlichkeit kaum zugänglich, da der Palazzo Spada seit 1926 als Sitz des Consiglio di Stato, des italienischen Staatsrats, dient.

Lionello Neppis im Jahre 1975 in italienischer Sprache veröffentlichte baugeschichtliche Monographie kann bis heute als wichtigste Arbeit über den Palazzo Spada gelten, auf die sich auch die neueren Arbeiten durchweg stützen – insbesondere aufgrund der im Anhang publizierten Quellensammlung.[6] Neppis Studie ist zudem die einzige, die sich ausführlicher der Galleria della Meridiana zuwendet.[7] Einen biographischen Zugang zur Person des Kardinals Bernardino Spada bietet die Arbeit von Arne Karsten, die auf der von Virgilio Spada (1596–1662), dem jüngeren Bruder Bernardinos, verfassten Lebensbeschreibung des Kardinals basiert.[8] Seitdem das Archiv der Familie Spada 1971 aus dem Vatikan ins römische Staatsarchiv umgelagert wurde, sind die Originaldokumente zum Umbau des Palazzo Spada leicht zugänglich; für die vorliegende Arbeit wurden u. a. Briefe an Kardinal Spada, dessen Testament sowie die Rechnungen für die Neugestaltung der Galleria della Meridiana ausgewertet.[9]

5 Zum Thema Evidenz vgl. Bredekamp 2007, Evidenz; Böhme 2007; Boehm 2008; Heßler/Mersch 2009, S. 29f. sowie Zittel 2010, S. 11–13.
6 Neppi 1975. Vgl. auch Cannatà 1992, Cannatà 1995 sowie Càndito 2005.
7 Vgl. Neppi 1975, S. 188–204.
8 Karsten 2001.
9 ASR, FSV 264, 359, 364, 463, 638, 747.

Der Kanoniker und Universalgelehrte Francesco Bianchini wird in einem Traktat Gaetano Marinis als „bedeutendster Mann, den Italien in seinem Jahrhundert hervorgebracht hat" bezeichnet.[10] Dank seiner vielfältigen wissenschaftlichen Aktivitäten, die von der Archäologie, Chronologie und Kirchengeschichte bis hin zur Astronomie reichten, war Bianchini zu seinen Lebzeiten zu internationalem Renommee gelangt, wovon seine Ehrenmitgliedschaften in der Pariser Académie des sciences und der Londoner Royal Society zeugen.

Die erste Biographie Francesco Bianchinis wurde bereits wenige Jahre nach dessen Tod von Alessandro Mazzoleni, einem Cousin von Bianchinis Neffen Giuseppe (1704–1764), publiziert.[11] Im Jahre 1986 legte der Philosoph und Pädagoge Francesco Uglietti die erste neuzeitliche Monographie über Francesco Bianchini vor.[12] Die jüngste umfangreiche Studie zu Bianchini ist die im Jahr 2007 publizierte Dissertationsschrift der Kunsthistorikerin Brigitte Sölch, die Bianchinis erste Planungen für ein Museo Ecclesiastico im Vatikan rekonstruiert und die Weiterentwicklung dieses Konzeptes bis hin zu dem tatsächlich realisierten Museo Sacro beschreibt.[13] Sölch untersucht das Leben und Werk des Universalgelehrten in einem größeren Zusammenhang, wobei der Schwerpunkt auf dem Wirken Bianchinis als Archäologe und Historiker liegt.

Mit Bianchinis astronomischen Forschungen haben sich sowohl John Heilbron als auch Ivano Dal Prete in verschiedenen Aufsätzen aus astronomiegeschichtlicher Perspektive befasst.[14] Eine kunsthistorische Analyse des Materials stand hingegen bisher noch aus – dies leistet die vorliegende Studie. Horst Bredekamp hat mit seiner 2007 veröffentlichten detaillierten Beschreibung und Analyse von Galileo Galileis Zeichnungen der Sonnenflecken ein Werk vorlegt, das für diese Arbeit methodisch inspirierend war.[15] Bredekamp zeigt, wie es

10 Gaetano Marini: Iscrizioni antiche delle ville e de' palazzi Albani, Rom 1785, S. 8. Zit. nach Heilbron 2005, Bianchini, S. 57. Marini bezieht sich insbesondere auf Bianchinis Tätigkeit als Altertumsforscher.

11 „[...] ma il tutto ho fedelmente, e schiettamente riferto, secondo le cose da me parte vedute, e parte udite dire a persone di credito: avendo anco consultato le lettere, e le relazioni de' viaggi scritte di pugno del nostro Prelato; e comunicatemi dal P[adre] Giuseppe Bianchini di questo Oratorio di Roma, di lui nipote, e mio carissimo cugino." Mazzoleni 1735, unpaginiertes Vorwort. Siehe auch die von Scipione Maffei verfasste Kurzbiographie Francesco Bianchinis, die u. a. in der 1747 veröffentlichten zweiten Auflage von Bianchinis Schrift *La Istoria Universale* (Originalausgabe Rom 1697) abgedruckt wurde.

12 Uglietti 1986. Einen ersten Überblick bietet der Eintrag zu Francesco Bianchini im Dizionario Biografico degli Italiani, vgl. Rotta 1968.

13 Sölch 2007.

14 Siehe Heilbron 2005, Bianchini; Dal Prete 2003 sowie Dal Prete 2005. Obwohl sich Dal Prete in seinem Aufsatz von 2005 auch mit der Rolle der Bilder in Bianchinis Venusforschung befasst, ist jedoch kein einziges Bild abgedruckt.

15 Bredekamp 2007, Galilei.

Galilei dank seines künstlerisch geschulten Blicks und der Finesse seiner „formend denkenden Hand" gelang, astronomische Visualisierungen zu erschaffen, die zu Vorreitern der neuzeitlichen Bestimmung von Wissenschaft wurden, indem sich mit ihnen zentrale und bis heute gültige Qualitäten der Forschung verbanden: „die Geschwindigkeit, die Präzision, die Serienbildung, die Schärfung der Vergleichsmethoden und die Internationalisierung", wobei die Qualitäten Geschwindigkeit und Präzision seit jeher miteinander konkurrieren.[16] Durch jene Prinzipien der Forschung waren auch die Venusforschungen Francesco Bianchinis geprägt.

Neben der Analyse von Bianchinis Traktat *Hesperi et Phosphori* beruhen die Ausführungen zu Bianchinis Venusforschungen zum weit überwiegenden Teil auf bisher unveröffentlichtem Quellen- und Bildmaterial aus der Biblioteca Vallicelliana in Rom, der Biblioteca Capitolare in Verona sowie der Biblioteca Comunale dell'Archiginnasio in Bologna.[17] Einen ersten Zugang zu der kaum überschaubaren Fülle an Dokumenten bieten Enrico Celanis 1889 publiziertes Verzeichnis der Briefe Bianchinis in der Biblioteca Vallicelliana sowie der am Anfang des 20. Jahrhunderts von Antonio Spagnolo erstellte und 1996 von Silvia Marchi herausgegebene Katalog der Manuskripte der Biblioteca Capitolare.[18] Im Zuge der ausführlichen Sichtung der von Bianchini verfassten sowie an ihn gerichteten Briefe zahlreicher Korrespondenten der europäischen Gelehrtenwelt, mit Hilfe derer die Chronologie von Ereignissen und vielfältige inhaltliche Bezüge rekonstruiert wurden, haben sich einige der von Celani vorgenommenen Datierungen undatierter Briefe Bianchinis als unzutreffend erwiesen und konnten korrigiert werden. Die zum Teil in den Briefen vorhandenen orthographischen Fehler sind bei der Transkription buchstabengetreu übernommen worden; die Abkürzungen wurden dagegen für eine bessere Lesbarkeit in eckigen Klammern aufgelöst.

Die vorliegende Arbeit versteht sich als einen Beitrag zur Kunst- und Bildgeschichte, der in methodischer Hinsicht einen disziplinübergreifenden Ansatz verfolgt, indem die kunst- und bildwissenschaftlichen Methoden und Fragestellungen im Zusammenhang mit wissenschafts-, kultur- und sozialgeschichtlichen Aspekten behandelt werden. Damit kann die Arbeit zum einen in einer wissenschaftlichen Perspektive verortet werden, die „Wissen und Erkenntnis konsequent mit den konkreten Bedingungen ihrer Hervorbringung und Vermittlung" verknüpft;[19] zum anderen fühlt sie sich gleichzeitig der Beschrei-

16 Ebd., S. 337.

17 Sämtliche in der vorliegenden Arbeit vorgenommenen Übersetzungen von Quellentexten und Zitaten aus dem Italienischen, Portugiesischen, Lateinischen, Französischen und Englischen stammen von der Verfasserin.

18 Celani 1889; Marchi 1996. Vgl. zuletzt Viola 2010.

19 Felfe/Weddigen 2010, S. 3f. Siehe auch Felfe 2008.

bung und Formanalyse des konkreten Bildes als den grundlegenden Methoden der Untersuchung von visuellen Vermittlungsformen des Wissens verpflichtet.

Die im Folgenden zu untersuchenden Visualisierungen astronomischen Wissens reichen von groben Skizzen über Zeichnungen, Kupferstiche und Instrumente bis hin zum großflächigen Fresko. Das Material bildet somit eine heterogene Gruppe, die jedoch untereinander gleichwertige Bilder vereint – die vermeintlich traditionelle Unterscheidung zwischen dem Kunstwerk und der sogenannten wissenschaftlichen Illustration ist längst überholt. Bilder sind keine passiven Abbilder, die das Beobachtete nur veranschaulichen und demzufolge epistemologisch als sekundär einzustufen wären. Vielmehr vermögen Bilder es, eine aktive Wirkung auf das Denken und Handeln zu entfalten und Erkenntnisprozesse entscheidend zu beeinflussen.[20] Unter Visualisierungen astronomischen Wissens sind demnach nicht Darstellungen eines bereits abgeschlossenen Wissens zu verstehen, sondern Bilder, die dieses Wissen erst generieren und eine konstitutive Rolle für die Erkenntnisgewinnung spielen.[21]

20 Zur Aktivität und Wirkmacht des Bildes vgl. grundlegend Bredekamp 2010.

21 Zur Entwicklung der Positionen bezüglich einer Epistemik der Bildlichkeit vgl. Heßler/Mersch 2009, S. 13–18.

# DIE SONNE IM PALAST
# KARDINAL
# BERNARDINO SPADAS

Bernardino Spada wurde am 21. April 1594 als dritter Sohn Paolo Spadas (1541–1631) und Daria Albicinis in Zattaglia bei Brisighella, einem kleinen Ort nahe Bologna, geboren.[22] Als geschickter Geschäftsmann hatte Paolo Spada zunächst durch den Kohlenhandel und später als Finanzverwalter der Provinz Romagna ein beträchtliches Vermögen erwirtschaftet. Damit legte er den Grundstock für den Aufstieg der Familie von Provinzadligen bis in die obersten Ränge der Aristokratie – ein gesellschaftlicher Aufstieg, der zu den eindrucksvollsten Beispielen für die Mobilität der römischen Gesellschaft im 17. Jahrhundert gehört.

Das Papsttum schuf durch das Prinzip der kirchlichen Wahlmonarchie, d. h. die Doppelrolle des Papstes als Oberhaupt der katholischen Christenheit und Herrscher über den Kirchenstaat, ein sich in steter Veränderung befindliches und konkurrenzgeprägtes Sozialklima in Rom, in dem auch Aufsteiger Karriere machen konnten. Entscheidend waren dabei die ‚richtigen' politischen und gesellschaftlichen Kontakte – im Falle Spadas die freundschaftliche Beziehung zu Maffeo Barberini, der die Familie Spada seit einem Besuch in der Familienvilla in Brisighella im Jahre 1599 kannte.[23] Bernardino Spada studierte in Bologna, Perugia und Rom Jurisprudenz und erhielt im Anschluss daran 1617 eine Stelle als Gerichtsreferendar unter der Leitung Maffeo Barberinis am römischen Hof.

Nachdem Maffeo Barberini schließlich im Jahre 1623 als Papst Urban VIII. den Papstthron bestiegen hatte, begann sich diese Patronatsbeziehung für Spada auszuzahlen. Unverzüglich verschaffte ihm Urban VIII. eine der verantwortungsvollsten und aufgrund des schwelenden Veltlin-Konfliktes politisch brisantesten Aufgaben: die diplomatische Vertretung des Papstes am französischen Hof. Noch während seiner Pariser Nuntiatur (1623–1627) wurde Bernardino

22 Vgl. zum Folgenden Karsten 2001, S. 21–38, 292.
23 Vgl. Neppi 1975, S. 125, Anm. 12.

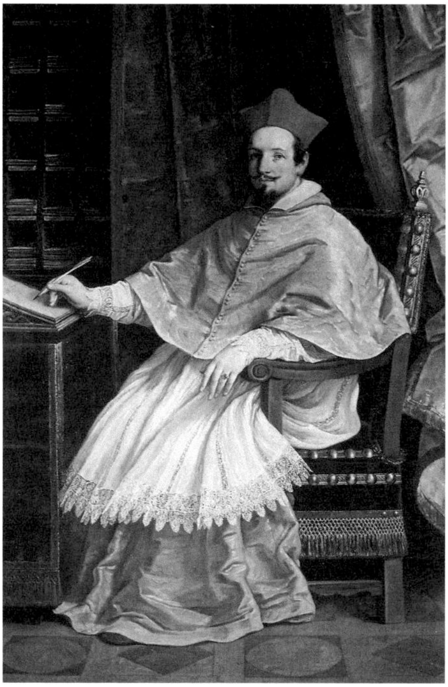

Bild 3 Guido Reni, Kardinal Bernardino Spada, Öl auf Leinwand, 222 × 147 cm, 1631, Galleria Spada, Rom.

Spada für seine Dienste als geschickter Diplomat belohnt und am 19. Januar 1626 von Urban VIII. zum Kardinal ernannt (Bild 3).[24] Unmittelbar im Anschluss an die Nuntiatur konnte er die prestigeträchtige und politisch nicht weniger heikle Legation in Bologna antreten (1627–1631). Nach seinen diplomatischen Erfolgen während der Pariser Nuntiatur bewährte sich Spada nunmehr in Bologna als ausgezeichneter Verwaltungsfachmann und – nicht zuletzt durch seinen unermüdlichen Einsatz während der verheerenden Pestepidemie[25] – als würdiger Stellvertreter des Papstes.[26]

Als Bernardino Spada im November 1631 nach Rom zurückkehrte,[27] galt es, die inzwischen erreichte gesellschaftliche und soziale Position als Mitglied

24 Außer dem von Guido Reni angefertigten Porträt Bernardino Spadas hängen in der Galleria Spada noch zwei weitere Porträts des Kardinals, die von Guercino (1630) und Giovanni Domenico Cerrini (um 1660) geschaffen wurden.

25 Die Pest wütete in Bologna von Anfang Mai bis Ende Dezember 1630 und forderte allein in Bologna 24.000 Opfer. Vgl. Neppi 1975, S. 122, Anm. 3.

26 Zum Machtverhältnis zwischen den Papstlegaten und dem Bologneser Senat vgl. Vitali 2003, S. 103f.

27 Schon am 25. Mai 1630 hatte Bernardino Spada den Kardinalnepoten Francesco Barberini um die Möglichkeit einer baldigen Rückkehr nach Rom gebeten, um die Interessen seiner Familie besser wahrnehmen zu können: „Sono hoggimai sett'an-

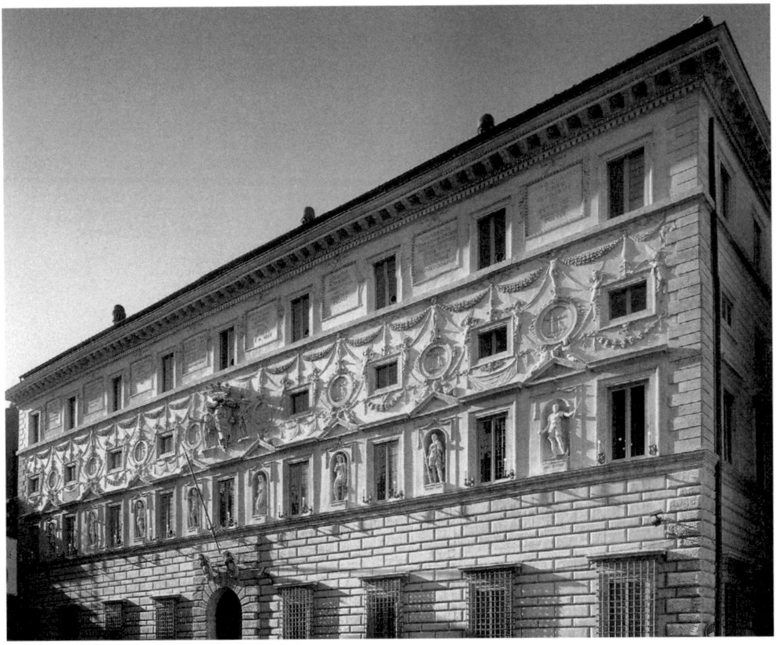

Bild 4 Hauptfassade des Palazzo Spada, Rom.

des Kardinalskollegiums dem Hauptstadtpublikum in angemessener Form zu präsentieren. Zum ungeschriebenen Kanon der von einem Kardinal zu leistenden repräsentativen Aufgaben gehörten der Erwerb und die prächtige Ausstattung eines Familienpalastes, die Einrichtung einer Familienkapelle als Grablege sowie die Anschaffung bzw. der Aufbau einer Kunstsammlung.

Bernardino Spada begann unverzüglich mit der Erfüllung dieser Aufgaben und erwarb nach seiner Ankunft in Rom den Palazzo Capodiferro.[28] Obwohl der Palast zum Zeitpunkt des Ankaufes bereits prachtvoll ausgestattet war,

ni ch'io posso dire mancar da Roma dove non trovandosi di quattro fratelli che siamo altri che il P[ad]re Vergilio, tutto obbligato ai ministerii della sua vocatione, gl'interessi della nostra Casa purtroppo multiformi e mal connessi, patiscono notabilmente. Il Sig[no]r Paolo mio Padre, ridotto a una decrepità nonagenaria, non pensa a cotesta stanza maggiormente per altro, che per terminar i suoi giorni (quando piacerà a Dio) in braccio a due figli ecclesiastici, in seno al più santo luogo del mondo, e con la benedittione di un Papa, che ha colmato di benedittioni la mia Casa." ASV, Fondo Bernardino Spada 21, fol. 161. Zit. nach Neppi 1975, S. 122, Anm. 4.

28 „Cardinal Spada comprarà dall'Ill[ustrissi]mo Sig[nor] Girolamo Mignanelli il Suo Palazzo di Capo di ferro per scudi trentunmila e cinquecento di moneta [...]." ASR, FSV 264, fol. 207r. Der Palast war 1548–1550 im Auftrag von Kardinal Girolamo Capodiferro errichtet worden.

gab der Kardinal zahlreiche Umbauten und Dekorierungsmaßnahmen in Auftrag. Die Arbeiten an dem nunmehr als Palazzo Spada bezeichneten Palast (Bild 4) kosteten ihn in den folgenden gut dreißig Jahren bis zu seinem Tod insgesamt 50.000 Scudi und damit fast das Doppelte des Kaufpreises von 31.500 Scudi; zusätzlich waren laut seinem Bruder Virgilio 6.000 Scudi Schulden zusammengekommen.[29] Aus dem am 23. November 1661 vom Notar Petrucci erstellten Inventar der Besitztümer des am 10. November 1661 verstorbenen Kardinals geht allerdings hervor, dass die Schulden sogar mehr als doppelt so hoch ausfielen.[30]

Dass für Bernardino Spada neben den zuvor genannten Aufgaben die Wissenschaftspatronage gleichermaßen zu den unverzichtbaren Repräsentationsmaßnahmen eines Kardinals gehörte, zeigt sich anhand der außergewöhnlichen Gestaltung der Galleria della Meridiana im Palazzo Spada.

# I. Die Galleria della Meridiana im Palazzo Spada

## 1. Die katoptrische Sonnenuhr

### Der Quadrant

Im Jahre 1644 ließ Kardinal Bernardino Spada die unmittelbar an die Sala Grande (SG) angrenzende Galerie seines Palastes dekorieren (Bild 5). Die erste Rechnung für die Ausführung wurde im Januar 1644 ausgestellt,[31] und bereits im Mai war die Galerie fertig ausgemalt.[32] Die sogenannte Galleria della Meridiana

29 „Ma à pena entrato il Card[ina]le ad habitarvi, cominciò a chimerizarvi sopra, et ha continuato trenta e più anni a farvi lavorare, a segno che tutta l'economia in haver fatta la prima compra con qualche vantaggio ha giovato poco mentre oltre li scudi 31500 si trova haver speso fino al giorno della morte altri scudi 50000, e vi saranno debiti con maestranze forse per altri scudi 6000." ASR, FSV 463, Kap. 22, fol. 2v.

30 ASR, FSV 359, darin „Inventario dei beni ereditarij del Sig[no]r Cardinale Bernardino Spada", erstellt vom Notar Petrucci am 23.11.1661. Nach Aufführung aller Posten kommt der Notar zum Ergebnis: „Debito dell'heredità del Card[inal]e Spada: 212845:75; Cred[it]o della med[esim]a: 200395:60; Restarebbe Debito dell'heredità: 12450:15". Die Verrechnung der Schulden (debito) mit dem vorhandenen Vermögen (credito) ergab, dass die Schulden des Kardinals 12450 Scudi und 15 Baiocchi betrugen.

31 „E più due Righe di Noce [...] fatte d'ordine di frate Emanuele Padre della Trinità de Monti che dette servono per fare l'orologio à sole nella volta della galariela [...]. E più d'ordine del sud[dett]o P[ad]re per haver fatto una tavola di noce per ogni verso p[al]mi 2 lavorata diligentissimamente per andarci scompartita sopra un orologio à sole per sua Em[inen]za." ASR, FSV 747, Conto di Andrea Battaglini Intagliatore e Falegname (Januar 1644).

32 „Prima per haver dato di bianco la volta della Galleria [...] per lo orologgio [...]. Per avere dipinto li dodici segni del Zudiaco coloriti [...]. Per avere scritto tutte le lettere

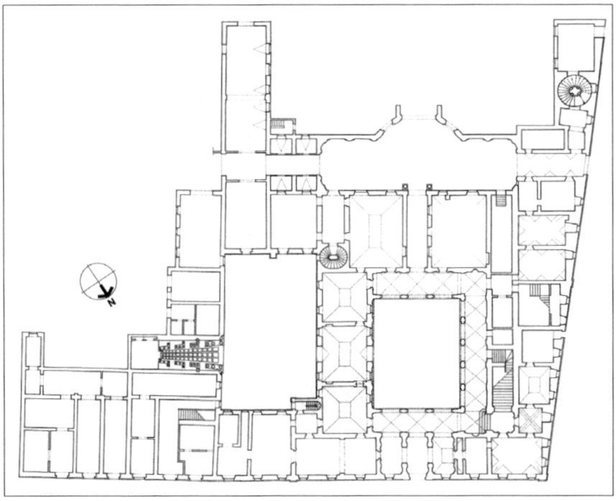

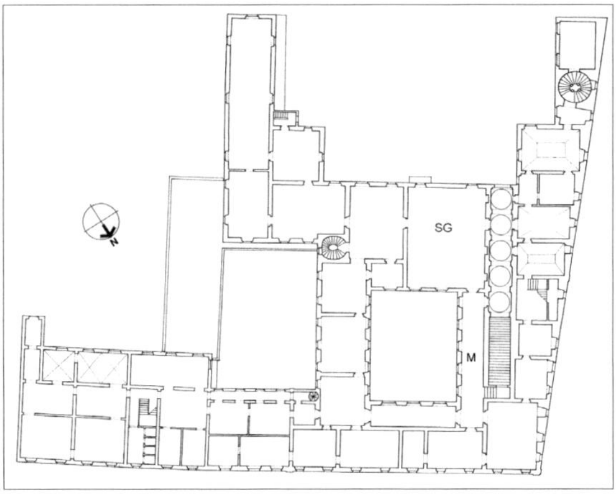


Bild 5 Grundrisse von Erdgeschoss und Piano Nobile des Palazzo Spada nach Erweiterung und Umbau durch Kardinal Bernardino Spada.

erhielt ihren Namen durch die an das Deckengewölbe gemalte Sonnenuhr (Bild 6).[33]

Der Quadrant ist als eine fingierte Stoffbahn dargestellt, die von einem gelb-blauen gemalten Fries wie von einer Schmuckborte begrenzt und an ihren Rändern von sieben fliegenden Putten scheinbar am Himmel schwebend getra-

nella volta del'orologgio [...]. Il fregio [...] intorno al'orologgio fatto di chiaro scuro giallo [...]. Per avere dipinto sette puttini coloriti [...]. E più per avere dipinti [...] nella volta con diverse figure coloriti quali alludono al'orologgio [...]." ASR, FSV 747, Conto di Giovanni Battista Magno Pittore (7. 5. 1644).

33 Zur Galleria della Meridiana vgl. Neppi 1975, S. 189–204.

gen wird. Auf diesem wie eine Leinwand aufgespannten Ziffernblatt ist ein dichtes Netz aus verschiedenfarbigen, zum Teil mit Zahlen versehenen Linien erkennbar, das durch kleine Inschriften, Medaillons und figürliche Darstellungen vervollständigt wird.

Giovanni Battista Magni aus Modena (1592–1674), genannt Modanino, führte die Freskendekoration nach den Plänen des französischen Mathematikers Emmanuel Maignan (1601–1676) aus.[34] Durch die Größe des Quadranten, der sich mit Ausnahme der äußersten Ränder über die gesamte Länge des Gewölbes der mehr als zweiundzwanzig Meter langen Galerie erstreckt,[35] wird eine beeindruckend präzise Funktionsweise erreicht. Je größer ein Instrument ist, desto feinere Gradeinteilungen können vorgenommen werden – somit erhöht sich auch die Genauigkeit der Indikationen.

Bei der Sonnenuhr der Galleria della Meridiana handelt es sich um eines der seltenen Beispiele katoptrischer Sonnenuhren.[36] Die meisten der zahlreichen Arten von Sonnenuhren zeigen die Uhrzeit mit Hilfe des geworfenen Schattens eines Schattenstabs an, des sogenannten Gnomons (griech. „Anzeiger"), der namensgebend für die Gnomonik, die Lehre von den Sonnenuhren, wurde. Einige Sonnenuhren verfügen anstelle des Gnomons über einen Lotfaden, aber auch bei diesen Exemplaren erfolgt die Zeitablesung anhand des geworfenen Schattens. Eine katoptrische Sonnenuhr ist hingegen dadurch gekennzeichnet, dass sie nicht durch Schattenwurf, sondern durch die Reflexion eines Lichtstrahls auf einer spiegelnden Oberfläche funktioniert; sie wird auch als Spiegelsonnenuhr oder Reflexsonnenuhr bezeichnet.[37]

Das mittlere der fünf Mezzaninfenster der Galleria della Meridiana ist bis auf eine kleine Öffnung an seinem unteren Rand verschlossen, so dass der reflektierte Lichtstrahl im leicht abgedunkelten Raum an der Gewölbedecke gut sichtbar ist. Direkt unterhalb dieses Spaltes ist ein kreisrunder Spiegel befestigt.[38] Die Position des Spiegels befindet sich exakt in der Höhe der Horizont-

34 Die Rechnungen von Giovanni Battista Magni sind abgedruckt in Neppi 1975, S. 275, Dok. 31.

35 Die Galerie ist 100 Palmi lang, 20 Palmi breit und 30 Palmi hoch. Vgl. Maignan 1648, S. 391. Dies entspricht den Maßen 22,20 × 4,44 × 6,66 Meter. Ein römischer Palmo (Handspanne) misst ca. 22,2 cm. Gemeint ist die Entfernung von der Daumenspitze bis zur Spitze des kleinen Fingers bei auseinandergespreizten Fingern (palmo maior). Vgl. Bianchini 1996, S. 17.

36 Der Begriff ist abgeleitet von „katoptron" (griech. Spiegel); die Katoptrik ist die „Lehre von den vom Spiegel zurückgeworfenen Lichtstrahlen". Vgl. zur Terminologie Stauffer 2005, S. 252f.

37 Zu Spiegelsonnenuhren vgl. Zinner 1956, S. 76f.

38 Zur symbolischen und metaphorischen Funktion des Spiegels der Sonnenuhr im Palazzo Spada vgl. Feist 2013, Reflection Sundial.

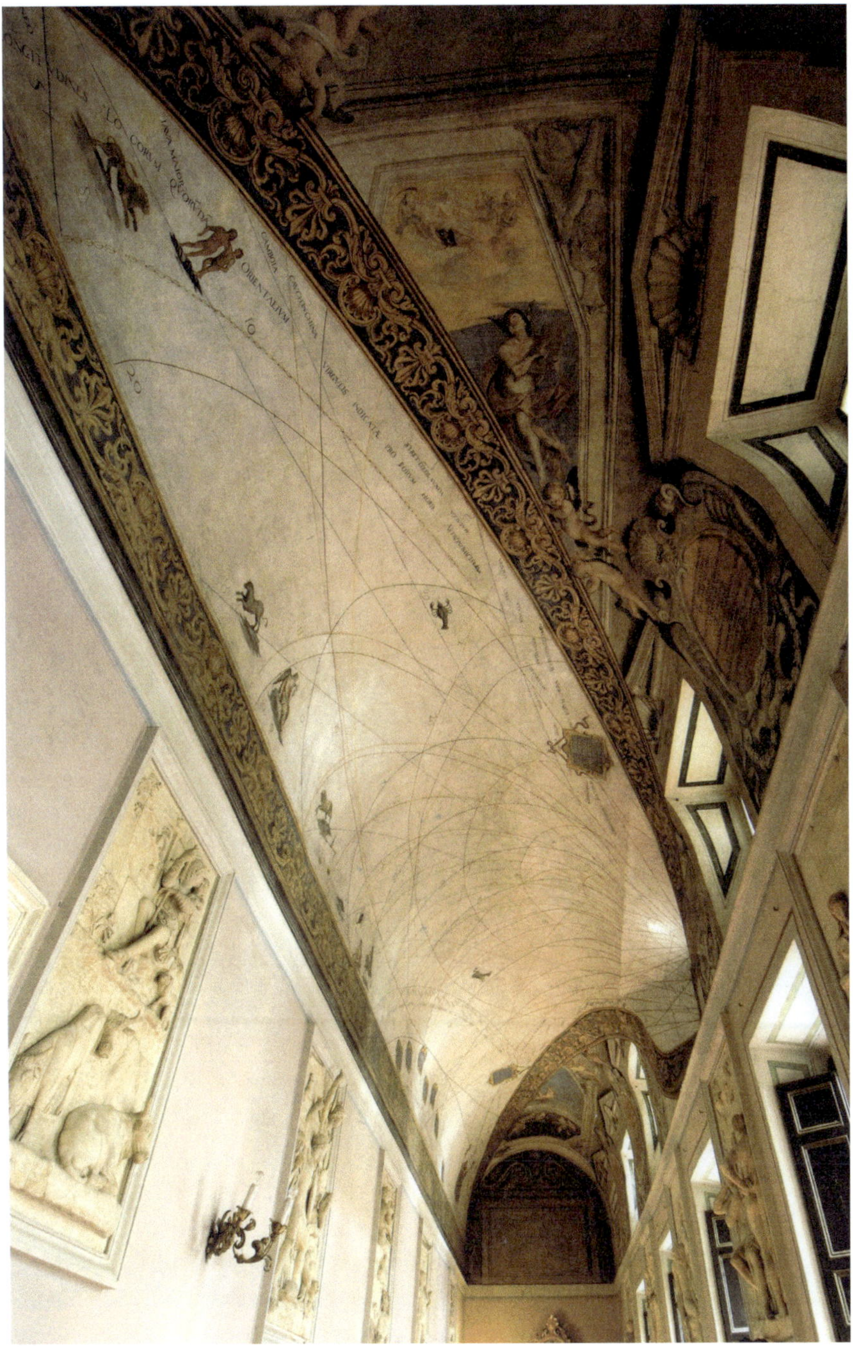

Bild 6 Giovanni Battista Magni nach einem Entwurf Emmanuel Maignans, Galleria della Meridiana, 1644, Palazzo Spada, Rom.

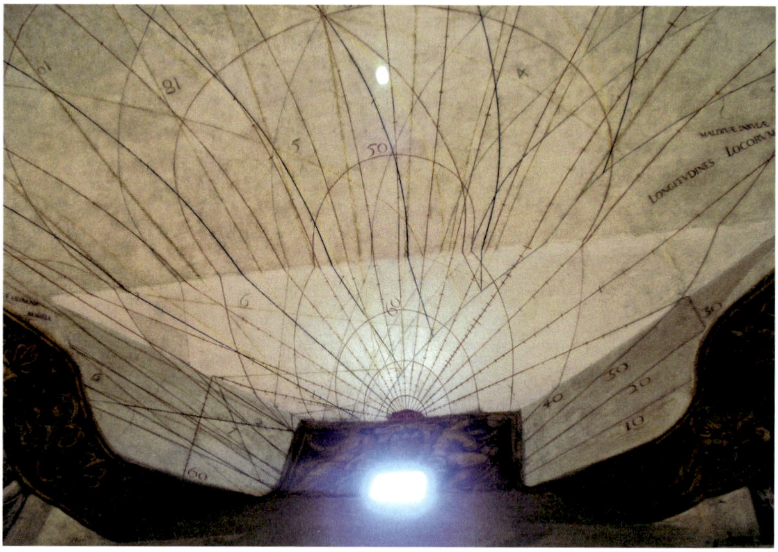

Bild 7 Mezzaninfenster mit Spiegel und Zenitpunkt der Sonnenuhr, 1644, Galleria della Meridiana, Palazzo Spada, Rom.

linie, die der Oberkante des gemalten Frieses entspricht. Oberhalb des Spiegels liegt der durch einen dunkelroten Halbkreis markierte Zenitpunkt (Bild 7).

Da das Mezzaninfenster nach Südosten ausgerichtet ist, können die lichten Tagstunden auf der Sonnenuhr von Sonnenaufgang bis in den frühen Nachmittag abgelesen werden. Folglich sind die verschiedenen Stundenlinien und Koordinaten des Quadranten genau für diesen Zeitbogen berechnet.[39] Die katoptrische Sonnenuhr im Palazzo Spada ist eines der größten und kompliziertesten gemalten Netzwerke für die Zeitmessung und ermöglicht dem kundigen Betrachter insgesamt zweiundzwanzig verschiedene Möglichkeiten der Zeitablesung.[40]

## Die Stundenlinien

Die untere Begrenzung des Quadranten an der linken Längswand, d. h. die Oberkante des Frieses, entspricht der Horizontlinie, auf die der Meridian im Neunziggradwinkel trifft (Bild 8). Die äquinoktialen Stunden, auch astronomische oder gleiche Stunden genannt, welche die heute gebräuchlichen sechzigminütigen, vierundzwanzig gleich langen Stunden bezeichnen, sind entspre-

39 Zum Folgenden vgl. Maignan 1648, S. 392–431 sowie Neppi 1975, S. 194–203.
40 Vgl. Whitmore 1967, S. 168.

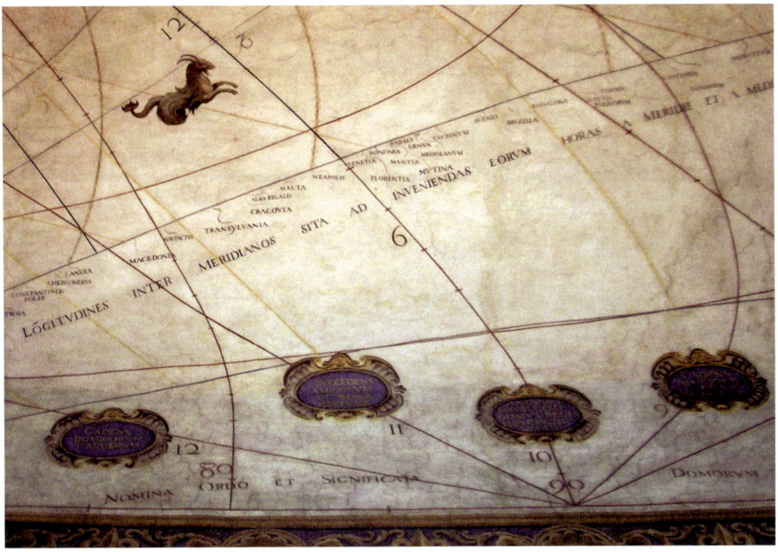


Bild 8 Ausschnitt des Quadranten der Sonnenuhr mit Medaillons der Himmelshäuser, 1644, Galleria della Meridiana, Palazzo Spada, Rom.

chend der Südostrichtung als neun Linien eingezeichnet, die von fünf Uhr morgens bis ein Uhr nachmittags jede volle Stunde anzeigen.[41] Auf einem Ausschnitt der Sonnenuhr (Bild 9) sind in schwarz von links nach rechts die Linien der sechsten bis neunten äquinoktialen Stunde erkennbar. Die Zwölf-Uhr-Linie entspricht dem Meridian, in dem die Sonne ihren höchsten Stand am Himmel erreicht.

Neben den äquinoktialen Stunden sind im Quadranten der Sonnenuhr die Linien der sogenannten babylonischen und italischen Stunden dargestellt, welche den Tag- und Nachtbogen wie die äquinoktialen Stunden in vierundzwanzig gleich lange Stunden einteilen. Während jedoch die Zählung der äquinoktialen Stunden um Mitternacht mit null Uhr beginnt, werden die babylonischen Stunden ab Sonnenaufgang und die italischen Stunden ab Sonnenuntergang gezählt. Die dritte babylonische Stunde bezeichnet folglich die dritte Stunde nach Sonnenaufgang, wodurch die seit dem Sonnenaufgang verstrichene Zeit direkt abgelesen werden kann. Das System der italischen Stunden ermöglicht es wiederum, durch das Bilden der Differenz zwischen vierundzwanzig Stunden

41 Zu den astronomischen Begriffen vgl. Rohr 1982 sowie Zenkert 2002, der die Geschichte der Sonnenuhren kurz zusammenfasst, die mathematisch-astronomischen Grundlagen für deren Konstruktion erläutert und einen Überblick über diverse Arten von Sonnenuhren gibt; die katoptrischen Sonnenuhren finden allerdings keine Erwähnung.

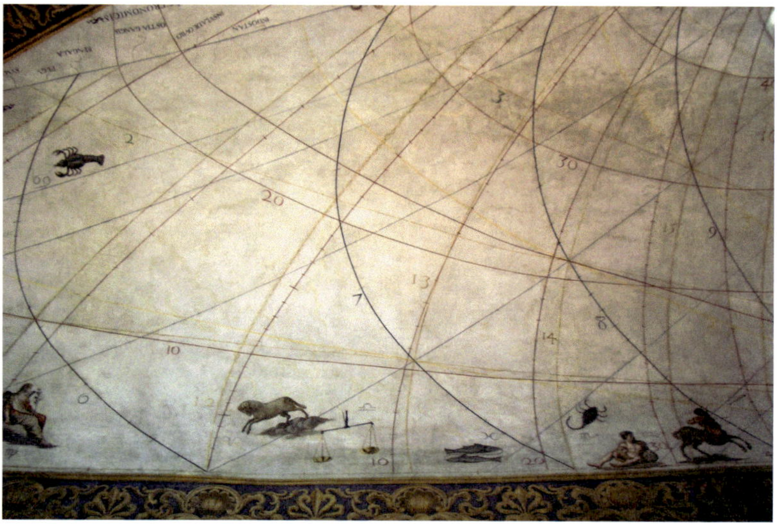

Bild 9 Ausschnitt des Quadranten mit Tierkreiszeichen, 1644, Galleria della Meridiana, Palazzo Spada, Rom.

und der abgelesenen Zeit einfach und schnell die verbleibenden Stunden bis zum nächsten Sonnenuntergang zu ermitteln. Die hellbraunen Linien mit den dunkelgrünen Ziffern bezeichnen im Bild von unten nach oben die erste bis vierte babylonische Stunde. Die hellbraunen Linien mit den hellbraunen Ziffern geben die zehnte bis sechzehnte italische Stunde an.

Im Quadranten sind ferner die Linien der sogenannten antiken Stunden dargestellt, die auch Temporalstunden oder ungleiche Stunden genannt werden; im Bild sind die erste bis dritte antike Stunde als gelbe Linien mit gelben Ziffern erkennbar. Von der Antike bis zur Einführung der Äquinoktialstunden im späten 14. Jahrhundert wurden der Tagbogen, d. h. die Zeitspanne von Sonnenauf- bis Sonnenuntergang, sowie entsprechend der Nachtbogen in jeweils zwölf in sich gleiche Teile geteilt. Das bedeutete, dass entsprechend der Veränderung der Jahreszeiten eine Tagstunde im Sommer bis zu doppelt so lang sein konnte wie eine Tagstunde im Winter – daher die Bezeichnung als ungleiche Stunden.

Auf den ersten Blick erscheint die Eintragung dieser Linien ohne praktische Bedeutung, doch im Zusammenspiel mit einer weiteren zunächst überflüssig wirkenden Linie erhalten sie eine durchaus wichtige Funktion. Es handelt sich um die sogenannte Sechs-Stunden-Tagbogen-Linie, die den Verlauf der Sonne an einem Tag mit sechs lichten Stunden beschreibt; im Bildausschnitt verläuft sie als dunkelbraune Linie von links oben nach rechts unten. Da Rom jedoch in Breiten liegt, in denen nie ein derart kurzer Tag vorkommt, erscheint die Eintragung dieser Linie nutzlos. Doch im Zusammenspiel entfalten diese

Linien ihre sinnvolle Funktion: An den Schnittpunkten der antiken Stundenlinien mit der Sechs-Stunden-Tagbogen-Linie sind direkt die äquinoktialen Halbstunden ablesbar.

Die Äquinoktiallinie, die Linie der Tagundnachtgleichen, verläuft im Bild schwarz von links unten nach rechts oben zwischen den Tierkreiszeichen Widder und Waage. Weitere Linien markieren den nördlichen und südlichen Wendekreis sowie die Linien der großen Mondwenden. So ist im Bild beispielsweise der nördliche Wendekreis – auch Wendekreis des Krebses genannt – und somit die Linie der Sommersonnenwende neben dem figürlichen Tierkreiszeichen Krebs zu sehen.

Die roten, durch kleine Striche unterteilten Linien, die auf die Horizontlinie treffen und mit den Ziffern zehn bis dreißig beschriftet sind, bezeichnen die Azimutkoordinaten, d. h. die Entfernung der Sonne zum Meridian.[42] Die hyperbelförmigen roten Linien mit roten Ziffern (im Bild von zehn bis vierzig) markieren hingegen den Almukantarat und somit die Höhe der Sonne über dem Horizont.[43] Im wichtigsten Schnittpunkt des Quadranten schneiden sich acht verschiedene Linien – er ist links unterhalb des reflektierten Lichtpunktes zu erkennen (Bild 10).[44]

Die astronomischen Linien werden durch einige astrologische Eintragungen ergänzt, wozu die Tierkreislinien, die Tierkreiszeichen sowie die Linien der astrologischen Himmelshäuser gehören. Die Tierkreislinien, die die Ekliptik in 30-Grad-Abschnitte einteilen, in denen die Sonne auf ihrer jährlichen Bahn scheinbar in das nächste Sternbild eintritt, haben neben ihrer astrologischen auch eine astronomisch-wissenschaftliche Funktion, da sie die Stellung der Sonne auf ihrer jährlichen Bahn und dadurch ihre Deklination, die Jahreszeiten und Monate angeben; sie werden daher auch Datumslinien oder Deklinationslinien genannt.

Es befinden sich jeweils zwei Tierkreiszeichen links und rechts von einer Tierkreislinie; im Bild 9 sind beispielsweise die Paare Widder und Waage, Fische

42 Das Azimut ist der Winkel zwischen dem Südpunkt und dem Schnittpunkt des Vertikalkreises eines Gestirns mit dem Horizont. Die Azimutlinien der Sonnenuhr definieren folglich den Winkel der Sonne im Verhältnis zur genauen Südrichtung. Vgl. Zenkert 2002, S. 147.

43 Der Almukantarat, auch Höhenkreis oder Azimutalkreis genannt, ist ein Kleinkreis parallel zum Horizont, definiert als Menge aller Punkte konstanter Zenitdistanz. Gestirne, die auf demselben Almukantarat liegen, besitzen die gleiche Höhe über dem Horizont. Die Almukantaratlinien zeigen folglich die Höhe der Sonne über dem Horizont an. Zum Höhenwinkel und dem Verhältnis zum Azimut vgl. ebd., S. 30.

44 Es schneiden sich die Äquinoktiallinie, die Almukantaratlinie von vierzig Grad, die Linie der vierten babylonischen Stunde, die Linie des elften Himmelshauses, die Linie der vierten antiken Stunde, die Linie der zehnten äquinoktialen Stunde, die Azimutlinie von fünfzig Grad und die Linie der sechzehnten italischen Stunde.

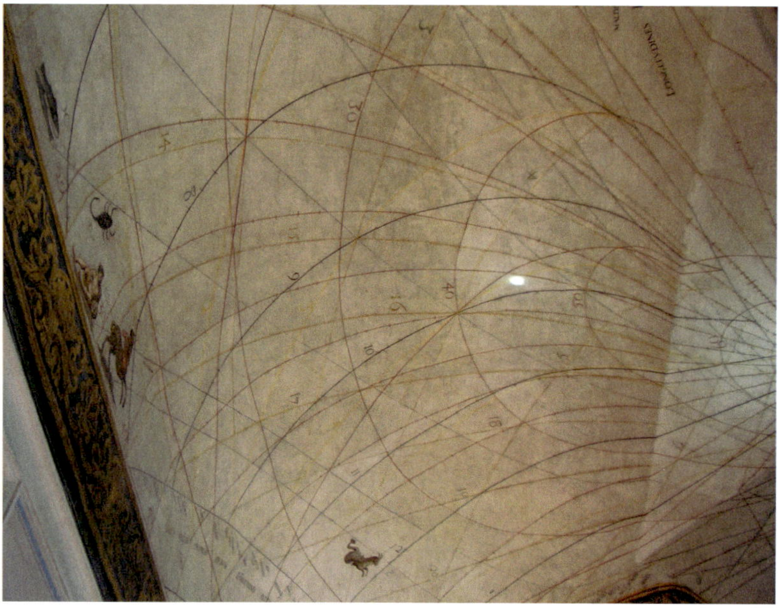

Bild 10 Ausschnitt des Quadranten mit reflektiertem Lichtpunkt und Linienschnittpunkt, 1644, Galleria della Meridiana, Palazzo Spada, Rom.

und Skorpion sowie Wassermann und Schütze erkennbar, wobei sich jeweils das links (östlich) von der Tierkreislinie befindliche Tierkreiszeichen im Aszendent befindet, jenes rechts (westlich) davon im Deszendent.[45] Die Tierkreiszeichen übernehmen bezüglich der jeweiligen Linien die gleiche Funktion wie die Ziffern für die anderen Stundenlinien, aber sie besitzen in ihrer figürlichen Gestaltung eine ästhetische Qualität, die zur Auflockerung des strengen Liniennetzes und damit auch zu einer Verschönerung der Sonnenuhr beiträgt.

Die astrologischen Himmelshäuser sind durch kleine gemalte Medaillons markiert (vgl. Bild 8). Außerdem ist eine breite Auswahl von Städten, Regionen und Ländern der Welt in den Quadranten eingetragen,[46] einige nach den Koordinaten ihrer geographischen Länge, andere nach denen ihrer geographischen Breite. Für erstere sollte ermöglicht werden, mit Hilfe des reflektierten Lichtpunktes und der äquinoktialen Stundenlinien zu jedem beliebigen Zeitpunkt die dortige Ortszeit berechnen zu können, u. a. für Städte wie London, Paris, Madrid, Santiago de Compostela, Kairo und Jerusalem.

45 Im Quadranten liegt links Osten und rechts Westen, da die Seiten aufgrund der Spiegelung vertauscht sind.

46 U. a. Kambodscha, Sumatra, Indien, Malediven, Chile, Peru, Madagaskar.

## 2. Die Dekorationen außerhalb des Quadranten

### Spadas Wappen

Auf der Holzverkleidung des Mezzaninfensters oberhalb des Spiegels ist das Wappen Kardinal Spadas gemalt (vgl. Bild 7). Hierfür hätte wohl keine bedeutungsintensivere Stelle in der Galerie gewählt werden können, bildet sie doch durch die Akkumulation der Lichtstrahlen das Zentrum und in deren Reflexion gleichzeitig auch den Ausgangspunkt der Sonnenuhr. Flankiert wird das Wappen von zwei sitzenden Frauengestalten, wobei jene auf der linken Seite einen Spiegel und jene auf der rechten Seite eine Armillarsphäre in den Händen hält. Die Allegorien der Kosmographie und Astronomie geleiten die Sonnenstrahlen ins Innere der Galerie und verweisen auf die für die Konstruktion einer Sonnenuhr grundlegenden mathematischen Wissenschaften.

Bild 11 Devotionswappen Bernardino Spadas, Raum der Kallisto, Palazzo Spada, Rom.

In seiner Reinform ist das Wappen Kardinal Spadas im unteren Bereich mit drei Schwertern (ital. „spada" im Singular) und im oberen Teil mit drei Lilien geschmückt, die Bernardino seit der Pariser Nuntiaturzeit als Zeichen seiner Frankreichverbundenheit in das Wappen aufgenommen hatte. Eine Sonderform des Wappens befindet sich dagegen im Raum der Kallisto des Palazzo Spada – es handelt sich um ein sogenanntes Devotionswappen (Bild 11).[47] Im obersten Abschnitt, der als besonders vornehmer Platz im Wappen gilt,[48] befinden sich die drei Bienen des Wappens Papst Urbans VIII. als Zeichen der Ehrerbietung Spadas gegenüber seinem Patron, der ihn zum Kardinal ernannt hatte. Die Verbindung des eigenen Wappens mit einem vollständigen oder Teilen eines päpstlichen Wappens war ein Privileg, das nur bestimmten Gruppen der rö-

47 Zu Devotionswappen vgl. Reinhard 1979.
48 Vgl. ebd., S. 747f.

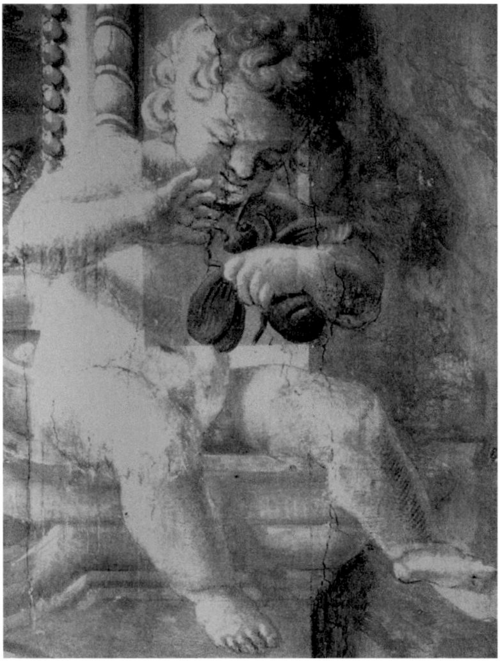

Bild 12 Angelo Michele Colonna und Agostino Mitelli, Putto mit Biene, Fresko, 1635, Sala di Pompeo, Palazzo Spada, Rom.

mischen Kurie vom Papst verliehen wurde – hierzu zählten vor allem die Kardinäle. Auch die mit Quadraturmalereien geschmückten Wände der Sala Grande des Palazzo Spada, der sogenannten Sala di Pompeo, sind von zahlreichen Bienen bevölkert, mit denen sich u. a. die Putti spielerisch beschäftigen (Bild 12).

## Merkur und die vier Allegorien

An den äußersten Enden des Gewölbes befinden sich außerhalb des Sonnenuhrquadranten zwei weitere Freskendarstellungen. Auf der zur Sala di Pompeo gerichteten Seite ist der geflügelte Götterbote Merkur mit einem Modell einer Sonnenuhr in den Händen erkennbar, während die über ihm auf den Wolken thronende Götterschar bewundernd auf die neue Erfindung blickt (Bild 13).[49]

Das Fresko am anderen Ende des Gewölbes zeigt vier weibliche Figuren, die um einen Tisch gruppiert in einer Landschaft unter freiem Himmel stehen (Bild 14). Die Figur links im Vordergrund umgreift mit der linken Hand eine Armillarsphäre, während sie mit der rechten auf das Modell einer Sonnenuhr

49 „[...] altera verò constructi iam Astrolabij specimé à Mercurio in coelum deferri, caetu Deorum suspiciente, ac mirante tam praeclari inventì novitatem [...].“ Maignan 1648, S. 392.

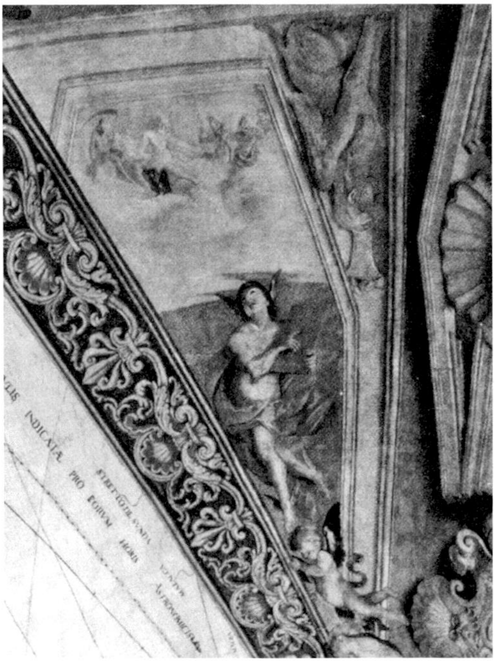

Bild 13 Giovanni Battista Magni, Merkur und die Götterschar, Fresko, 1644, Galleria della Meridiana, Palazzo Spada, Rom.

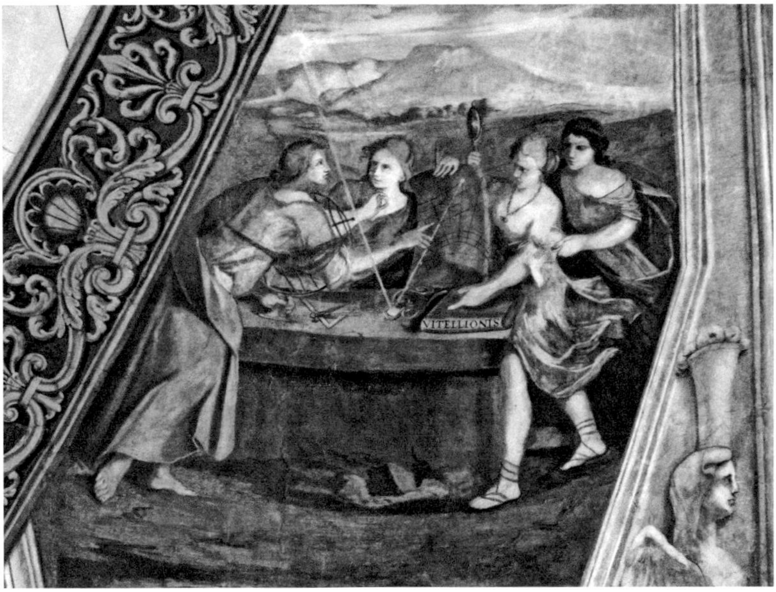


Bild 14 Giovanni Battista Magni, Allegorien der Astronomie, Kosmographie, Geometrie und Perspektive, Fresko, 1644, Galleria della Meridiana, Palazzo Spada, Rom.

weist – es handelt sich um die Allegorie der Astronomie. An ihrer linken Seite, im Bild schräg rechts hinter ihr, stützt sich die Allegorie der Kosmographie mit ihrer linken Hand auf den Quadranten der Sonnenuhr. Ihr Blick richtet sich auf einen hellen Lichtstrahl, der vom Himmel auf den auf dem Tisch liegenden Spiegel fällt und von diesem auf den Quadranten der Sonnenuhr reflektiert wird. Die Figur rechts im Vordergrund zeigt mit ihrer linken Hand auf das auf dem Tisch liegende Buch mit der Aufschrift „Vitellionis"[50] und ist somit als Allegorie der Perspektive identifizierbar, und zwar im Sinne der mittelalterlichen Optik, die ausdrücklich als „Perspectiva" bezeichnet wurde.[51] Rechts von ihr im Hintergrund hält die Allegorie der Geometrie einen Kompass in ihrer Rechten.

Neben den bereits erwähnten Gerätschaften liegen auf dem Tisch weiterhin ein Winkel, ein Zirkel und ein Lotfaden. Die vier Allegorien verkörpern somit jene vier Wissenschaften, die im Zentrum der Gnomonik stehen und deren perfekte Beherrschung für die Konstruktion einer katoptrischen Sonnenuhr unabdingbar ist. Unter Zuhilfenahme der astronomischen und mathematischen Geräte sind die vier allegorischen Figuren damit beschäftigt, solch eine Spiegelsonnenuhr herzustellen.[52]

## 3. Die Inschriftentafeln

### Spadas Vorstellung der Sonnenuhr

An den Wänden der Galerie sind verschiedene Inschriftentafeln angebracht, die aus der Feder von Guillaume du Planté, einem Pater des Ordens der Minimen, stammen.[53] Eine Ausnahme bildet dagegen eine Tafel, deren Text von Bernardino Spada persönlich verfasst worden ist. Er widmet sich der Spiegelsonnenuhr (Bild 15):

50 Der polnische Naturphilosoph Witelo (auch: Vitellio) hatte um 1270 das Optiktraktat *Perspectiva Communis* verfasst, das 1533 erstmals unter dem Titel *Vitelonis perspectivae libri decem* gedruckt wurde. In zehn Büchern fasst das Werk die antiken Lehren über die Ausbreitung von Lichtstrahlen und den Sehvorgang sowie die Beiträge der mittelalterlichen islamischen Gelehrten zusammen und war bis zur Zeit Keplers das am weitesten verbreitete Standardwerk über die Optik. 1604 wurde es von Johannes Kepler in seiner Schrift *Ad Vitellionem paralipomena quibus astronomiae pars optica* (Ergänzungen zu Witelo, die den optischen Teil der Astronomie betreffen) kommentiert und kritisiert.

51 Vgl. Edgerton 2002, S. 63.

52 „Perspectivam unàque Astronomiam, & cum Cosmographia Geometriam, deque construendo Astrolabio." Maignan 1648, S. 392.

53 Vgl. Neppi 1975, S. 191.

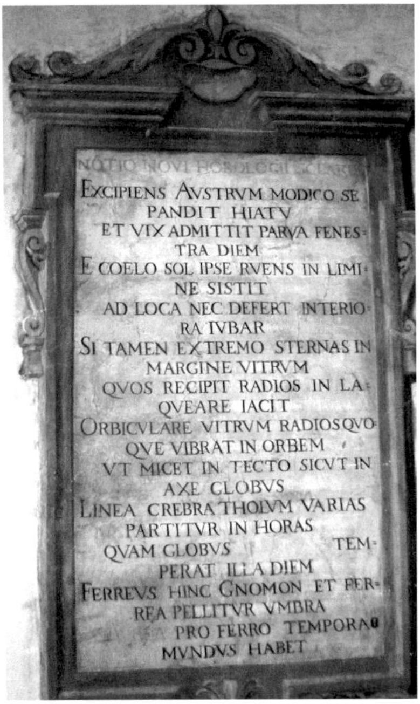


Bild 15 Vorstellung der neuen Sonnenuhr, Epigramm verfasst von Bernardino Spada, 1644, Galleria della Meridiana, Palazzo Spada, Rom.

Vorstellung der neuen Sonnenuhr

Nach Osten[54] gerichtet öffnet sich ein kleines Fenster in einem Spalt
und lässt kaum das Tageslicht hinein.
Die Sonne macht, vom Himmel herabstürzend, an der Schwelle halt,
und sie lässt ihre Strahlen nicht ins Innere.
Wenn Du an seinem äußeren Rand einen Spiegel anbringst,
wirft er die Strahlen, die er auffängt, an die Decke.
Ein runder Spiegel wirft auch die Strahlen in das Gewölbe,
damit der Lichtpunkt im Haus wie in der Himmelsachse leuchtet.
Zahlreiche Linien teilen das Gewölbe in verschiedene Stunden,
die Linie, die das Gewölbe beleuchtet, zeigt den Tag an.
Der eiserne Zeiger und ein eiserner Schatten werden vertrieben,
und die Welt hat goldene Zeiten statt eiserne.[55]

54 Tatsächlich geht das Fenster nach Südosten.

55 Notio Novi Horologii Solaris / Excipiens Austrum modico se pandit hiatu / Et vix admittit parva fenestra diem / E coelo sol ipse ruens in limine sistit / Ad loca nec defert interiora iubar. / Si tamen extremo sternas in margine vitrum / Quos recipit radios in laqueare iacit. / Orbiculare vitrum radios quoque vibrat in orbem / Ut micet in tecto sicut in axe globus. / Linea crebra tholum varias partitur in horas / Quam globus irradiat temperat illa diem. / Ferreus hinc Gnomon et ferrea pellitur umbra / Aurea pro ferro tempora mundus habet.

Mit dem Begriff des Goldenen Zeitalters greift Kardinal Spada eine Formulierung auf, die seit den antiken Autoren Hesiod, Platon, Vergil oder Ovid einen paradiesischen Urzustand beschrieb, auf den mit dem Eisernen Zeitalter stets unweigerlich der Niedergang folgte. Indem Spada den eisernen Zeiger der ‚gewöhnlichen' Sonnenuhren metaphorisch mit dem Eisernen Zeitalter gleichsetzt, inszeniert er sich als Auftraggeber seiner katoptrischen Sonnenuhr im wahrsten Sinne des Wortes im rechten Licht als Stifter eines Goldenen Zeitalters.

Die Verwendung der Formel des Goldenen Zeitalters ist möglicherweise ein Verweis auf Augustus (den Begründer dieses Zeitalters laut Vergil), der als Denkmal des Sieges über Ägypten auf dem Marsfeld in Rom eine riesige Horizontalsonnenuhr hatte errichten lassen, für die ein fast dreißig Meter hoher Obelisk den Gnomon bildete. Das sogenannte „Horologium Solarium Augusti" war die größte Sonnenuhr aller Zeiten.[56] Gegen einen Bezug zur Sonnenuhr des Augustus spricht wiederum, dass diese einen Gnomon besaß, mit dem Spada bekanntermaßen das Eiserne Zeitalter assoziierte. Die Spiegelsonnenuhr im Palazzo Spada wäre somit in der Metaphorik Spadas noch bedeutender gewesen als die größte je gebaute Sonnenuhr.

Als jener Obelisk 1790 vor dem Palazzo Montecitorio, dem heutigen Parlament, wieder aufgebaut wurde, sollte er jedoch nicht mehr nur als Schattenwerfer dienen.[57] Der Wunsch war vielmehr, dass auf eine neu zu konstruierende Meridianlinie gleichzeitig auch ein Sonnenstrahl geworfen würde. Zu diesem Zwecke erhielt der Obelisk einen Kugelhelm, den er heute noch trägt, in dem sich eine Öffnung befindet, durch die genau zur Mittagszeit ein Lichtstrahl auf die Meridianlinie fallen sollte. Das berühmte römische Vorbild für eine solche Meridianlinie war Francesco Bianchinis im Jahre 1701 konstruierte Meridianlinie in der Kirche S. Maria degli Angeli, auf die im zweiten Teil der Arbeit genauer eingegangen wird. Aufgrund des zu starken Streulichtes unter freiem Himmel ist das Projekt einer Meridianlinie am Obelisken jedoch nicht gelungen – somit blieb er auf seine Funktion als Schattenwerfer beschränkt.

### Die Epigramme

Es ist offensichtlich, dass es Kardinal Spada mit dem ungewöhnlichen Kunstwerk einer Spiegelsonnenuhr um weit mehr als die Möglichkeit der exakten Zeitbestimmung ging. Dies verdeutlichen nicht zuletzt die sechs Inschriftentafeln zwischen den Mezzaninfenstern der Galerie. Sie sind in lateinischer Spra-

56 Vgl. Buchner 1982, S. 7f., 78–80.
57 Vgl. Bogen 2005, S. 161f.

che und überwiegend in dem für Epigramme üblicherweise verwendeten Versmaß der Distichen verfasst.[58] Auf der ersten Tafel heißt es:

> Für etwas, das in der Welt neu ist, und etwas, das in Rom alt ist,
> betrachte ein großartiges Exemplar in diesem Hause.
> In anderen Palästen wirst Du verschiedenes Bewundernswertes sehen:
> Oh, wirst Du sagen, was sind das für Schätze in der Welt und in der Stadt!
> Doch wenn die Sonne hier selbst die verschiedenen Stunden anzeigt
> und mit schimmerndem Licht ihren Weg kenntlich macht,
> dann wirst Du sagen: Wer vermochte die Sonne vom Himmel zu holen?
> Oh was ist das für ein Werk von Geist und Kunst![59]

In der ersten Inschrift wird selbstbewusst ein direkter Vergleich mit anderen Palästen Roms angestellt, welche durchaus eine große Anzahl an bewundernswerten Schätzen bergen. Dieses Werk sei jedoch einzigartig, da die Sonne höchstpersönlich Eintritt in den Palast Kardinal Spadas genommen habe. Im zweiten Epigramm kommt die Sonne selbst zu Wort:

> Als die Sonne die Bahnen am Himmel und die Sterne des Himmels
> gesehen hat, in diesem Gewölbe von kundiger Hand gemalt,
> lächelte sie voller Bewunderung über dies ungewöhnliche Werk und sprach:
> Sieh da, ich habe jetzt einen doppelten Weg zu begehen.
> Der eine über den Himmel durch die bekannten Paläste des Königs,
> der andere durch das neue Gebäude des purpurfarbenen Herrn.
> Ich weigere mich nicht; ich bin mit beiden Mühen einverstanden: auf geht's, Pferde, den willkommenen Glanz an jedem Tag auf beiden Wegen zu verteilen.[60]

Indem sogar die Sonne selbst ihre Bereitschaft erklärt, für Kardinal Spada einen „doppelten Weg" zu absolvieren, werden die besondere Macht und der Einfluss des „purpurfarbenen Herrn" verdeutlicht. Wie schon das erste zieht auch das

58 Vgl. Neppi 1975, S. 191.

59 Si quid in Orbe novum, si quid sit in Urbe vetustum, / Huius in hac specimen nobile cerne domo. / Dum diversa aliis miranda videbis in aulis: / O quales, dices, Orbis et Urbis opes! / Hic ubi diversas Sol ipse videbitur horas, / Et signare suam luce vibrante viam: / Dic, age, quis potuit Solem deducere coelo? / O quale est istud mentis et artis opus!

60 Sol ubi coelestes orbes et sidera coeli / Vidit in hoc docta fornice picta manu, / Insolitum miratus opus subrisit et inquit: / Ecce duplex mihi nunc est ineuda via. / Altera coelestis per nota palatia Regis, / Altera Purpurei per nova tecta Patris. / Nec renuo; sed uterque placet labor: ite iugales, / Quaque die gratum spaergite utrinque iubar.

dritte Epigramm den Vergleich zu anderen römischen Palästen und ihren Galerien:

> Rom, das Du früher so reich an Galerien warst und inzwischen ihrer beraubt bist, lass Dich nicht erschüttern durch Deine Verluste:
> Diese eine Galerie stellt mit ihrem Gewölbe hier etwas Schöneres dar, was Stadt und Welt bewundern.[61]

Während das erste Epigramm noch die Einzigartigkeit der Sonnenuhrgalerie aufgrund der Besonderheit des Eintritts der Sonne betont, wird hier nun die Überlegenheit dieser Galerie durch ihre größere Schönheit gegenüber allem je Dagewesenen konstatiert.

Das vierte Epigramm, das direkt unterhalb des Mezzaninfensters mit dem Spiegel angebracht ist, verweist auf die Besonderheit dieser katoptrischen Sonnenuhr, dass sie ausschließlich durch die Reflexion des Lichts und nicht durch den Schattenwurf eines Zeigers funktioniert:[62]

> Hier fehlt jeglicher Zeiger, Jäger des Schattens und der Stunde.
> Oh Wunder! – der Strahl der Sonne macht Beides.[63]

Das fünfte Epigramm bezieht sich auf das Liniennetz des Quadranten, das im Gewölbe der Galerie mit bildnerischen Mitteln den Himmel darstellt und verweist auf die Unmöglichkeit, auch die Sonne malerisch einzufangen. Diese wird daraufhin selbst zur Malerin ihres eigenen Weges:

> Eine die Natur nachahmende Hand hat hier versucht, die Himmel zu malen;
> die Sonne zu malen, schaffte sie nicht.
> Doch die Sonne wollte dem Werk nicht fehlen,
> und so malt sie sich selbst und ihren Weg mit ihrem eigenen Licht.[64]

Im sechsten Epigramm wird dem höchsten römischen Gott Jupiter ein Lob dieses Kunstwerks in den Mund gelegt:

61 Roma fruens olim, sed iam spoliata tot amplis / Porticibus, damnis nil moveare tuis: / Pulchrius hic aliquid, quod et Urbs miretur et Orbis, / Exhibet ista suo porticus una tholo.

62 Auch Virgilio Spada hebt diese Besonderheit in seinen Aufzeichnungen für eine Biographie Bernardinos hervor: „Nella volta d'una Galleria che trovò fatta vi fece fare un horologgio da ecelente matematico vedendosi le hore in luogo coperto e dove non giunge raggio di sole se non per reverbero e cotal raggio in luogo di gnomone mostra l'hore.“ ASR, FSV 463, Kap. 22, fol. 5r.

63 Hinc stylus omnis abest, umbrae venator et horae. / O mirum! radius Solis utrumque facit.

64 Aemula naturae manus hic depingere coelos / Tentavit, Solem pingere non potuit. / Ne tamen incepto desit Sol ipse labori / Seque suumque suo lumine pingit iter.

Jupiter lachte zwar, als er in einem kleinen Spiegel sah,
wie die Sterne sich hierhin und dorthin bewegten,
beschwerte sich aber trotzdem bald darauf bei den Göttern über ein
derartiges Unternehmen, wenn wir dem Propheten[65] glauben;
Wenn er jetzt sieht, von einem kleinen Spiegel geleitet,
dass die Sonne hier in einem Gefängnis eingeschlossen ist,
wird er verwundert lachen und, an alle Götter gewandt,
dieses so wunderbare Werk loben.[66]

Die sechs Inschriftentafeln zwischen den Fenstern rühmen die Sonnenuhr somit als ein sogar von den Göttern bewundertes Gemeinschaftswerk der Sonne und Kardinal Spadas. Auf einer weiteren Inschriftentafel an der Wand findet ein Dialog zwischen der Sonne und dem Spiegel statt:

Die Sonne beklagt sich über den Spiegel, der die Stunden anzeigt:

Du wertloser Spiegel vor meinen Augen, dreistes Produkt
zerbrechlichen Glases,
woher stammt diese neue unerhörte Unverschämtheit,
dass es Dir erlaubt ist, mein Antlitz und meine Strahlen, die wie Feuer
leuchten,
zu reflektieren, mich vom Himmel herunter auf die Erde zu bannen
und mich unter dem Gewölbe eines engen Daches einzusperren?

Der Spiegel an die Sonne:

Goldene Sonne, die Du alles mit Deinem Licht erleuchtest,
hast Du auch das eherne geschriebene Gesetz des höchsten Jupiters
gesehen:
Der Weise wird über die Sterne herrschen?
So hat ein weiser Fürst, ein helles Licht des purpurfarbenen Senats,[67]
Dich in sein Haus geholt.
Und die Hand und das weise Schaffen eines großen Astronomen
zwingen mich,

65 Gemeint ist der spätantike Dichter Claudius Claudianus: „Iove, ut aliàs apud Claudianum […].“ Maignan 1648, S. 392. In einem Epigramm seiner *Carmina minora* schildert Claudianus die Szene, wie Jupiter die berühmte Sphäre des Archimedes betrachtet. Vgl. Neppi 1975, S. 191.

66 Iupiter, in parvo prospectans sidera vitro / Hinc inde agi, risit quidem, / Mox tamen ad Superos de tanto expostulat ausu, / Si credimus vati sacro; / Si parvo inductum vitro nunc viderit idem / Solem hic reclusum in carcere, / Ridebit mirans et divos versus ad omnes / Laudamit hoc tam mirum opus.

67 Gemeint ist das Kardinalskollegium.

die Wünsche eines so großen Patrons zu erfüllen.
Und es ziemt sich, dass wir beiden Weisen gehorchen.[68]

Wie in den meisten der bereits vorgestellten Epigramme wird auch in dieser letzten Inschrift das Verdienst Bernardino Spadas als Auftraggeber der Sonnenuhr gefeiert. Jupiter, der höchste römische Gott, wird erneut herangezogen, um das Kunstwerk zu preisen und gleichzeitig zu legitimieren, während Kardinal Spada selbst als „helles Licht" – und somit als besonders leuchtendes Beispiel – unter seinen Kardinalskollegen hervorgehoben wird.

Es ist durchaus denkbar, dass sich in der Metaphorik des Gehorchens und der Besitzergreifung eine Art kompensatorischer Sonnenbeherrschung zeigt, die ihren Auslöser in dem Herausrücken der Erde und des Individuums aus dem Mittelpunkt der Welt hatte. Gleichzeitig verweist die Sonnensymbolik zweifellos auf Bernardino Spadas Patron, Papst Urban VIII. Barberini, der schon während seiner Zeit als Kardinal das Sonnensymbol als persönliche Imprese verwendet hatte.[69] Die Formulierung, dass Kardinal Spada die Sonne „in sein Haus geholt" habe, ist in diesem Sinne auch als Hommage an Maffeo Barberini zu verstehen. Dieser war bereits als Kardinal und später als Papst gleichsam wie eine strahlende Sonne in das Leben Spadas getreten und hatte dessen Karriere durch seine intensive Patronage entzündet und zum Leuchten gebracht.

Die Sonnenthematik taucht wiederholt auch an anderen Stellen im Palazzo Spada auf, u. a. in einem Fresko der sogenannten Stanza del Sole im Erdgeschoss sowie als Stuckverzierung in der Kassettendecke der Sala di Pompeo. In der Spiegelsonnenuhr der Galleria della Meridiana erfuhr diese Sonnenthematik allerdings ihre im wahrsten Sinne des Wortes eindrucksvollste Reflexion.

68 Sol de Speculo Horoscopo conqueritur: / Vile oculis Speculum fragilis labor improbe vitri / Unde tibi surgit novus hic temerarius ausus / Ut vultum radiosque meos licet igne micantes / Reddere meque polo deductum addicere terrae / Claudereque angusti tentes sub fornice tecti? // Speculum Solis: / Auree Sol tu cuncta tuo qui lumine lustras / Num quoque vidisti descriptum Adamante supremi / Hic Iovis edictum sapiens dominabitur Astris? / Hinc igitur Sapiens Princeps idemque Senatus / Purpurei Lux clara suas te accersit ad aedes / Hinc manus et magni sapiens me industria cogit par / Astronomi, tanti votis servire Patroni / Et nos ergo ΣΟΦΟΙΣ par est parere duobus.

69 Vgl. Karsten 2006, S. 53.

# II. Kardinal Spada als Patron Emmanuel Maignans

## 1. Die Berechnungshilfen in der Galerie

### Die Monduhr

Neben den Epigrammtafeln sind an den Wänden der Galerie auch astronomische Instrumente bzw. Berechnungshilfen angebracht, die Emmanuel Maignan, der Erfinder der Sonnenuhr, im Auftrag Kardinal Spadas entworfen hat. Rechts von der hinteren Tür der Galerie hängt eine hölzerne Apparatur, die aus zwei kreisrunden Scheiben besteht. Es handelt sich um eine Monduhr, mit deren Hilfe es möglich ist, die nächtliche Uhrzeit zu bestimmen (Bild 16).

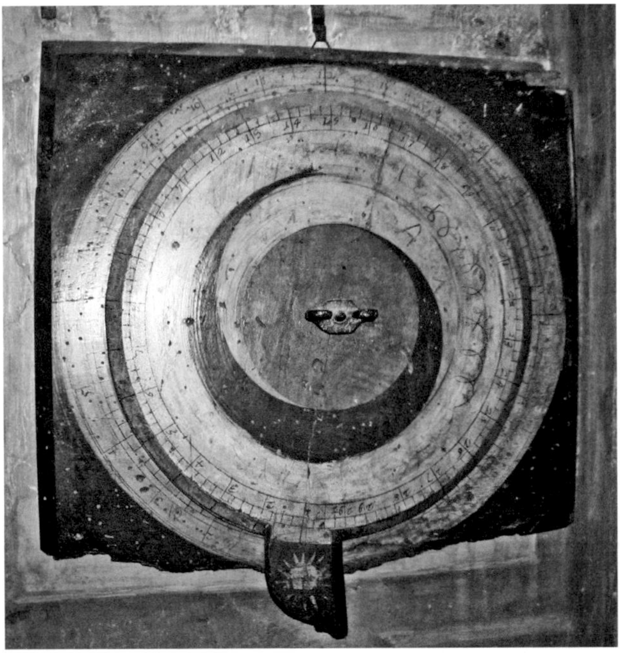

Bild 16 Andrea Battaglini nach einem Entwurf Emmanuel Maignans, Monduhr, Holz bemalt, 1644, Galleria della Meridiana, Palazzo Spada, Rom.

Die untere Scheibe der Monduhr mit dem größeren Durchmesser ist unbeweglich und direkt auf der Tafel befestigt. Auf ihr sind die vierundzwanzig Äquinoktialstunden eingetragen (zwölf nach Mittag und zwölf nach Mitternacht). Darauf ist eine weitere Scheibe kleineren Durchmessers angebracht, die drehbar ist.[70] Auf dieser sind die neunundzwanzigeinhalb Tage eines Mondmonats, d. h. die Zeitspanne von einem Neumond bis zum nächsten Neumond, als eine Skala eingezeichnet. Im Zentrum der Scheibe ist graphisch die Verschiebung von Licht und Schatten während der Mondphasen dargestellt. Die Monduhr ist auf einer Tafel befestigt, auf der ihre Funktionsweise in einer Art Gebrauchsanweisung erläutert wird:

> Diese drehbare Scheibe zeigt die astronomische nächtliche Sonnenstunde, wenn an der katoptrischen Sonnenuhr die jeweilige Stunde abgelesen ist, die der Mond anzeigt, und sein Alter bekannt ist. Wenn der Zeiger des Mondes mit diesem Tage und der beobachteten Stunde auf der unbeweglichen Scheibe zusammenfällt, dann wird der Zeiger Dir die gewünschte Sonnenstunde anzeigen.[71]

Um die nächtliche Uhrzeit zu bestimmen, muss nur das Alter des Mondes bekannt sein – d. h. der Tag X seit dem letzten Neumond – und die Scheibe bis zu dem Punkt gedreht werden, bis eben dieser Tag mit der äquinoktialen Stunde übereinstimmt, die der reflektierte Lichtpunkt des Mondlichtes auf dem Quadranten der Sonnenuhr anzeigt. Der Zeiger der Monduhr gibt auf der Skala der Äquinoktialstunden so die nächtliche Uhrzeit an. Er ist mit einer kleinen Sonnenimprese verziert – ein weiteres Mosaikstück in der Sonnenthematik, die sich durch den gesamten Palast hindurchzieht.

Wie kompliziert sich die Konstruktion der astronomischen Instrumente gestaltete, verdeutlicht eine Bemerkung in einer Rechnung, die im Juli 1646 von dem Schreiner Andrea Battaglini ausgestellt worden ist: „Alles wurde nach Anweisung Pater Emmanuels von der Trinità dei Monti [angefertigt]; die besagte Holzarbeit wird für ein mathematisches Kunstwerk benötigt, welches einen enormen Zeitverlust verursachte, da es erst auf die eine Weise, dann wieder auf eine andere Weise verändert werden musste, so wie es der genannte [Pater] anwies."[72]

70 Die Holzarbeiten der Galleria della Meridiana, darunter auch die Scheiben der Monduhr, fertigte der Schreiner Andrea Battaglini an. Zu den Rechnungen vgl. Neppi 1975, S. 275, Dok. 31.

71 Circulus hic versorius, nocturnam Solis horam Astronomicam, observatam, in Astrolabio Catoptrico, simili hora Lunae, et cognita eiusdem aetate, ostendit; si index Lunae cum eiusdem die, super observata hora, in circulo immobili collocetur, sic enim optatam Solis horam solaris index demonstrabit.

72 „[...] ogni cosa secondo l'ordine del P[ad]re Emanuel della Trinità de Monti d[ett]o lavor serve per un Artefitio di mattematica, qual fù di assai perdità di tempo, perche bisognò mutar hor d'un modo, hor d'un'altro, secondo che detto commandava." ASR, FSV 747, Conto di Andrea Battaglini Intagliatore e Falegname (24. 7. 1645).

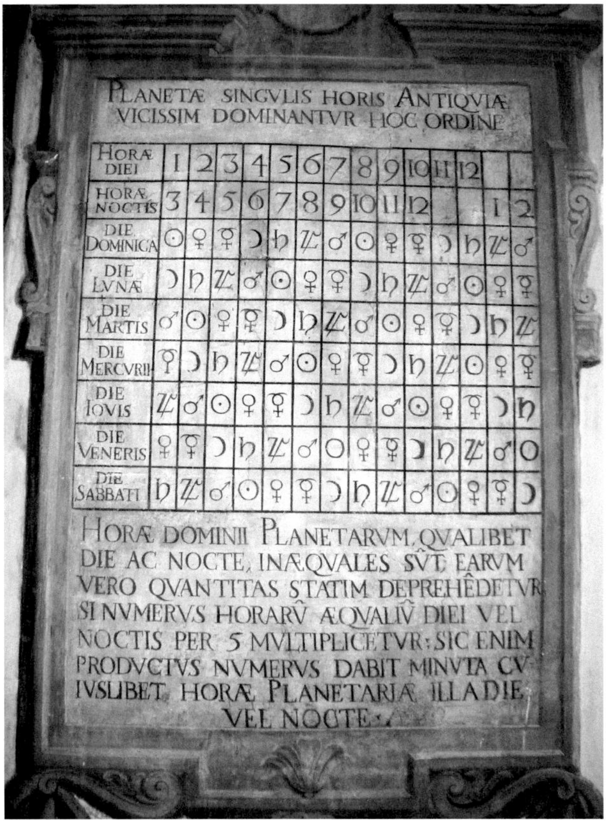


Bild 17 Planetenstundentabelle, Galleria della Meridiana, Palazzo Spada, Rom.

### Die Planetenstundentabelle

Unter der Überschrift „Planetae singulis horis Antiquiae vicissim dominantur hoc ordine" („Die antiken Stunden werden durch die Planeten wechselseitig in der folgenden Ordnung beherrscht") ist auf einer weiteren Holztafel eine Tabelle der sogenannten Planetenstunden dargestellt (Bild 17). Das antike astrologische System der Planetenstunden teilt Tag und Nacht in Zeitabschnitte, die den in der Antike bekannten sieben Planeten zugeordnet werden – sieben deshalb, da zu den fünf bekannten Planeten Mars, Merkur, Venus, Jupiter und Saturn auch Sonne und Mond gerechnet wurden.

Die Planetenstunden werden in der Literatur oft mit den antiken Stunden verwechselt, da auch sie als ungleiche Stunden bezeichnet werden. Beide Systeme teilen den Tag- bzw. Nachtbogen in jeweils zwölf Teile ein. Während die je zwölf Teile der antiken Stunden aber zumindest in sich gleich sind, teilen die Planetenstunden Tag und Nacht in je zwölf ungleiche Teile. Die in der Tagesmitte gelegenen Stunden werden verlängert, wenn der Tag länger als die Nacht ist, und verkürzt, wenn die Nacht länger als der Tag ist. Ziel dieses Systems war es, den Einfluss der Planeten, die – so glaubte man – die einzelnen Stunden ‚regierten', gleichmäßiger zu verteilen.[73]

Aufgrund dieser Irregularität und der Schwierigkeit, die Planetenstunden im Quadranten der Sonnenuhr darzustellen, erschien die Tabelle als die geeignete Lösung. Mit deren Hilfe konnte für jede Stunde der Woche der ‚regierende' Planet ermittelt werden, was zum Beispiel für die Erstellung von Geburtshoroskopen als wichtig erachtet wurde. In der ersten waagerechten Zeile der Tabelle sind die zwölf Tagstunden, in der Zeile darunter die zwölf Nachtstunden aufgeführt, während in der ersten senkrechten Spalte die sieben Wochentage vermerkt sind. Zwischen diesen Koordinaten sind jeder Tag- und Nachtstunde an jedem Wochentag die sieben Planeten zugeordnet. Direkt unterhalb der Tabelle erklärt erneut eine Inschrift die genaue Funktionsweise:

> Die Stunden der Herrschaft der Planeten bei Tage oder bei Nacht sind ungleich, aber ihre Dauer wird man sofort erkennen, wenn die Anzahl der gleichen Stunden des Tages oder der Nacht mit 5 multipliziert wird: denn so wird die erlangte Zahl die Minuten jeder Planetenstunde an jenem Tage oder in jener Nacht anzeigen.[74]

Der Planet, der die erste Tagstunde ‚beherrschte', wurde schließlich namensgebend für den jeweiligen Wochentag.

## 2. Die wissenschaftliche Sammlung

### Die Instrumente

Das Interesse Kardinal Spadas für die neuen Erfindungen seines Jahrhunderts deutet sich bereits in der Ausmalung der Sala Grande des Palastes an. Der von den Bologneser Künstlern Angelo Michele Colonna und Agostino Mitelli im Jahre 1635 mit Quadraturmalereien dekorierte Raum weist ein Bildprogramm auf, in dessen Mittelpunkt zentrale Figuren aus der Geschichte des Kirchenstaates stehen.[75] Allerdings ist auf der durch Scheinarchitekturen gegliederten

73 Vgl. Neppi 1975, S. 193.

74 Horae dominii Planetarum, qualibet die ac nocte, inaequales sunt; earum vero quantitas statim deprehendetur si numerus horarum aequalium diei vel noctis per 5 multiplicetur: sic enim productus numerus dabit minuta cuiuslibet horae planetariae illa die vel nocte.

75 Vgl. Cannatà 1995, S. 17f. sowie Neppi 1975, S. 137–139.

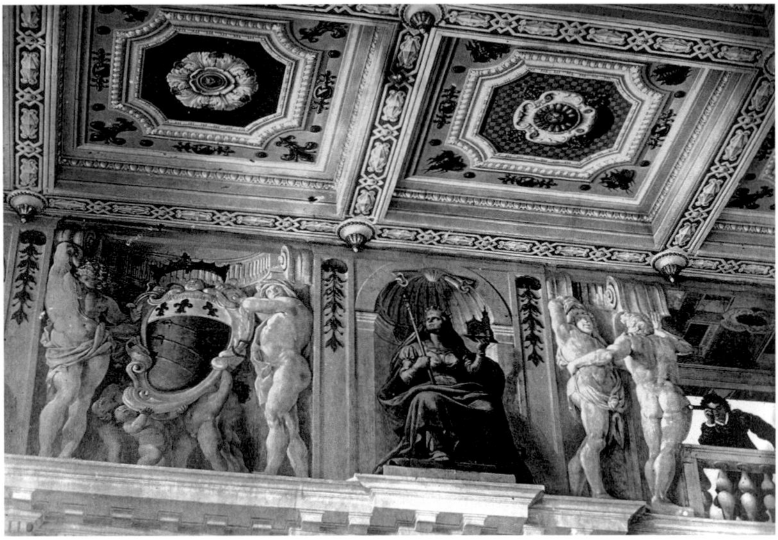

Bild 18 Angelo Michele Colonna und Agostino Mitelli, Wappen Bernardino Spadas, Porträt Mathildes von Tuszien, Mann mit Fernrohr, 1635, Sala di Pompeo, Palazzo Spada, Rom.

Wand auch ein junger Mann dargestellt, der sich auf einer Brüstung abstützt und mit freudig erregtem Gesichtsausdruck durch ein Fernrohr blickt (Bild 18).

Die Sala Grande wurde zwei Jahre nach dem Prozess gegen Galileo Galilei ausgemalt, der das am Beginn des 17. Jahrhunderts in den Niederlanden entwickelte Fernrohr als erster zum Zwecke der Himmelsbeobachtung nachgebaut hatte und dank seiner Observationen des Jahres 1609 zu der bahnbrechenden Erkenntnis gekommen war, dass der Mond eine unebene Oberfläche aufweist – ein Ergebnis, das der vorherrschenden Lehrmeinung von einem idealen, glatten Himmelskörper widersprach.[76]

Bernardino Spadas Leidenschaft für die Optik und die Astronomie manifestiert sich besonders eindrucksvoll in seiner Instrumentensammlung. In seinem Arbeitszimmer im Palazzo Spada bewahrte er neben zwei Globen des berühmten holländischen Kartographen Willem Janszoon Blaeu weitere von Emmanuel Maignan angefertigte wissenschaftliche Instrumente auf, u. a. ein Teleskop sowie ein Periskop. Letzteres diente in seiner komplizierten Kombination verschiedener Spiegel dem Zwecke, „im Zimmer bei geschlossenen Fenstern sehen zu können, wer unten auf der Straße vorbeiläuft".[77]

76 Vgl. Bredekamp 2007, Galilei, S. 101–216.

77 „[...] un'altro artefitio di mattematica secondo l'ordine del sud[dett]o P[ad]re commandatomi da V[ostra] Em[inen]za [...] quale è con quattro tavole serrato à squadro

Bezüglich des Periskops beklagte sich der Schreiner Andrea Battaglini in seiner Rechnungsaufstellung erneut, dass die Herstellung dieses Instruments äußerst schwierig und langwierig gewesen sei. Wiederholt habe er auf Anweisung verschiedene Änderungen bei den Spiegeln vornehmen müssen – „erst den einen, dann den anderen, der eine musste länger gemacht werden, dann wieder kürzer"; er habe die Konstruktion mehrmals zum Konvent Trinità dei Monti bringen und sie jedes Mal wieder verändern müssen, was ein enormer Zeitaufwand gewesen sei.[78]

Möglicherweise hat sich der niederländische Ingenieur Cornelius Meijer für eine Darstellung eines Palastzimmers in seinem 1689 in Rom publizierten Werk *Nuovi ritrovamenti* durch Spadas Arbeitszimmer inspirieren lassen (Bild 19).[79] Im Vordergrund stehen ein Teleskop und ein Globus, auf dem Tisch im Hintergrund sind eine Armillarsphäre, ein Mikroskop, ein Thermometer, ein Winkelmesser sowie verschiedene weitere mathematische Instrumente erkennbar. Am zweiten Fenster von links befindet sich ein Periskop, während am zweiten Fenster von rechts der Spiegel für eine katoptrische Sonnenuhr angebracht ist. In Meijers Legende der Instrumente wird das Objekt mit der Nummer 49 ähnlich wie zuvor in Spadas Formulierung beschrieben: „Fernrohr versehen mit einem konkaven Spiegel, um sehen zu können, wer auf der Straße vorbeiläuft."[80]

Dem Globus sind hier mit den mathematischen Instrumenten jene Arbeitsmittel der Geometrie zugeordnet, die als Grundlage der Mechanik eine irdische Nutzung der göttlich-kosmischen Bewegung illustrieren. Dies verdeutlicht einen tiefen Wandel im Verständnis und Ansehen von Physik und Mechanik. Zuvor bedeutete die Physik ein rein kontemplatives Erkennen der Bewegungen des Himmels und der Erde, während die Mechanik als ein Teilbereich der handwerklichen Produktion galt. Nun bilden Physik und Mechanik eine Einheit zu dem Zweck, sich mechanischer Hilfsmittel zu bedienen und in die Natur einzugreifen. Meijers Kupferstich erscheint als eine Repräsentation dieses neuen Begriffs der Mechanik.

diminuito à modo d'obelisco parte, e parte in altro modo, che d[ett]o serve per vedere chi passa per strada à stare in stanza con fenestre chiuse." ASR, FSV 747, Conto di Andrea Battaglini Intagliatore e Falegname (24. 7. 1645).

78 „[...] quale fù difficiolosiss[im]o per haverlo più volte à mutar secondo l'ordine per la vanità delli specchi che in detto contiene, che mutavo hor uno, hor l'altro, che bisognò far detto hor di più longhezza, hor più curto, e fattolo più volte portare alla Trinità, e sempre mutatolo hor d'un modo, hor d'un altro con mio grande perdim[en]to di tempo." ASR, FSV 747, Conto di Andrea Battaglini Intagliatore e Falegname (24. 7. 1645).

79 Vgl. Camerota 2000, S. 305.

80 „Occhialone fatto con un specchietto concavo per vedere quello passa per la strada." Meyer 1689, fol. 7r.

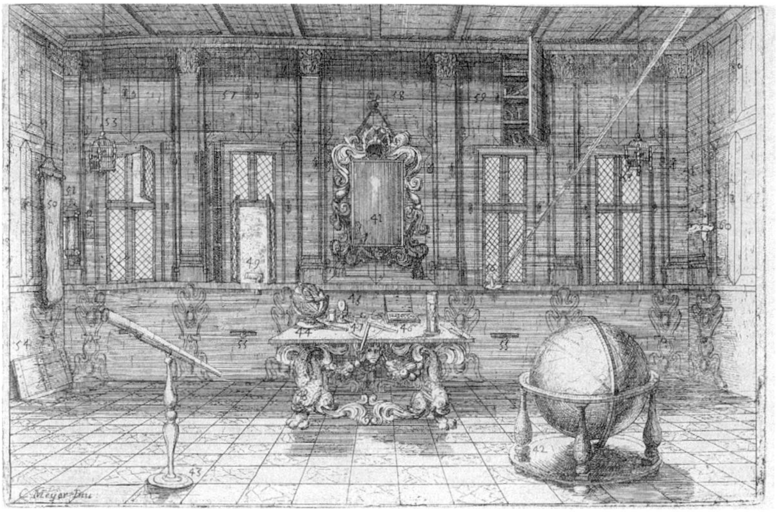

Bild 19 Raum mit optischen, mathematischen und astronomischen Instrumenten, in: Cornelio Meyer, Nuovi Ritrovamenti, Rom 1689, fol. 7r.

Im Jahre 1680 war Meijer in Rom in die berühmte Accademia Fisicomatematica Giovanni Giustino Ciampinis aufgenommen worden,[81] in der die neuesten technischen Erfindungen diskutiert und erprobt wurden. Der Kupferstich könnte auch eine Idealdarstellung eines optischen Laboratoriums sein, doch auch in diesem Fall wäre deutlich geworden, wie stark Spadas Arbeitszimmer solch einem idealen Raum der mathematisch-astronomischen Forschung offenbar ähnelte.

## Die Bibliothek

Direkt neben Spadas Arbeitszimmer befand sich seine wissenschaftliche Bibliothek, die alle wichtigen astronomischen Bücher seiner Zeit enthielt, u. a. Werke von Johannes Kepler, Christoph Clavius, Tycho Brahe, Galileo Galilei und Christoph Scheiner.[82] Papst Urban VIII. hatte 1631 das Gesetz „Contra Astrologos" erlassen, das Horoskope und Zauberei verbot und unter Todesstrafe stellte.[83] Trotz dieses Verbots befanden sich in Spadas Bibliothek – neben den teilweise auf dem Index stehenden astronomischen Werken – Bücher zur Astrologie, u. a. von Giovanni Antonio Magini; und auch der Bruder des Kardinals, der

81 Vgl. Berkel 2002, S. 288f.
82 Vgl. Neppi 1975, S. 125f.
83 Vgl. Lutz 2000, S. 303f. Zum Astrologieverbot vgl. auch Baldini 2001, S. 89–110.

Oratorianerpater Virgilio Spada, bewahrte zahlreiche verbotene Bücher über Astrologie und Astronomie in einem geheimen Schrank im Konvent der Oratorianer auf.[84]

Eine Untersuchung über die römischen Inquisitions- und Indexkongregationen hat den Befund erbracht, dass naturwissenschaftliche Publikationen des 17. und 18. Jahrhunderts weitgehend unbehelligt blieben, soweit es sich um Formulierungen naturwissenschaftlicher Hypothesen handelte.[85] Pseudonaturwissenschaften wie Astrologie und Alchemie seien dagegen verboten gewesen, womit einer ernsthaften Erforschung der Natur gewissermaßen der Weg geebnet worden sei.[86] Dieser Befund mag theoretisch zutreffend sein, doch in der Praxis des 17. Jahrhunderts standen sich die Astronomie und Astrologie gar nicht im Wege. Zwar ist das empirische Material beider Wissenschaften das Gleiche, doch der Umgang mit dem Material sowie die Fragestellungen unterscheiden sich fundamental. In der Astronomie geht es um die Himmelsmechanik in kinematischer und dynamischer Beschreibung und deren Übertragung ins kosmologische Modell, während in der Astrologie nach der in den himmlischen Zeichen verborgenen Sinn- und Bedeutungsschicht gesucht wird.[87] Die Ziele und Ebenen der beiden Wissenschaften sind derart verschieden, dass sie nebeneinander existieren konnten, ohne sich gegenseitig verdrängen zu müssen.

Die Galleria della Meridiana repräsentiert im Ensemble der Sonnenuhr mit den allegorischen Darstellungen eine Einheit von Astronomie und Astrologie, die nicht zuletzt durch das Nebeneinander der astronomischen Monduhr und der astrologischen Planetenstundentabelle unterstrichen wird; dieses Prinzip spiegelt auch die Auswahl der Bücher in Spadas Bibliothek wider. Noch 1762 formulierte Johann David Köhler in seiner *Anweisung für reisende Gelehrte* die Notwendigkeit des Besitzes auch der verbotenen Bücher: „Man behält in Bibliothecken die Libros prohibitos, so wie in den Apothecken die stärcksten Gifte, zu einem guten Gebrauch auf. Man hat nach den heiteren Zeiten der Reformation wahrgenommen, daß auch die ärgste[n] und verderblichste[n] Bücher gewisser massen Nutzen schaffen können."[88]

Die Bibliothek im Palazzo Spada wurde aufgrund ihrer Ausstattung in zahlreichen Romreiseführern erwähnt und oftmals lobend hervorgehoben.[89]

84 „Nota de i libri prohibiti […] riposti in un forziero grande vicino la libraria, serrato a chiave." Zit. nach Finocchiaro 1999, S. 117. Vgl. auch ebd., S. 20f.
85 Vgl. Wolf 2005, S. 15f.
86 Vgl. ebd., S. 16 sowie Baldini 2001.
87 Vgl. Meinel 1992, S. 38.
88 Köhler 1973, S. 46f.
89 Bellori 1664, S. 52; Deseine 1713, Bd. II, S. 466; Roisecco 1745, S. 340.

Neben der astronomischen und astrologischen Literatur lag ein weiterer inhaltlicher Schwerpunkt der Spadaschen Büchersammlung in der Politik.[90]

Unter den hauptsächlichen Funktionen einer Büchersammlung – der Wissensspeicherung, Wissensvermittlung, Präsentation und Repräsentation – wurde in den barocken Bibliotheken letzterer, der repräsentativen Darstellung des angesammelten Buchwissens, oftmals besondere Bedeutung zugemessen.[91] Doch die Wissensspeicherung und Wissensvermittlung galten offenbar als ebenso wichtige Kriterien für eine Beurteilung einer Bibliothek. In den zahlreich erschienenen Romführern sind es vornehmlich diese zwei Aspekte, die von den Autoren in Bezug auf die beschriebenen Bibliotheken stets genannt werden – zum einen die Anzahl der Bücher und die Frage, ob diese weiter vergrößert wird, womit auf die Größe, Vollständigkeit und Aktualität dieser Wissensspeicher Bezug genommen wird; zum anderen wird erwähnt, ob die Bibliotheken öffentlich zugänglich sind und wann deren Öffnungszeiten sind, womit die Funktion der Wissensvermittlung angesprochen ist.

Ob Kardinal Spada so weitsichtig war, die neuen Studien über das heliozentrische Weltbild als richtig zu erkennen und dies mit seinem Glauben in Einklang zu bringen vermochte, kann nicht mit Sicherheit festgestellt werden. Unbestreitbar interessierte er sich für den wissenschaftlichen Diskurs seiner Zeit und die durch Galilei begründete neue Wissenskultur der modernen Astronomie. Somit ist es wahrscheinlich, dass er mit dieser neuen Lehre sympathisierte.

Ein Merkmal der sogenannten wissenschaftlichen Revolution im 17. Jahrhundert war die mit der Aufhebung des ganzheitlichen Denkens einhergehende zunehmende Trennung der reinen Wissenschaft der Astronomie von der im antiken Denken verwurzelten Astrologie. Dass dies jedoch ein langsam fortschreitender Prozess war, zeigt die Vermischung von Astronomie und Astrologie in der Sonnenuhr. Die Tatsache, dass Kardinal Spada eine repräsentative Galerie seines Palastes mit einer Sonnenuhr dekorieren ließ, verdeutlicht seine Überzeugung, diese sei in ihrer doppelten Eigenschaft als prachtvolles Kunstwerk und präzises wissenschaftlich-astronomisches Messgerät ein wirksames Instrument der Patronagetätigkeit und somit auch der Selbstrepräsentation und sozialen Legitimierung seiner Macht.

90 „Di Casa Spada nel suo elegante Palazzo di Strada à Capo di Ferro, che fù già del Cardinal Bernardino Spada d'illustre memoria, fornita di moltissimi Libri impressi, e manoscritti; massimamente di Politica […].“ Piazza 1698, XIII, S. CLXXVIII.

91 Vgl. Engelberg 2003.

## 3. Das Traktat *Perspectiva horaria*

### Maignans Widmung an Kardinal Spada

Emmanuel Maignan (1601–1676), der Autor des wissenschaftlichen und künstlerischen Meisterwerks der Sonnenuhr im Palazzo Spada, ist von der Wissenschaft bisher kaum gewürdigt worden. Sein Schüler und Ordensbruder Jean Saguens veröffentlichte im Jahre 1697 eine Biographie Maignans unter dem Titel *De vita, moribus et scriptis R. Patris Emanuelis Maignani*, doch der Name Maignan geriet trotzdem zunehmend in Vergessenheit. Im 20. Jahrhundert begann sich die neuere Forschung vornehmlich für Maignans Ansichten zur Naturphilosophie zu interessieren.[92] Einige Aufsätze bieten kurze Zusammenfassungen seines Lebens und Schaffens,[93] wobei die Literatur insgesamt von zahlreichen Unstimmigkeiten im Detail geprägt ist.[94]

Maignan wurde 1601 in Toulouse geboren und trat im Alter von siebzehn Jahren dem Orden der Minimen bei.[95] Er studierte Theologie und Philosophie,

92 Vgl. Sander 1934; Ceñal 1954. Maignans 1653 publizierte Schrift *Cursus philosophicus* wird von der Forschung gemeinhin als sein Hauptwerk angesehen. Vgl. Heilbron 1979, S. 111f. Siehe auch Sander 1934, S. 9: „Maignan hat noch ein weitläufiges optisches Werk herausgegeben [Perspectiva horaria], das hier unberücksichtigt ist; denn alles Wesentliche ist von Maignan im Cursus philosophicus in einer Weise erörtert worden, daß die Sorgfalt, Gründlichkeit und Genauigkeit in Erstaunen setzt." Der *Cursus philosophicus* bleibt im Wesentlichen der Tradition der aristotelisch-scholastischen Philosophie verhaftet, verbindet sie jedoch mit neuen wissenschaftlichen Erkenntnissen und betont den Nutzen wissenschaftlicher Experimente. Maignan entwickelte somit einen Kompromiss zwischen der traditionellen Philosophie und dem radikalen Korpuskularismus. Vgl. Heilbron 1979, S. 112.

93 Ceñal 1952; Whitmore 1967, S. 163–186; Louyat 1974; Heilbron 1979, S. 210–213.

94 Diese Unstimmigkeiten betreffen bereits die Schreibweise des Namens, wobei bisweilen sogar in einem Aufsatz verschiedene Schreibweisen auftauchen. Hier wird die am häufigsten gebrauchte Variante „Emmanuel Maignan" verwendet. Ceñal 1952, S. 114, gibt als Geburtsdatum Maignans fälschlicherweise den 1. Juli 1600 an; Louyat 1974, S. 15, nennt dagegen das korrekte Datum, den 17. Juli 1601.

95 Der Orden der Minimen, einer der letzten vor dem tridentinischen Konzil entstandenen Orden, wurde 1453 von dem Franziskanermönch Francesco di Paola (1416–1507) in seinem in der italienischen Region Kalabrien gelegenen Geburtsort Paola gegründet. Er bezeichnete sich selbst als „il minimo dei minimi" (der Geringste der Geringsten). Nachdem sich eine große Anzahl Gleichgesinnter um ihn versammelt hatte, ließ Francesco di Paola 1454 in Cosenza ein Kloster mit Kirche errichten; 1519 wurde er heilig gesprochen. Die Ordensregeln schrieben eine besonders strenge Askese mit Nachtwachen, Stillschweigen, Gebet und Fasten vor. In Italien wurden die Ordensbrüder „Minimi", in Frankreich „Bons Hommes", in Deutschland „Paulaner" (nach dem Ort Paola) genannt. Die Forschung spricht allerdings einheitlich von minimi (ital.), minims (engl.), minimes (frz.), Minimen (dt.). Zum Orden vgl. Whitmore 1967. Zum Konvent Trinità dei Monti vgl. Bruley 2002.

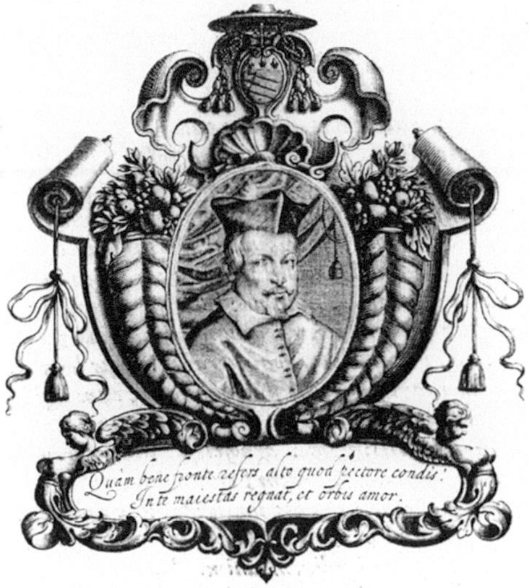


Bild 20 Pierre Guerin oder Claude Goyrand, Porträt Kardinal Bernardino Spadas, Kupferstich, in: Emmanuel Maignan, Perspectiva horaria, Rom 1648, fol. 3r.

erwarb jedoch im Selbststudium ebenso ausgezeichnete mathematische Kenntnisse, dank derer er von 1625 bis 1636 eine Anstellung als Mathematiklehrer am Konvent des Minimenordens in Toulouse erhielt. Im Jahre 1636 wurde Maignan nach Rom berufen, um in dem seit 1622 als französisches Kolleg genutzten Minimenkonvent Trinità dei Monti Philosophie, Theologie und Mathematik zu unterrichten.[96] Nach einer kurzen Rückkehr nach Toulouse hielt er sich von 1643 bis 1650 erneut in Rom auf.[97] Die Zeit in Rom war für Maignans wissenschaftliche Karriere außerordentlich prägend, stand er doch hier im engen Kontakt mit der römischen Wissenschaftsszene, die sich um den deutschen Jesuitenpater und Universalgelehrten Athanasius Kircher konzentrierte. Am fruchtbarsten wurde das Patronageverhältnis zu Kardinal Spada.

Das von Maignan im Jahr 1648 publizierte Optiktraktat *Perspectiva horaria* beginnt mit einer ausführlichen Widmung und Dankesrede an Bernardino Spada. Dem Text vorangestellt ist ein Porträt des Kardinals (Bild 20). Das von zwei reich bestückten Füllhörnern flankierte und vom Kardinalswappen bekrönte Medaillon zeigt Bernardino Spada im Dreiviertelporträt vor einem gerafften Vorhang, bekleidet mit Rochett, Mozzetta und Birett. Angesichts des Publikationsdatums der *Perspectiva horaria* dürfte Bernardino Spada zum Zeitpunkt der Anfertigung des Kupferstichs, der wie alle Abbildungen des Bu-

96 Laut Bonnard 1933, S. 173, kam Maignan erst 1637 nach Rom, aber in der Literatur wird überwiegend das Jahr 1636 genannt. Vgl. Romano 2002, S. 132.

97 Vgl. Bonnard 1933, S. 173 sowie Neppi 1975, S. 189.

ches entweder von Pierre Guerin oder Claude Goyrand gestochen wurde,[98] vierundfünfzig Jahre alt oder unwesentlich jünger gewesen sein. Die Inschrift unter dem Porträt lautet:

> „Wie gut bringst Du im Gesicht zum Ausdruck, was Du tief in der Brust verbirgst!
> In Dir regiert Größe und Liebe zur Welt."[99]

Dem Porträt folgt die Widmung, die in ihren wichtigsten Auszügen die Rolle Kardinal Spadas als Patron betont und sich dabei mehrfach der Sonnen- und Lichtmetapher bedient:

> „Es ist meiner Untersuchung[100] gestattet worden, diese neue Art einer katoptrischen Sonnenuhr in dem weiten Gewölbe Eures Palastes zu zeichnen: jene Untersuchung, die es bisher so viele Jahre vorgezogen hatte, im Verborgenen zu bleiben, wagt dies erst unter dem Schutz eines solchen Mäzens; bevor sie jedoch hervorkommt, bringt sie ihrem Beschützer als Zeichen ihres Gehorsams und ihrer Treue ein Geschenk dar, das niemals untergehen wird. Und sie ist sich sicher, dass es von Euch mit gnädiger Hand angenommen wird, weil sie schon lange weiß, dass das Licht und seine Strahlen Eurer Haltung ganz besonders verwandt sind. [...] Und tatsächlich habt Ihr diesen uralten und schon von Euren Vorfahren lange hergeleiteten Ruhm der äußerst edlen Familie Spada nicht so sehr mit Eurem Kardinalspurpur[101] als vielmehr durch das Licht Eurer Verdienste verstärkt: durch die zahlreichen [Verdienste] sowohl der Nuntiatur als auch der Legation; durch die weise, gerecht und sehr glücklich von Euch besuchten Provinzen und gerade auch durch jene ständigen Arbeiten, die Ihr Tag für Tag für die gesamte Christenheit leistet. Und Ihr verleiht nicht nur Rom, der Hauptstadt der Welt, Ruhm, sondern mit dieser Hauptstadt zugleich der ganzen Welt, weil die Strahlen der Lobesworte und des wahren Ruhmes gleichermaßen bei Euch vereint sind: Ihr fördert neben vielen anderen religiösen Orden auch unseren Orden der Minimen durch die Entscheidungsbefugnis Eures großartigen Protektorats; dies führt dazu, dass meine Untersuchung aus eigenem

98 Vgl. Neppi 1975, S. 189.

99 „Quam bene fronte refers alto quod pectore condis! In te maiestas regnat, et orbis amor." Maignan 1648, S. I.

100 Wörtlich: „Es ist meiner Perspectiva gestattet worden"; gemeint ist das Traktat *Perspectiva horaria*.

101 Wörtlich: Heilige Purpurschnecke (sacro murice).

> Antrieb und eigener Begabung heraus mit ihrem dreifachen Strahl des Lichts auf Euch blickt und sich zu Euch hinwendet wie zu ihrer Sonne."[102]

Zwei Aspekte dieses Ausschnitts sind besonders hervorzuheben. Der erste betrifft die Rolle Kardinal Spadas als Patron. Indem Maignan schon im ersten Satz seiner Danksagung die katoptrische Sonnenuhr im Palazzo Spada erwähnt, zeigt sich deutlich, dass er dieses Werk offenbar als den Höhepunkt der *Perspectiva horaria* und die Krönung seiner optischen Studien insgesamt betrachtet. Bernardino Spada habe durch seine Patronage nicht nur die Konstruktion der Sonnenuhr ermöglicht, sondern auch die Publikation der *Perspectiva horaria* gefördert. Von Jean Saguens, dem ersten Biographen Maignans, ist zu erfahren, dass diese Förderung nicht nur ideeller, sondern auch materieller Art war – Kardinal Spada habe die Publikation „mit einer großzügigen Spende" unterstützt.[103]

Der zweite wichtige Aspekt betrifft die Verdienste Bernardino Spadas. Maignan spricht von dem „uralten [...] Ruhm der äußerst edlen (nobilissima) Familie Spada". Damit kann allerdings kaum der Kohlenhändler Paolo Spada gemeint sein. Wie bereits ausgeführt, waren es die aktuellen Taten und Verdienste, die im frühneuzeitlichen Rom den erreichten politischen und sozialen Status einer Person rechtfertigten. Diese besonderen Leistungen zählt Maignan detailliert auf: Neben der Nuntiatur- und Legationszeit seien es vor allem die „ständigen Arbeiten [...] Tag für Tag für die gesamte Christenheit" gewesen, mit denen sich Kardinal Spada Ruhm und Ehre somit in jahrelanger Tätigkeit als Kardinal des Kirchenstaates verdient hätte – diesen Aspekt der täglichen

102 „Quod novum Horarij Catoptrici genus in ampla Palatij tui porticu delineare concessum est Perspectivae huic meae: audet illa iam tanti Mecoenatis non solum patrocinio; quae hactenus annis quamplurimis latere malverat. Ante tamen quam prodeat, munus defert Sospitatori Suo in obsequij ac fidei monimentum nunquam interiturum: nec diffidit benigna abs Temanu suspiciendum, quod iamdiu novit virtuti tuae, maxime esse cognatum, Lucem videlicet radiosque eius. [...] Et vero quod antiquissimum, ac longe a proavis ductum nobilissimae Spadanae Familiae fulgorem non tam sacro murice, quam meritorum luce auxisti: quod multis adeo tum Nunciature, tum Legationum, & c. Sapientissime aeque & felicissime obitis a te provincijs; nec non assiduis illis, quos in dies sustines pro tota Repub. Christiana laboribus; non modo Romam orbis caput, sed & cum capite orbem totum, communicatis tuae laudis ac verae gloriae radijs illustras: quod etiam nostrum Ordinem Minimorum, praeter alias plurimas religiosas familias, ipsa tuae illustris Protectionis praerogativa foves; inde est, ut sponte sua & nativo ingenio Perspectiva mea suo cum lucis radio triplici, te respiciat, atque ad eundem te perfugiat velut ad suum Solem." Maignan 1648, fol. 3r–4r.

103 „cum effusa largitione". Saguens 1703, Bd. IV, S. 11. Zit. nach Neppi 1975, S. 189, Anm. 1.

Arbeit inszeniert auch das Porträt Guido Renis, das Bernardino Spada an seinem Schreibpult zeigt (vgl. Bild 3).

## Das Frontispiz und die Galerie im Kupferstich

Im Jahre 1648 veröffentlichte Maignan in Rom sein Traktat *Perspectiva horaria, sive de horographia gnomonica tum theoretica tum practica libri quatuor*,[104] das sich, unterteilt in vier Bücher, in lateinischer Sprache auf etwas mehr als siebenhundert Seiten der Geschichte der Zeitrechnung, der Optik, Katoptrik und Dioptrik widmet.[105] Das von S. P. Cecchone gezeichnete und von Pierre Guerin gestochene Frontispiz der *Perspectiva horaria* (Bild 21) erinnert unmittelbar an jenes Fresko in der Galleria della Meridiana, das sich außerhalb des Sonnenuhrquadranten am Rande des Gewölbes befindet (vgl. Bild 14).

Maignan hatte den Zeichner offenbar beauftragt, die von Giovanni Battista Magni im Palazzo Spada realisierte Komposition der um einen Tisch versammelten Allegorien der Perspektive, Astronomie, Kosmographie und Geometrie, die unter Verwendung von mathematischen, optischen und astronomischen Gerätschaften eine Sonnenuhr konstruieren, für das Frontispiz seines Traktats erneut aufzugreifen. Die wiederholte Wahl dieses Bildmotivs ist einleuchtend, bietet die *Perspectiva horaria* doch sowohl eine detaillierte Analyse der Theorie und Funktionsweise von Sonnenuhren, als auch konkrete Konstruktionsanleitungen.

Im Gegensatz zum Fresko im Palazzo Spada, das sich in einen Vordergrund mit der Szenerie am Tisch und einen landschaftlichen Hintergrund gliedert, ist die Bildkomposition für das Frontispiz um einen Mittelgrund erweitert, in welchem sich weitere Figuren befinden. Den vier im Vordergrund um den Tisch gruppierten Allegoriefiguren ist im Mittelgrund jeweils eine weitere Allegorie zugeordnet – und zwar noch einmal die gleiche, jedoch mit anderen Attributen. Diese vier weiblichen Figuren stehen auf Podesten jeweils im Rücken ihrer Schwesterallegorie.

Die Anordnung der Allegorien rund um den Tisch stimmt mit der Freskendarstellung der Galerie überein. Vorne links beugt sich die Astronomie über eine vor ihr auf dem Tisch stehende Armillarsphäre, neben der ein Zirkel liegt. Die auf dem Podest hinter ihr stehende Schwesterallegorie der Astronomie hält eine Armillarsphäre und einen Zirkel in den Händen, ihr Haupt wird von einem Kranz mit einem Stern bekrönt. Neben der Astronomie steht die Allegorie der

104 Übersetzt: Die Beobachtung der Stunden oder Beschreibung der Konstruktion von Sonnenuhren in Theorie und Praxis in vier Büchern.

105 Liber primus (S. 1–104): „Perspectivae Horariae pars theoretica", Liber secundus (S. 105–278): „Optice Horaria", Liber tertius (S. 279–550): „Catoptrice Horaria", Liber quartus (S. 551–705): „Dioptrice Horaria".

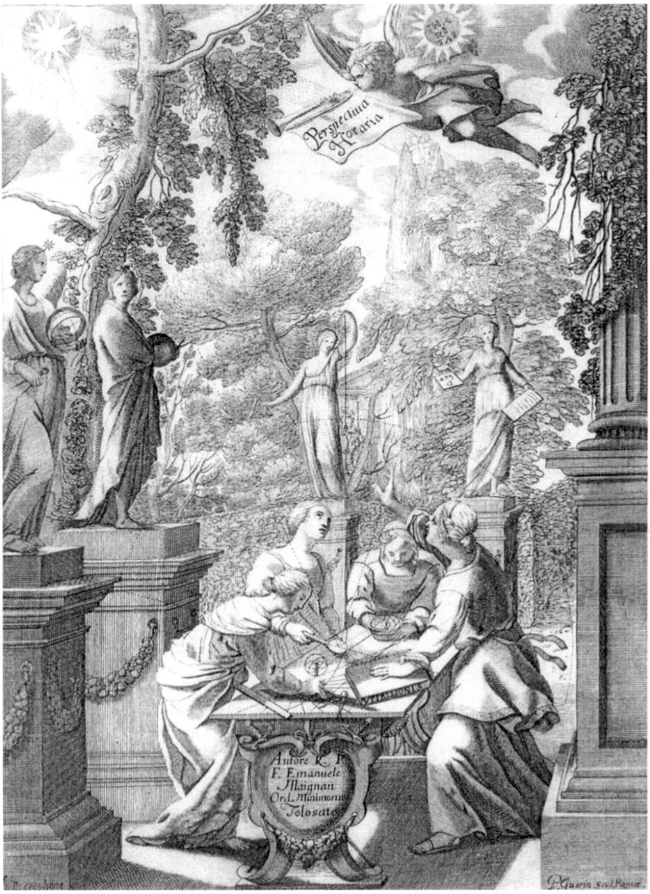


Bild 21 Pierre Guerin nach einer Zeichnung von S. P. Cecchone, Frontispiz, in: Emmanuel Maignan, Perspectiva horaria, Rom 1648.

Kosmographie am Tisch. Ihr Blick folgt den in den Himmel geworfenen Sonnenstrahlen, die von dem Spiegel in ihrer Hand reflektiert werden. Hinter ihr steht ihre Schwesterallegorie der Kosmographie mit einem Himmelsglobus und einem Zirkel in den Händen auf dem Podest. Am hinteren Ende des Tisches beugt sich die Allegorie der Geometrie über einen Kompass, während ihre Schwesterallegorie in ihrem Rücken auf dem Podest in der linken Hand einen Lotfaden und in der rechten ein Dreieck hält. Die Allegorie der Perspektive rechts im Vordergrund legt ihre Hand – wie auf dem Fresko im Palazzo Spada – auf das Optiktraktat des Witelo (Vitellionis) und weist mit der anderen auf die reflektierten Sonnenstrahlen, während ihre Schwesterallegorie auf dem Podest Zahlen- und Schrifttafeln in den Händen hält.

In der Verdopplung der Figuren im Frontispiz wird das Motiv der Spiegelung reflektiert. Zwar sind die Allegorien nicht im strengen Sinn gespiegelt, doch für das Spiegelungskonzept spricht u. a. auch, dass auf dem Stich zwei Sonnen zu sehen sind – eine links oben im Bild, die andere oberhalb des heranfliegenden Putto, der mit einer Fanfare die Kunde von dem neuen Optiktraktat verbreitet. Das dritte Buch der *Perspectiva horaria*, das sich der Katoptrik widmet, ist mit Abstand der ausführlichste Teil des Werkes; die Lehre von der Spiegelreflexion war offensichtlich Maignans besondere Leidenschaft, die auch im Frontispiz repräsentiert wird.

Der Name des Autors ist auf einem mit einer Girlande verzierten Medaillon an der Tischvorderseite zu lesen: „Autore R. P. F. Emanuele Maignan Ord. Minimorum Tolosate". Am oberen Rand dieses Medaillons findet sich der erste Hinweis auf den Patron Maignans, Kardinal Bernardino Spada: In der Mitte wird das Medaillon von einer Lilie bekrönt, links und rechts von ihr sind zwei Schwerter offenbar hinter das Medaillon gesteckt, so dass nur noch die beiden Griffe erkennbar sind. Angesichts der Tatsache, dass Maignans Traktat mit einer dreiseitigen Widmung an Bernardino Spada beginnt, erstaunt es, dass dessen Wappensymbole auf dem Frontispiz geradezu versteckt werden.

Der katoptrischen Sonnenuhr im Palazzo Spada, die im Text als „Astrolabium catoptrico-gnomonicum" bezeichnet wird, ist in der *Perspectiva horaria* eine lange Beschreibung gewidmet, in der alle Stundenlinien und astronomischen Eintragungen detailliert erläutert werden.[106] Zudem sind alle lateinischen Inschriften der Galerie aufgeführt,[107] wobei die von Bernardino Spada verfasste „Vorstellung der neuen Sonnenuhr" besonders herausgestellt wird:

> „Das erste Epigramm verfasste der hochverehrte Herr Kardinal selbst, auf seine Weise hoch elegant und dazu so verständlich, dass er eine Sache, die sehr schwierig zu erklären ist, großartig in wenigen Versen und in einer wunderbar kunstgerechten Verbindung nicht nur anmutig, sondern auch treffend beschrieben hat."[108]

Mittels treffender Beschreibungen versuchte auch Maignan, die theoretischen Grundlagen und technischen Prinzipien für die Konstruktion von Sonnenuhren dem Leser in verständlicher Form zu vermitteln. Eine zentrale Rolle spielte dabei die Visualisierung der Instrumente und Konstruktionen: auf unge-

106 Vgl. Maignan 1648, S. 390–431.

107 Der Wortlaut der Epigramme ist bei Maignan an einigen Stellen geringfügig verändert.

108 „Primum Epigramma ipse Eminentissimus Dominus Cardinalis scripsit, more suo elegantissime, & quidem tam apposite; ut rem explicatu difficillimam, clarissime paucis versibus mira concinnitate complexus, non minus lepide, & acute concluserit." Maignan 1648, S. 395.

fähr jeder zweiten Seite des umfangreichen Traktats befinden sich Bilder – sowohl kleine geometrische Zeichnungen als auch über die gesamte Seitengröße des Foliobandes reichende Kupferstiche.

Dem dritten Buch über die Katoptrik ist ein großformatiger, aus dem Traktat herauszuklappender Kupferstich vorangestellt (Bild 22). Er zeigt die Galleria della Meridiana zu einem Zeitpunkt zwischen der Fertigstellung der Sonnenuhr und der Publikation der *Perspectiva horaria,* d. h. zwischen 1644 und 1648. Der imaginäre Betrachter steht am vorderen Ende der Galerie mit dem Rücken zur Sala di Pompeo. Zwischen den Mezzaninfenstern auf der rechten Seite der Galerie und neben der hinteren Tür sind die Inschriftentafeln zu erkennen, während zwischen den großen Fenstern sowie an der linken Wand der Galerie Bilder aus Bernardino Spadas Gemäldesammlung hängen. An der Gewölbedecke sind die verschiedenen Stundenlinien der Sonnenuhr dargestellt.

In seiner Beschreibung des Kupferstichs betont Emmanuel Maignan, der Kupferstecher habe die Sonnenuhr bewusst unvollständig visualisiert, um ein allzu großes Durcheinander im Liniennetz zu vermeiden.[109] So wurde auf die Darstellung der figürlichen Dekorationen der Sonnenuhr verzichtet, u. a. auf die Putti, den die Sonnenuhr begrenzenden Fries und die zwei Freskendarstellungen außerhalb des Quadranten. Zudem sind nur die wichtigsten Linien in den Quadranten eingetragen. Zwischen den Linien der nördlichen („Parallelus maximae in Boream declinationis Lunae") und der südlichen („Parallelus maximae ad Austrum declinationis Lunae") großen Mondwende sind insgesamt nur drei verschiedene Linienarten verzeichnet: die mit arabischen Ziffern versehenen äquinoktialen Stunden, die mit römischen Ziffern beschrifteten italischen Stunden sowie die mit den Symbolen der Tierkreiszeichen markierten Tierkreislinien. Die Zwölf-Uhr-Linie, d. h. die Meridianlinie, wird als einzige über die Kurve der südlichen Mondwende hinausgeführt, schneidet die Sechs-Stunden-Tagbogen-Linie („Arcus diurnus horarum sextus") und trifft senkrecht auf die Horizontlinie an der linken Wand.

Im unteren Drittel des Liniennetzes ist eine kleine Sonne erkennbar, deren Strahlen durch gemalte Zacken symbolisiert sind. Sie befindet sich exakt an der Stelle des zuvor erwähnten wichtigsten Schnittpunktes des Quadranten, wobei sich im Kupferstich nur drei von acht Linien schneiden: die Äquinoktiallinie, die Linie der zehnten äquinoktialen Stunde sowie die Linie der sechzehnten italischen Stunde. Die gemalte Sonne steht stellvertretend für den reflektierten Lichtpunkt, da ein kreisrunder heller Fleck im Liniennetz des Kupferstichs nicht auffällig genug gewesen wäre; sie wurde auf den markantesten Punkt der Sonnenuhr platziert und repräsentiert somit auch die zentrale Sonnensymbolik.

109 „ad vitandam confusionem multitudinis". Maignan 1648, S. 392.

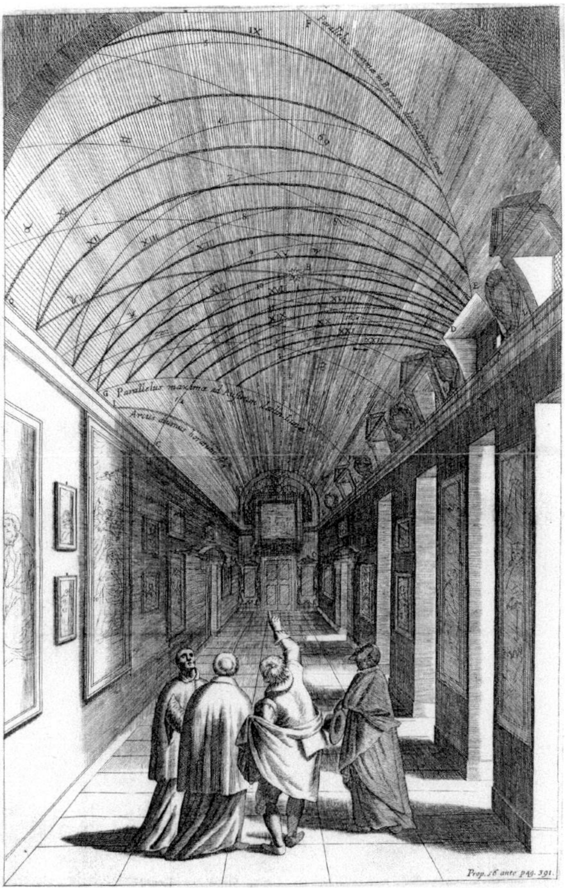

Bild 22 Pierre Guerin oder Claude Goyrand, Galleria della Meridiana, in: Emmanuel Maignan, Perspectiva horaria, Rom 1648, zwischen S. 390 u. S. 391.

Im Bildvordergrund stehen in einem Halbkreis gruppiert vier männliche Figuren, die ihre Blicke nach oben zur Sonnenuhr richten, eine Person weist mit der Hand zur Decke (Bild 23). Die Person rechts, die einen Kardinalsmantel trägt und einen Kardinalshut in den Händen hält, steht seitlich zum Betrachter, so dass ihr Gesicht im Profil zu sehen ist. Es handelt sich offensichtlich um Kardinal Bernardino Spada, dessen Gesichtszüge, Haarschnitt und Kinnbart unverwechselbar und klar erkennbar sind (vgl. Bild 20). Die Figur zu seiner Linken, die ihren rechten Arm im Zeigegestus nach oben auf die Sonnenuhr richtet, ist mit dem Rücken zum Betrachter dargestellt. Sie trägt ein elegantes Obergewand, darüber ein locker um den Rücken gewundenes Tuch und am linken

Strumpfband eine Rosette. Durch die Kleidung wird die Person als ein adliger Laie gekennzeichnet – offenbar handelt es sich um einen römischen Baron.

Neben dem Adligen stehen zwei Figuren, die beide in das gleiche kirchliche Ordensgewand gekleidet sind. Die links stehende Person mit einem auffallend schmalen, hohlwangigen Gesicht, tief liegenden Augen und kurzen Haaren ist dem Betrachter zugewandt, wie um eine zweifelsfreie Identifizierung zu ermöglichen. Es scheint sich um Emmanuel Maignan zu handeln, dessen bekanntes Porträt dieselbe charakteristische Physiognomie vorführt (Bild 24). Bei der vierten Person, die mit dem Rücken zum Betrachter steht und nur durch die Mönchskutte und eine starke Tonsur charakterisiert ist, könnte es sich um

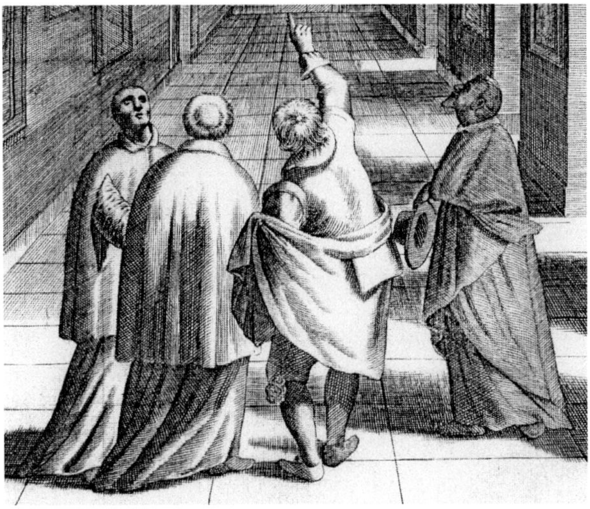

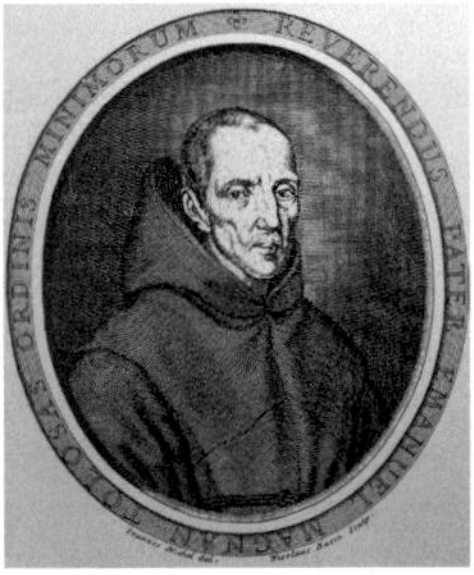

Bild 23 Detail aus Bild 22.

Bild 24 Nicolas Bazin nach einer Zeichnung von Jean Michel, Porträt Emmanuel Maignans, in: Jean Saguens, Philosophia Maignani scholastica, Toulouse 1703.

einen Ordensbruder Maignans handeln. Maignan arbeitete in Rom vor allem mit seinem Freund und Schüler, dem Minimenpater Jean-François Niceron (1613–1646), zusammen. Es ist denkbar, dass der Zeichner des Bildes Niceron, der nur für kurze Zeit in Rom lebte, weder kannte noch ein Porträt von ihm zur Hand hatte. Möglicherweise hat er also Niceron im Sinn gehabt, ihn jedoch von hinten dargestellt, da ihm dessen Gesichtszüge nicht präsent waren.

Der Kupferstich zeigt somit Kardinal Spada, in die typische Reise- und Ausgehbekleidung eines Kardinals gewandet, der sich gemeinsam mit mehreren Besuchern in der neu ausgemalten Galerie seines Palastes befindet. Einer dieser Gäste ist adelig, eventuell hochrangiges Mitglied der römischen Aristo-

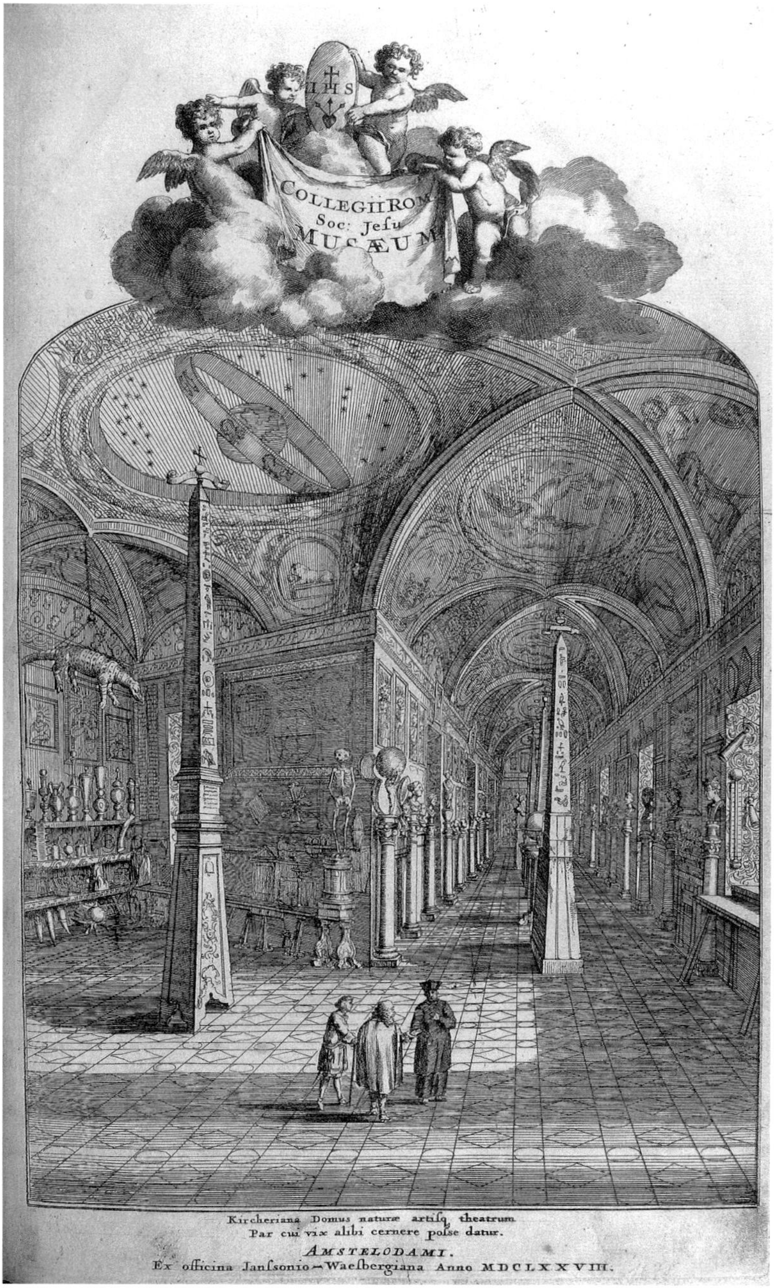


Bild 25 Museum Kircherianum, Frontispiz, in: Athanasius Kircher und Giorgio De Sepi, Romani collegii Societatus Jesu musaeum celeberrimum, Rom 1678.

kratie und ein besonders ehrenvoller Gast. Seine Identität ist dabei nicht von Bedeutung, denn er steht stellvertretend für all jene Besucher des Kardinals, die das neue Kunstwerk bewunderten. Der Zeigegestus kann sowohl als interessiert fragende wie auch als von Begeisterung erregte Handbewegung verstanden werden. Das Motiv eines fragenden Besuchers war eine ideale Möglichkeit für Maignan, sich selbst als Autor der Sonnenuhr und des Traktats, dem der Stich beigefügt ist, in die Bildkomposition integrieren zu lassen. Er steht gemeinsam mit einem Ordensbruder – vielleicht dem Optikexperten Niceron – bereit, dem Besucher über dieses außergewöhnliche Werk der Kunst und Wissenschaft fachkundig Auskunft zu geben.

Der auf die Sonnenuhr zeigende Besucher steht in der Mitte der dritten von insgesamt fünf Fliesenreihen des Galeriebodens und somit exakt in der Mittelachse des Bildes. Die Kuppe seines Zeigefingers, mit dem er auf den Quadranten weist, endet punktgenau auf der Linie zwischen Fußbodenniveau und hinterer Wand, wodurch die Tiefenwirkung seltsam gemindert wird. Durch die Positionierung in der zentralen Achse der Galerie befindet sich der zeigende Besucher auch in der Blickachse des Betrachters und wird so zur Identifikationsfigur. Mit Hilfe der seitlich positionierten Figuren wird der Betrachter in den Kreis der drei Geistlichen aufgenommen und kann darauf hoffen, wie der dargestellte Baron mittels des Zeigegestus als Bewegung der Erkenntnis die Geheimnisse der Sonnenuhr zu ergründen.

Ein ähnliches Bildmotiv wird später auf dem Frontispiz der von Athanasius Kircher und Giorgio de Sepi im Jahre 1678 publizierten Schrift *Romani collegii Societatus Jesu musaeum celeberrimum*, des ersten Katalogs des Museum Kircherianum, aufgegriffen. Es zeigt Athanasius Kircher beim Empfang zweier Besucher in seinem Museum (Bild 25).[110] Dabei ist auch in diesem Fall die Identität der Personen nicht wichtig, da ihre Präsenz symbolisch für die zahlreichen Romreisenden steht, die Kirchers Sammlung seit über dreißig Jahren besuchten. Einzig Kircher selbst, der Gründer der Sammlung, der die Besucher per Handschlag begrüßt, ist in seinem Jesuitengewand zweifelsfrei zu identifizieren.

110 Zum Museum Kircherianum vgl. Findlen 2003, S. 225–284; Lo Sardo 2004, S. 51–62 sowie zuletzt Mayer-Deutsch 2010.

# III. Zur Rezeption einer Visualisierungsstrategie

## 1. Weitere katoptrische Sonnenuhren

### Avignon und Grenoble

Der Entwurf großflächiger katoptrischer Sonnenuhren als Instrumente der Zeitmessung und beeindruckende Wanddekorationen hat seinen Ursprung offenbar in Frankreich. Die erste historisch dokumentierte katoptrische Sonnenuhr wurde 1632 im Jesuitenkolleg von Avignon konstruiert – und zwar vom deutschen Jesuitenpater Athanasius Kircher.[111] Dieser war 1631 vor den Truppen des schwedischen Königs Gustav Adolf nach Avignon geflohen, wo er am Jesuitenkolleg Mathematik und orientalische Sprachen unterrichtete, bevor er schließlich ab 1638 am Collegium Romanum in Rom lehrte. Im Turm des Kollegsgebäudes in Avignon schuf Kircher eine katoptrische Sonnenuhr, die zwar nicht erhalten, aber dank eines Kupferstichs bildlich überliefert ist.

Auf dem Frontispiz der von Kircher 1635 publizierten Schrift über Sonnenuhren *Primitiae gnomonicae catoptricae* ist zu erkennen, dass das Sonnenlicht von zwei Seiten in den Turm des Kollegsgebäudes fiel (Bild 26). Auffällig ist auch hier die Einheit von astronomischen, astrologischen, architektonischen und dekorativen Gestaltungselementen in der Sonnenuhr. Mit seiner Konstruktion im Jesuitenkolleg verfolgte Kircher vermutlich vorrangig didaktische Ziele. Er fasste das bis dato bekannte astronomisch-astrologische Wissen zusammen und erreichte durch die Visualisierung eine Anschaulichkeit, die das Verständnis der Jesuitenschüler für komplizierteste Himmelsphänomene erleichtern konnte. Die griechische Inschrift des Frontispizes lautet dementsprechend in der Übersetzung: „Niemand kann verstehen, der nicht geometrische Kenntnisse hat." Dem wissenschaftlichen Instrument wird jedoch gleichermaßen eine spielerische Komponente zuerkannt, die sich im Motto „Sic luditur astris" (So spielt man mit den Sternen) eindeutig manifestiert. Im unteren Bereich des Blattes finden sich zwei Porträts als Repräsentation der Macht der Kirche und des Jesuitenordens: Ignatius von Loyola, der Gründer des Jesuitenordens, und Franziskus Xaverius symbolisieren die Rolle des Ordens als Instrument der Verbreitung des christlich-katholischen Glaubens in der Welt.

Vierzig Jahre nach Kirchers Sonnenuhrkonstruktion schuf der Jesuitenpater Jean Bonfa (1638–1724), der im Kolleg von Avignon seine Ausbildung erhalten hatte und folglich Kirchers katoptrische Sonnenuhr kannte, 1673 im Jesuitenkolleg in Grenoble ebenfalls eine Spiegelsonnenuhr, die hinsichtlich

111 Vgl. Càndito 2005, S. 75–77.

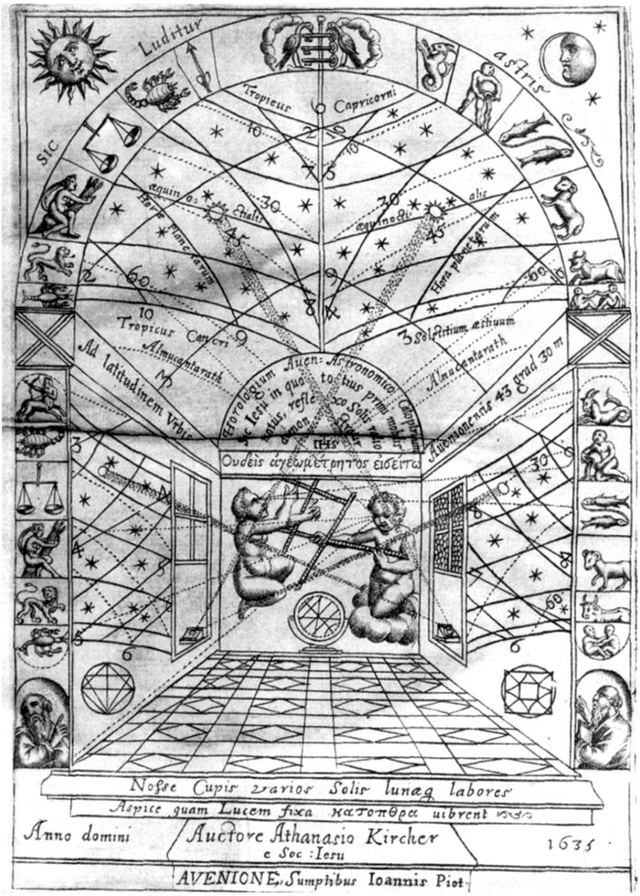


Bild 26 Horologium Aveniense Astronomico-Catoptricum, Frontispiz, in: Athanasius Kircher, Primitiae gnomonicae catoptricae, Avignon 1635.

ihrer Ausmaße und Komplexität das Vorbild noch weit übertrifft.[112] Sie erstreckt sich über zwei Etagen des Treppenhauses und umfasst die Decken, Wände sowie Treppenstufen; mehrere Spiegel reflektieren das Licht auf das komplizierte Liniensystem (Bild 27). Auch hier standen sicherlich neben den repräsentativen auch didaktische Beweggründe im Vordergrund. Das astronomische Instrument war ein Unterrichtshilfsmittel für die Kurse in Mathematik und Astronomie. Außerdem sind in der Sonnenuhr u. a. die Feste vermerkt, die der Jungfrau Maria gewidmet sind, sowie die Daten der Siege König Ludwigs XIV., so dass die

112 Vgl. ebd., S. 77f.

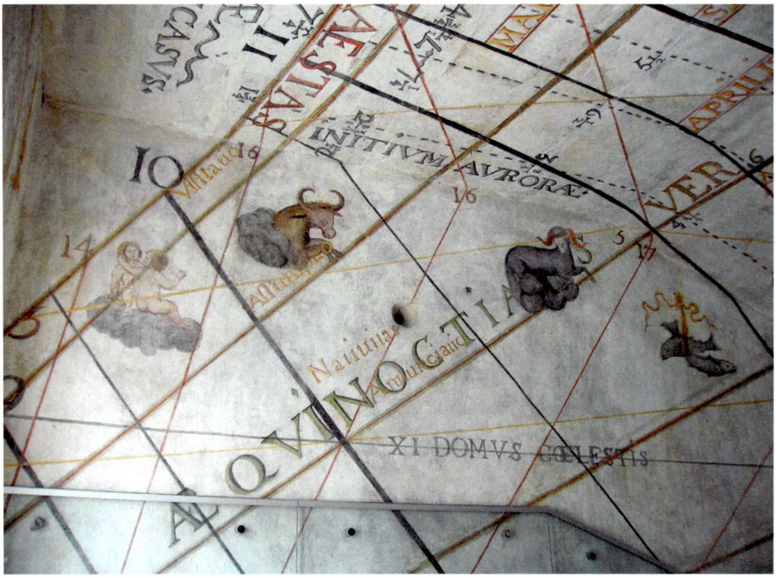


Bild 27 Katoptrische Sonnenuhr nach einem Entwurf Jean Bonfas, 1673, Lycée Stendhal, Grenoble.

Bereiche der Kunst, Wissenschaft, Religion und Macht zu einer visuellen Einheit verschmelzen.

### Trinità dei Monti in Rom

Emmanuel Maignan, der Autor der Sonnenuhr im Palazzo Spada, hatte bereits 1637 im ersten Obergeschoss des Minimenkonvents Trinità dei Monti in Rom eine katoptrische Sonnenuhr konzipiert (Bild 28).[113] Auf einer Inschriftentafel der sogenannten Galleria dell'Astrolabio ist vermerkt: „Reverendus Pater Emanuel Maignan Ordinis Minimorum, hoc Astrolabium catoptrico-gnomonicum invenit, et delineavit." Die Fensterläden der Galerie sind bis auf eine kleine Öffnung verschlossen. Unterhalb dieser Öffnung ist der Spiegel direkt in das Fensterbrett eingelassen. Diese vereinfachte Variante ersetzte Maignan sieben Jahre später in der Galleria della Meridiana durch eine ausgeklügelte Halterungskonstruktion für den Spiegel.

113 Vgl. Baltrušaitis 1996, S. 74, Anm. 24. In dem Band La Trinité des Monts 2004, S. 49, wird das Ausführungsdatum fälschlicherweise mit 1647 angegeben, was schon aufgrund der Tatsache unmöglich ist, dass die Sonnenuhr bereits 1646 in Nicerons *Thaumaturgus opticus* erwähnt wird. Vgl. auch Càndito 2005, S. 78–80.

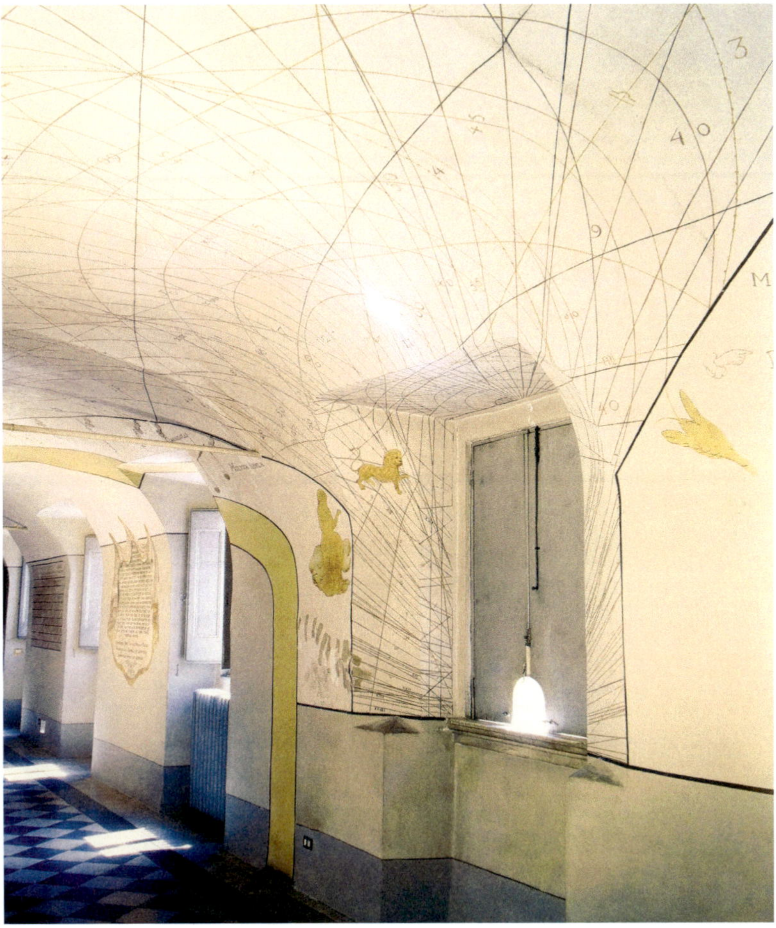

Bild 28 Katoptrische Sonnenuhr nach einem Entwurf Emmanuel Maignans, 1637, Konvent Trinità dei Monti, Rom.

Wie bei der Sonnenuhr im Palazzo Spada zieht sich ein dichtes Netz aus verschiedenfarbigen Stundenlinien, ergänzt durch römische und arabische Ziffern sowie Tierkreiszeichen, über das Gewölbe und Teile der Wände der Konventgalerie. In den Quadranten sind zahlreiche Orte eingetragen, darunter Toulouse, der Geburtsort Maignans, sowie „PAVLA", der Geburtsort des Gründers des Minimenordens S. Francesco di Paola; gemalte Hände zeigen für jeden Ort mit dem Zeigefinger den exakten Punkt auf dem Breitengrad an (Bild 29). An der Wand ist wie im Palazzo Spada auch eine Tabelle der Planetenstunden angebracht.

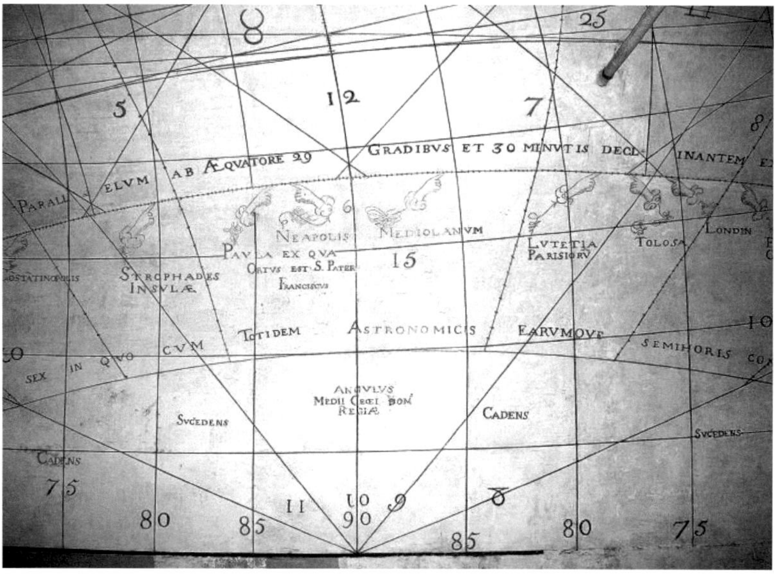


Bild 29 Ausschnitt des Quadranten der Sonnenuhr, 1637, Konvent Trinità dei Monti, Rom.

Bernardino Spada hatte 1642/43 das Amt des Kardinalprotektors für den Minimenorden übernommen.[114] Spätestens zu diesem Zeitpunkt wird er Maignan, der nach seiner Ankunft in Rom zum Generalkorrektor – d. h. Leiter des Konvents – gewählt worden war, kennengelernt und sicher auch das Klostergebäude besucht haben.[115] Zur Zeit Maignans war das Kloster Trinità dei Monti „einer der dynamischsten Orte des wissenschaftlichen Austauschs der Stadt".[116] Offenbar fasste Spada umgehend den Entschluss, eine Galerie seines Palastes mit einer mindestens ebenso prächtigen Sonnenuhr dekorieren zu lassen. Und für diese Aufgabe konnte niemand besser geeignet erscheinen als Maignan selbst. Ein weiteres Zeugnis der außergewöhnlichen optischen Fähigkeiten des französischen Minimenpaters bot sich Kardinal Spada in einem zweiten Korridor des Konvents Trinità dei Monti. Auf der zwanzig Meter langen Wand schuf Maignan 1642 eine Anamorphose, die den Ordensgründer S. Francesco di Paola ins Gebet versunken zeigt.[117]

114 Das Jahr 1643 ist angegeben bei Camerota 2000, S. 310, Anm. 5, während Neppi 1975, S. 189, den Beginn des Protektorats auf 1642 datiert.

115 Vgl. Bonnard 1933, S. 173.

116 Romano 1999, S. 355.

117 Zur Anamorphose Maignans vgl. Leeman 1975, S. 108; Baltrušaitis 1996, S. 72–78; Romano 2002, S. 140f. und zuletzt Mersmann 2013. Siehe auch den Stich in Maignan 1648, zwischen S. 444 und S. 445.

Über die Verhandlungen zwischen Spada und Maignan bezüglich der Ausführung der katoptrischen Sonnenuhr ist nichts bekannt, aber es ist davon auszugehen, dass Maignan den Auftrag für eine Arbeit in Spadas Kardinalspalast als eine große Ehre angesehen und nicht mit seiner Einwilligung gezögert hat. Möglicherweise hat er ihm diese Art von Ausmalung sogar selbst vorgeschlagen. Außerdem hatte sich Bernardino Spada zu diesem Zeitpunkt bereits seit einem Jahr um den Orden verdient gemacht – und sollte dies auch in Zukunft tun; eine Tatsache, die Maignans Bereitschaft, sich diesem einflussreichen Ordenspatron als dienlich zu erweisen, sicherlich noch verstärkt hat. Nicht zuletzt durch die finanzielle Unterstützung von Maignans *Perspectiva horaria* erfüllte Kardinal Spada seine Rolle als Patron in vorbildhafter Weise.

## 2. Meridianlinien im Papst- und Fürstenpalast

### Der Meridiansaal im Vatikanpalast

Das Gestaltungsprinzip, eine Freskendekoration mit einem astronomischen Instrument zu verbinden, welches auf den Einfall des Sonnenlichts angewiesen ist, findet seine Anwendung auch in den sogenannten Meridiansälen. Papst Gregor XIII. ließ 1576 im Turm der Winde des Vatikanpalastes von Ignazio Danti eine Meridianlinie konstruieren.[118] Durch ein Loch in der Wand des Turmes (Bild 30) fällt das Sonnenlicht jeden Tag um zwölf Uhr mittags auf diese Linie – sie beschreibt demnach den Lauf der Sonne innerhalb eines Jahres in ihrem höchsten Stand.

Danti hatte die Lücke zwischen dem Julianischen Kalender und dem Sonnenjahr entdeckt, durch die das Frühlingsäquinoktium auf den 11. März statt auf den 21. März fiel. Diese Tatsache wurde deutlich anhand seiner Meridianlinie, die in der Folge ein entscheidendes Hilfsmittel für die Ausarbeitung der 1582 durchgeführten Gregorianischen Kalenderreform wurde.[119] Durch den Meridiansaal wurde der Turm der Winde – neben dem Collegium Romanum – zu einem der ersten römischen Observatorien.[120] Zudem ist der Turm der Winde mit einem Anemoskop, dem namensgebenden Windrichtungsmesser, versehen und diente somit auch der Beobachtung meteorologischer Phänomene. Im Jahr 1700 setzte Papst Clemens XI. schließlich eine Kommission zur Überprüfung des Gregorianischen Kalenders unter der Leitung Francesco Bianchinis ein, der als Hilfsmittel für seine astronomisch-mathematischen Berechnungen 1701 eine

118 Vgl. hierzu ausführlich Courtright 2003.
119 Vgl. Monaco 2000, S. 68.
120 Vgl. ebd., S. 67.

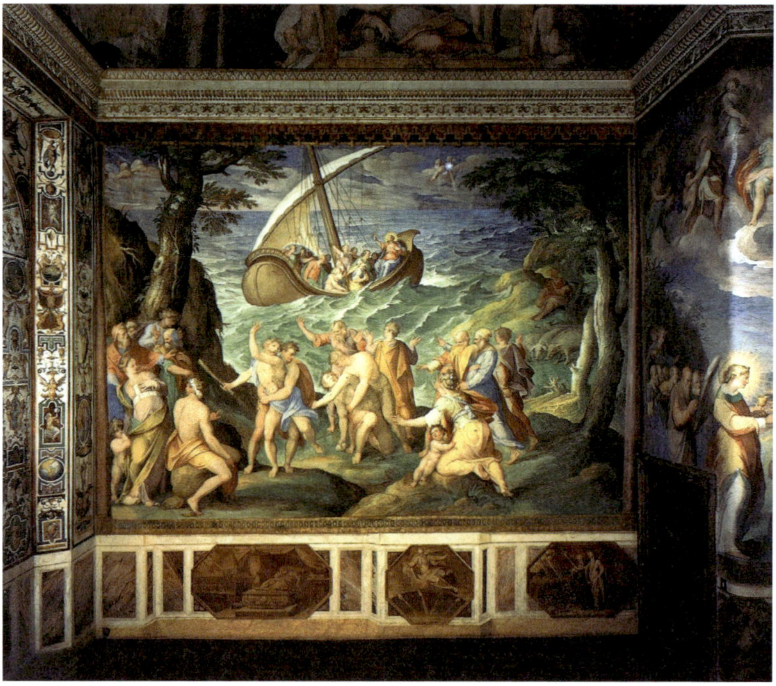

Bild 30 Meridiansaal, südliche Wand mit Lichtloch, 1580/82, Vatikanpalast, Rom.

Meridianlinie in S. Maria degli Angeli konstruierte und damit einen kompletten Kirchenraum zum Instrument machte.[121]

## Der Meridiansaal im Palazzo Pitti

Das Prinzip des durch ein Loch in der Wand oder in der Decke eindringenden Sonnenlichts, das auf eine Meridianlinie trifft, wurde am Ende des 17. Jahrhunderts noch einmal aufgegriffen. Von 1692 bis 1693 dekorierte Anton Domenico Gabbiani (1652–1726) drei Räume im Palazzo Pitti für Kronprinz Ferdinando de' Medici (1663–1713), den Sohn des regierenden Herzogs Cosimo III., mit beeindruckenden Deckenfresken.[122] Im sogenannten Meridiansaal kam das Sonnenlicht durch ein heute geschlossenes kleines Loch in der Decke und fiel auf die von Vincenzo Viviani (1622–1703) – dem letzten Schüler Galileo Galileis – 1696 konstruierte Meridianlinie, die quer über den Fußboden und eine Wand verläuft. Das Instrument wurde zwar erst drei Jahre nach der Ausmalung des

121 Vgl. Schiavo 1993.
122 Vgl. zum Folgenden Frangenberg 1996, S. 247–258 sowie Spinelli 2003, S. 74–81.

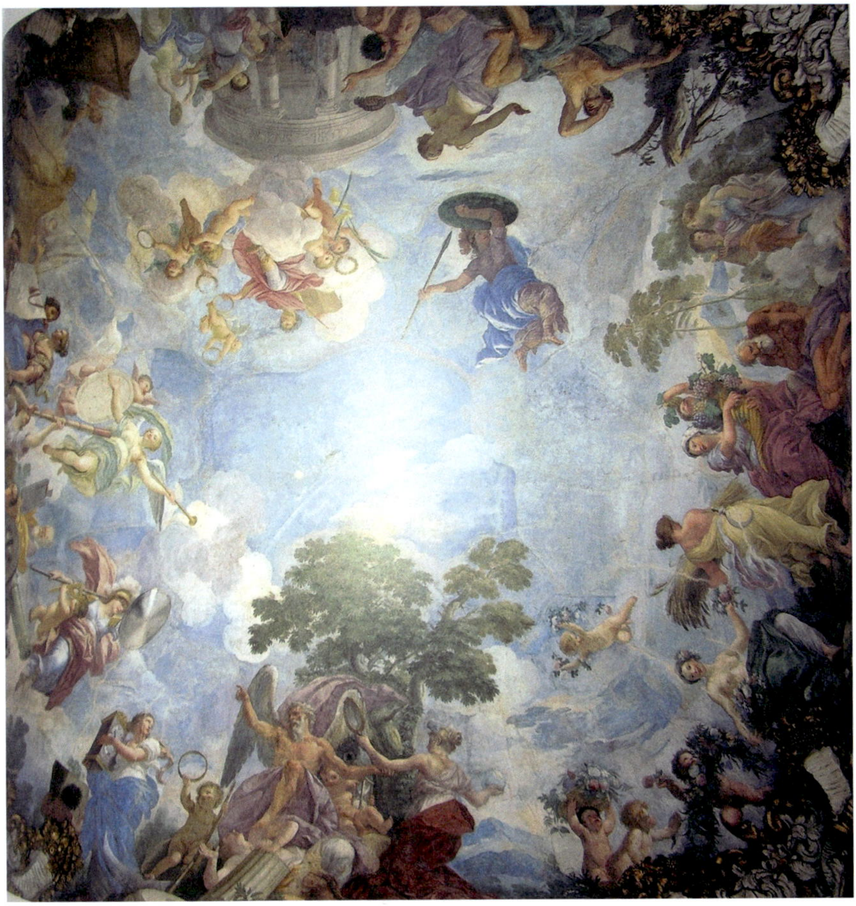

Bild 31 Anton Domenico Gabbiani, Triumph der Wissenschaften, Deckenfresko, 1692/93, Meridiansaal, Palazzo Pitti, Florenz.

Raumes angebracht, aber aufgrund der Ikonographie des Bildprogramms ist davon auszugehen, dass es von Anfang an mitkonzipiert war.

Das Deckenfresko, das illusionistisch den Blick in den Himmel freigibt, ist eine allegorische Darstellung des Triumphs des Wissens und der Wissenschaften (Bild 31). Der Schüler und Biograph des Malers Gabbiani, Ignazio Hugford, beschrieb den Inhalt des Gemäldes mit den Worten: „[...] im letzten Raum, wo sich die Meridianlinie befindet, sieht man die Zeit, wie sie die Wissenschaften emporhebt und zum Ruhmestempel schickt, während sie die Unwissenheit mit Füßen tritt [...].“[123] Im Mittelpunkt steht der geflügelte Chronos als die per-

123 Zit. nach Frangenberg 1996, S. 250.

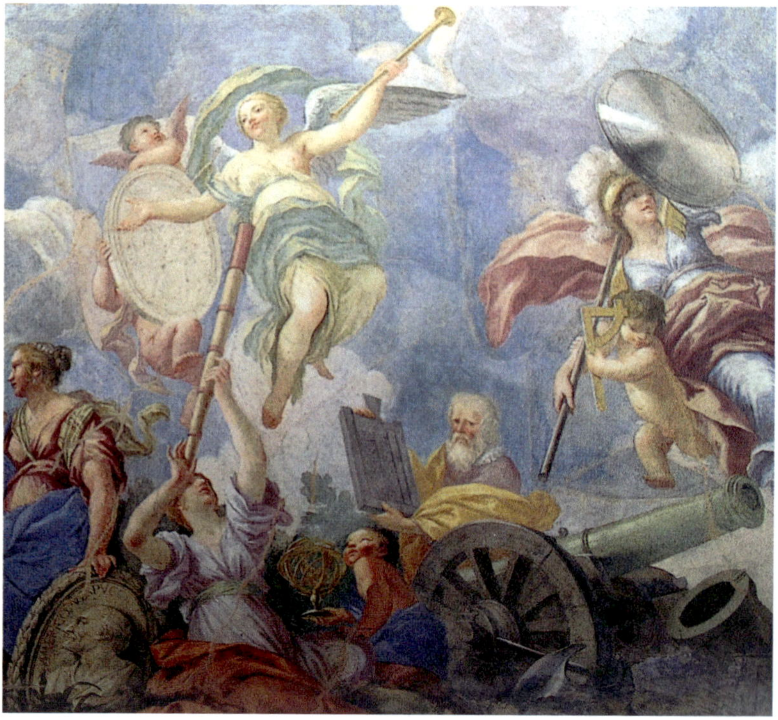

Bild 32 Porträt Galileo Galileis und Porträtmedaillon Amerigo Vespuccis, Detail aus Bild 31.

sonifizierte Zeit. Er sitzt unter einem großen Baum und wird begleitet von zwei Putti, die seine Attribute tragen: Sense, Ring und Stundenglas. Die Allegorie der Wissenschaften (Scienza) trägt – wie schon von Cesare Ripa in seiner *Iconologia* vorgeschlagen – die zwei Attribute Spiegel und Globus. Die personifizierte Unwissenheit bzw. Ignoranz, erkennbar an den Eselsohren, liegt unter einer zerbrochenen Säule, die wiederum auf den Faktor der Vergänglichkeit der Zeit verweist. Links hält eine Frauenfigur eine Uhr in den Händen, womit auf die praktische und technische Komponente der Zeit hingewiesen wird. Die Figur, auf die Chronos mit dem Finger zeigt und zu der er die Wissenschaft hinzuschicken scheint, ist als Weisheit zu identifizieren, denn laut Ripa zählen Helm, Speer und Schild zu ihren Attributen.

Die Weisheit leitet über in die nächste Figurengruppe, in der von Frangenberg zu Recht ein Porträt Galileis erkannt worden ist (Bild 32).[124] Galilei ist umgeben von Gegenständen, die auf seinen wissenschaftlichen Beitrag zur Theorie der Ballistik verweisen, darunter ein von einem Putto gehaltenes Instru-

124 Vgl. ebd., S. 253f.

ment zum Messen von Winkelabweichungen sowie die Kanone, die Galileis Entdeckung und Formulierung der parabelförmigen Flugbahn von Geschossen symbolisiert. In den Händen hält Galilei eine Tafel, auf der vermutlich Kalkulationen stehen. Neben den Verweisen auf die ballistischen Forschungen finden sich auch Zeichen seiner astronomischen Verdienste: eine von einem Putto getragene Armillarsphäre sowie die Personifikation der Astronomie, die ein Teleskop in den Händen hält. Sie richtet dieses Teleskop in die Mitte des Deckengemäldes, wo Gabbiani die von Galilei entdeckten und den Medici gewidmeten Jupitermonde visualisiert hat. Das von zwei Putti gehaltene Medaillon zeigt offenbar eine Skizze des von Galilei durch das Teleskop beobachteten Nebels des Orion. Die mit Flügeln und Fanfare dargestellte Personifikation des Ruhmes verkündet Galileis Verdienste für die Wissenschaften. Links von dieser Szene präsentieren zwei weibliche Figuren ein Porträtmedaillon Amerigo Vespuccis und eine Landkarte, auf der Zentralamerika dargestellt ist, womit einem weiteren bedeutenden Italiener und dessen wichtigen Entdeckungen gehuldigt wird.

Die weiteren Figuren des Deckenfreskos vervollständigen die Gesamtaussage des Gemäldes, dass nur eine stete Aneignung von Wissen und der Sieg über Trägheit und Ignoranz dazu führen können, im Laufe der Zeit durch die Wissenschaft zu Weisheit und Ruhm zu gelangen. Gleichzeitig ist das Bild eine konkrete Hommage an die Florentiner und ihre Errungenschaften auf dem Gebiet der Wissenschaften, hier in Gestalt des in Florenz geborenen Vespucci, der im Auftrag und mit Hilfe der Finanzierung der Medici seine Seereise antreten konnte und schließlich zum Namensgeber Amerikas wurde, sowie Galileis, der zwar in Pisa geboren wurde, aber einer Florentiner Familie entstammte und sich ab 1610 als Hofmathematiker in Florenz der Forschung widmete. Die Herausstellung der Leistungen Galileis und Vespuccis steht im Kontext der Visualisierung der Notwendigkeit sowie des konkreten Nutzens der Wissenschaften und des Strebens nach Wissen. In meisterhafter Art führt der Freskenmaler Gabbiani dem Betrachter sein bezugreiches Bildprogramm vor Augen; für die inhaltliche Konzeption war er jedoch nicht verantwortlich, sondern – wie Frangenberg vermutet – zum einen der Mathematiker Vincenzo Viviani (bezüglich der wissenschaftlichen Elemente der Dekoration) und zum anderen der Architekt und Bildhauer Giovanni Battista Foggini.[125]

Der Auftraggeber der Sala della Meridiana war nicht der regierende Fürst, Cosimo III., sondern Kronprinz Ferdinando. Die Tatsache, dass sich der Raum nicht im Piano Nobile bei den öffentlichen Räumen, sondern im Mezzaningeschoss befindet, zeigt, dass der Charakter des Raumes als vergleichsweise privat einzustufen ist. Eine derart unverblümte Huldigung an Galilei erschien möglicherweise auch den Medicifürsten als zu riskant. Schließlich hatte der

125 Vgl. ebd., S. 265–269.

Papst dem Großherzog Ferdinando II. de' Medici noch verboten, Galilei nach dessen Tod ein prächtiges Grabmal zu errichten – dies erfolgte erst 1737 durch Foggini, jenen Architekten, der auch für das Bildprogramm der Fresken von 1693 mitverantwortlich war. Die bis ins 15. Jahrhundert zurückreichende Florentiner Tradition der wissenschaftlichen Dekorationen verdeutlicht jedoch, welch zentrale Rolle die Visualisierung wissenschaftlicher Forschung und neuer Entdeckungen für das Selbstverständnis der Medicifürsten spielte. In allegorischem Mantel, aber doch eindeutig zu dechiffrieren, wird der Aufschwung der neuen Wissenschaften gepriesen.

## 3. Die Rezeption der Galleria della Meridiana

### Die zeitgenössische Optikliteratur

Die katoptrische Sonnenuhr im Palazzo Spada wird erstmalig in dem von Jean-François Niceron 1646 in Paris veröffentlichten Werk *Thaumaturgus opticus* erwähnt, der erweiterten lateinischen Neuausgabe von Nicerons berühmtem Traktat *Perspective curieuse* von 1638. Wie zuvor erwähnt, war Niceron ebenfalls Mitglied des Minimenordens und ein Schüler, Freund und enger Mitarbeiter Emmanuel Maignans in Rom.[126] Er war nur von 1639 bis 1640 ständig in Rom ansässig, kehrte aber in den folgenden Jahren, insbesondere 1642 und 1643, mehrfach nach Rom zurück; es ist allerdings nicht bekannt, ob er die Sonnenuhr im Palazzo Spada nach ihrer Fertigstellung 1644 gesehen hat.[127]

Im *Thaumaturgus opticus* berichtet Niceron, dass Maignan auch Sonnenuhren in Toulouse, Bordeaux und anderen französischen Städten entworfen habe. Zwei außerordentlich geschmackvolle und präzise Sonnenuhren habe dieser in Rom konstruiert, davon eine im Konvent Trinità dei Monti, die andere im Palast des hochehrwürdigen und überaus fürsorglichen Ordensprotektors Kardinal Spada.[128] Auch wenn Niceron die Sonnenuhr möglicherweise nicht im

126 Zu Niceron vgl. Whitmore 1967, S. 155–162.

127 Laut Neppi 1975, S. 189, kann Niceron keine direkte Kenntnis von der Sonnenuhr gehabt haben, da sein letzter Aufenthalt in Rom in das Jahr 1642 falle. Romano 2002, S. 133, erwähnt jedoch auch „häufige" Aufenthalte im Jahr 1643. Über den Zeitraum zwischen der Fertigstellung der Sonnenuhr 1644 und der Publikation des *Thaumaturgus opticus* im Jahre 1646 liegen keine Informationen vor.

128 „Emanuel Maignan Sacrae Theologiae ibidem Professor, vir certe animo non minus quam manu industrius, in Mathematicis versatissimus, sed praecipue in Gnomonicis eximius, ut egregie testantur insignia illa Astrolabia quae Tolosae, Burdigalae & in aliis nostrae Galliae locis, nec non duo elegantissima quae Romae in fornicatis testudinibus designavit; alterum in uno caenobii nostri ambulachro, alterum in splendidissimo Eminentissimi Cardinalis Spadae vigilantissimi Protectoris nostri Palatio […]." Niceron 1646, S. 178f.

Original kannte, war er trotzdem über das Projekt seines Lehrers Maignan genauestens unterrichtet, denn er fasst die Vorteile der Sonnenuhr im Palazzo Spada zusammen,[129] um anschließend auf eine ausführlichere Beschreibung des Kunstwerks in einer Schrift zur Gnomonik zu verweisen, die der Autor der Sonnenuhr, Maignan, in Kürze publizieren würde;[130] gemeint ist die *Perspectiva horaria*.

Athanasius Kircher erwähnt die Sonnenuhr im Palazzo Spada in seinem 1646 publizierten Optiktraktat *Ars magna lucis et umbrae* am Ende des siebten Buches, das sich der Katoptrik widmet („Prometheus sive Ars anacamptica[131] vel Astronomia reflexa"):

> „Seine Eminenz Kardinal Spada ließ vor nicht allzu langer Zeit in seinem überaus prächtigen Palast eine derartige anacamptische Sonnenuhr zeichnen, was ein so überaus geistreiches Werk ist, dass es jeden zu höchster Bewunderung hinreißt, doch es ist nicht unverdient, dies auch von meiner einst in Avignon gezeichneten [Sonnenuhr] zu sagen […]."[132]

Kircher vergleicht in der *Ars magna lucis et umbrae* somit die Sonnenuhr Maignans im Palazzo Spada mit jener mehr als ein Jahrzehnt zuvor konstruierten Sonnenuhr in Avignon, was insofern naheliegend ist, als dass beide jeweils Beispiele für die seltenen katoptrischen Sonnenuhren sind und im Gewölbe eines Innenraumes ausgeführt wurden. Der Sonnenuhr Kardinal Spadas zollt er dabei

129 „[…] dicere sufficit Astrolabia esse catholica, ut capias ita reflexum solis radium, depictas in fornicatis laquearibus lineas horarum cuiuscunque generis, meridianorum, parallelorum, signorum ascendentium & descendentium, domorum caelestium, & aliorum quae solent exhiberi in planisphaerio, diligenter & accurate perlustrare, eaque omnia quae sol ipse in caelestibus complet, in mundissima delineatione ostendere." Ebd., S. 179.

130 „Sed fusiorem illorum descibendi practicam expecta in opere quod ab ipso R. P. Emanuele Maignan compositum iam & concinnatum, propediem luce publica donatum accipies, ubi quae ad Gnomonicen directam, reflexam & refractam spectant subtiliter & erudite tractata reperies: iam enim prodiisset nisi authorem alia studia detinuissent, tum Theologica, tum etiam horis subcistiuis construenda insigniora Telescopia, pro quibus fabricandis egregia Sane machinamenta adinuenit; sed quae ab ipso etiam authore tibi declaranda relinquo." Ebd.

131 Maignan und Kircher verwenden für die Wissenschaft der Spiegelreflexion zwei verschiedene Begriffe: Maignan bezeichnet sie stets als „Ars catoptrica" und die Sonnenuhr folglich als „Astrolabium catoptricum", Kircher verwendet die Begriffe „Ars anacamptica" bzw. „Astrolabium anacampticum". Die Dioptrik, von Maignan „Ars dioptrica" genannt, bezeichnet Kircher als „Ars anaclastica".

132 „Hiusmodi Astrolabium anacampticum, non ita pridem in Palatio suo sane magnificentissimo, delineari curavit Eminentissimus Cardinalis Spada; quod revera uti opus est oppido ingeniosum, ita nullum non in summam admirationem rapit; ut de eo non immerito illud, quod de meo olim Avenione delineato dici queat. […]." Kircher 1646, VII, V, S. 649.

größte Bewunderung. Anschließend gibt Kircher mehrere Epigramme der Galleria della Meridiana wieder; mit ihnen endet das siebte Buch über die Katoptrik.[133] Da Maignan den Wortlaut der Epigramme erst 1648 in der *Perspectiva horaria* veröffentlichte, ist davon auszugehen, dass Kircher die Galleria della Meridiana im Palazzo Spada zuvor selbst besichtigt hat.

Mit Kirchers *Ars magna lucis et umbrae* von 1646 und Maignans *Perspectiva horaria* von 1648 waren mit einem zeitlichen Abstand von nur zwei Jahren zwei umfangreiche Werke über das gleiche Sujet erschienen, woraufhin sich eine polemische Debatte zwischen den beiden Wissenschaftlern entwickelte.[134] Wie Maignans Biograph Saguens berichtet, warf Kircher Maignan schließlich vor, ihn kopiert zu haben – ein Vorwurf, den Maignan weit von sich wies und vielmehr erklärte, sich in keiner Weise des Plagiats schuldig gemacht zu haben.[135] Eine eingesetzte Kommission gab Maignan Recht und erklärte, dass es möglich sei, dass ein und dieselbe Sache von zwei Personen erfunden wird, ohne dass der eine dem anderen geholfen hat.[136] Zudem hatte bereits Raphael Mirami 1582 in seiner Schrift *Compendiosa introduttione alla prima parte della specularia* eine Konstruktion von Spiegeln beschrieben, die mit Hilfe eines Fensters einen reflektierten Lichtstrahl dorthin werfen würde, wo sich eine Sonnenuhr befinde.[137] Das Prinzip einer katoptrischen Sonnenuhr war folglich in der Theorie schon entwickelt, ehe Kircher und Maignan die Idee in die Praxis umsetzten.

## Die zeitgenössische Reiseliteratur

Während die Sonnenuhr des Palazzo Spada von den Wissenschaftskollegen Emmanuel Maignans also durchaus wahrgenommen und kommentiert wurde, findet sie in den zahlreichen zeitgenössischen Romführern irritierenderweise keine Erwähnung. François Deseine verweist in seinem 1713 publizierten, sechs Bände umfassenden Werk *Rome moderne* auf die Sonnenuhr im Konvent Trinità dei Monti: im ersten Korridor des Konvents befinde sich eine schöne von Pater Maignan konstruierte Spiegelsonnenuhr.[138] Im Abschnitt über den Palazzo Spada schreibt er über eine „Sammlung natürlicher Kuriositäten“ – die anscheinend einzige Erwähnung der Existenz solch einer Sammlung im Palazzo

133 Ebd., S. 649f.

134 Vgl. Ceñal 1954, S. 118 sowie Louyat 1974, S. 22.

135 „Nullius in hac re furti sum conscius, nisi forte manus meas, opus quod adlaboraverunt, menti subripruisse quis finxerit.“ Saguens 1703, Bd. I, S. 10. Zit. nach Ceñal 1954, S. 118.

136 Vgl. Louyat 1974, S. 22.

137 Vgl. Càndito 2005, S. 81.

138 „Dans le premier dortoir il y a une belle Horloge de réflexion faite par le Pére Magnan […].“ Deseine 1713, Bd. I, S. 91.

Spada – sowie die „weitläufige und erlesene Bibliothek"; Maignans Spiegelsonnenuhr taucht hingegen nicht in der Beschreibung auf.[139]

Auch Joseph Jérôme de LaLande, der in seinem Reisebericht von 1769 – mehr als einhundert Jahre nach der Fertigstellung der Galleria della Meridiana – die Sonnenuhr Maignans im Konvent Trinità dei Monti erwähnt,[140] schreibt nichts über das viel größere Exemplar im Palazzo Spada – und das, obwohl er dem Palast eine fünfseitige ausführliche Beschreibung widmet.[141] Deseine und LaLande waren beide Franzosen, daher ist es denkbar, dass sie das französische Kolleg Trinità dei Monti in Rom besucht haben und somit diese Sonnenuhr Maignans kannten. Hingegen war die Galleria della Meridiana im Palazzo Spada möglicherweise nicht so leicht zugänglich. Denn obgleich LaLande den Palazzo Spada auf mehreren Seiten beschreibt, muss dies nicht zwingend beweisen, dass er überhaupt je dort gewesen ist. Es ist vielmehr gut vorstellbar, dass er – um ein relativ vollständiges Bild der Ewigen Stadt zu zeichnen – einzelne Passagen aus früheren Werken und Ausgaben der umfangreichen Romreiseliteratur übernommen hat.

Doch auch in den früheren Beschreibungen finden sich keine Erwähnungen der Sonnenuhr im Palazzo Spada. Möglicherweise führte Kardinal Spada sie nur einem besonders exklusiven Publikum vor. Allerdings ist es kaum verständlich, dass sich die Kunde von der Existenz solch eines gehüteten Kunstwerks nicht ungeachtet einer eventuellen Unzugänglichkeit verbreitet und schließlich Eingang in die Literatur gefunden hat.

In der 1745 von Gregorio Roisecco herausgegebenen Ausgabe des Romführers *Roma antica e moderna* wird vom Palazzo Spada berichtet: „Man findet dort zwei kleine Galerien, von denen eine in Freskotechnik und auf besonders hübsche Art und Weise ausgemalt ist; die andere ist voller seltener und bedeutender Gemälde".[142] Mit letztgenannter Galerie ist offensichtlich nicht die große Gemäldegalerie des Palastes gemeint, da diese anschließend gesondert beschrieben wird. Die unspezifische Beschreibung der beiden „kleinen Galerien", von denen eine die Galleria degli Stucchi sein muss und die andere die Galleria della Meridiana, wobei die Zuordnung nicht eindeutig zu klären ist,

139 „Tout proche est le beau Palais des Signori Spada [...]. On voit [...]; un recueil de curiosités naturelles [...]; une ample Bibliothéque bien choisie." Deseine 1713, Bd. II, S. 466.

140 „Dans le premier corridor du Couvent il y a un cadran solaire qui fut fait dans le dernier siecle, par le P. Magnan, habile Mathématicien du même Ordre." LaLande 1769, Bd. IV, S. 24.

141 Vgl. ebd., S. 167–172.

142 „Vi trovarete due piccole Gallerie, una delle quali è dipinta a fresco, ma con maniera assai gentile, e piacevole; l'altra è piena di Quadri piccoli rari, ed insigni [...]." Roisecco 1745, S. 340.

zeigt erneut, dass die katoptrische Sonnenuhr als das herausragende Merkmal nicht erwähnt wird.

Die Visualisierungsstrategie der Spiegelsonnenuhr scheint somit nicht aufgegangen zu sein. Bei der Suche nach möglichen Gründen hierfür stellt sich die Frage, ob das Werk eventuell als zu kompliziert empfunden wurde und daher ausschließlich eine Rezeption durch Astronomieexperten erfuhr. Denkbar wäre ebenfalls, dass die spezielle Dekoration mit einer katoptrischen Sonnenuhr vorwiegend auf die persönliche Initiative des Franzosen Maignan zurückging und nach dessen Rückkehr nach Frankreich keine Nachahmung fand, da in Rom kein anderer Mathematiker fähig und willens war, ausgehend von astronomischen Berechnungen eine dekorative Wandgestaltung zu entwickeln.

Mario Biagioli zufolge ließe sich die römische Kultur- und Patronageszene des 17. Jahrhunderts „mit einer Gruppe von Vulkaninseln vergleichen, die ständig raschen Veränderungen unterworfen sind. Wie Inseln, die aus dem Meer stiegen und wieder versanken, versuchten die Kardinalshöfe, die römischen Barone und (in geringerem Umfang) auch die religiösen Orden, sich zum Mittelpunkt von kulturellen Aktivitäten und Patronagebeziehungen zu machen. Die meisten dieser ‚Inseln' entstanden und verschwanden mit den Menschen, die sie aufgebaut hatten."[143] Eine dieser speziellen ‚Inseln' war zweifellos die Patronagebeziehung zwischen Kardinal Spada und dem Minimenpater Maignan – sie verschwand mit ihren Protagonisten.

Möglicherweise wurde die Gestaltung der Galleria della Meridiana mit ihren zelebrativen Epigrammen für einen Kardinal auch als überambitioniert empfunden und das Bildprogramm als Bewerbung für den Papstthron verstanden. Dieser ultimative Sprung auf der Karriereleiter blieb Kardinal Spada verwehrt, aber er absolvierte doch eine bemerkenswerte Karriere, die er der Patronage Papst Urbans VIII. zu verdanken hatte. Spadas tiefe Dankbarkeit seinem Förderer und der gesamten Familie Barberini gegenüber zeigt sich auch in der Formulierung seines Testamentes:

> „Als Zeichen meiner Ergebenheit gegenüber den verehrten Herren Kardinälen Francesco und Antonio Barberini und deren Onkel Urban VIII. in glorreicher Erinnerung, denen ich all die ehrenvollen Ämter zu verdanken habe, die mir in meinem Leben zuteil wurden – wie die Nuntiatur, das Kardinalat, die Legation und vieles mehr –, und weil ich einen Großteil dieser Förderung bei meinen Neffen wiedererkenne, verpflichte ich diese, sich ihnen [den Kardinälen Barberini] gegenüber stets ehrerbietig zu zeigen und ihre gesamte Kraft in den Dienst des genannten verehrten Hauses zu stellen, während ich gleichzeitig die Eminenzen

143 Biagioli 1999, S. 281.

> darum ersuche, jeweils ein Gemälde anzunehmen, das ihnen von meinem Erben überreicht werden wird und die Patronage gegenüber meiner Familie fortzuführen."[144]

Die Gemälde sollten den Kardinälen Barberini von Bernardinos Bruder, Virgilio Spada, übergeben werden, der im Testament zum Universalerben ernannt wurde.[145] Ebenso ist dem Vermächtnis zu entnehmen, dass die eigene langjährige Tätigkeit als Patron für das Selbstverständnis Kardinal Spadas eine zentrale Rolle gespielt hat, denn er erwähnt seine Protektion sowohl des Kapuzinerordens als auch des Minimenordens gleich im ersten Abschnitt des Testamentes.[146] Dass diese Einschätzung nicht allein die Überzeugung Kardinal Spadas widerspiegelt, wird durch einen Brief an ihn deutlich, in dem er als ein „überaus eifriger Protektor des Minimenordens" bezeichnet wird.[147]

Der Prozess gegen Galileo Galilei galt lange als Beweis für die strenge Unterdrückung des wissenschaftlichen Fortschritts durch die Katholische Kirche.[148] Die Überzeugung, dass Wissenschaftsförderung nicht mit einer klerikalen Karriere vereinbar gewesen sei,[149] ist jedoch längst widerlegt. Vielmehr hat

144 Aus dem Testament Bernardino Spadas vom 30.10.1661 (beglaubigt vom Notar Petrucci am 10.11.1661, dem Todestag Spadas): „In segno della mia osservanza verso gl'Emin[entissi]mi Sig[no]ri Card[ina]li Fran[cesc]o, et Antonio Barberini, dal zio de quali Urbano 8.o di gloriosa memoria, e dalle persone loro riconosco tutte le honorevolezze che hò godute in vita mia di Nuntiature, Cardinalato, Legatione, e di tant'altro, sicome riconosco gran parte di quelle, che vedo nei miei nepoti, esorbiamo questi ad essergli sempre ossequiosissimi, et ad impiegare ogni loro potere in servitù di d[ett]a Ecc[ellentissi]ma Casa, supplicando l'Eminenze loro à degnarsi di ricevere un quadro per ciasched[un]o che gli sarà reso dal mio herede, e di continuare la protettione verso la mia Casa." ASR, FSV 364, fol. 2v–3r.

145 „In tutti gli altri nostri beni, mobili, immobili, semoventi, gioie denari et altro di qualsivoglia sorte e valore, instituviamo herede universale Mons[igno]r Virgilio Spada Commend[ato]re di S[an]to Spirito n[ost]ro fratello germano con peso di sodisfare li soprad[ett]i legati, et altri pesi, à quali fusse obligata la mia heredità, volendo che il rimanente d[ett]o Mons[igno]r Virgilio possa disponere come meglio gli passerà [...]." ASR, FSV 364, fol. 4v.

146 „[...] siccome preghiamo la Beatiss[issim]a Vergine à voler essere la n[ost]ra Avvocata, e pietosa Madre, e li Santi Francesco d'Assisi, e Paula, delle Religioni delle quali, cioè dei RR. P[ad]ri Capuccini, e Minimi siamo stati per molti anni Protett[o]re [,] à voler essi proteggere Noi nello stretto, e forse prossimo punto del rendimento dei conti delle n[ost]re attioni avanti il giusto Giudice [...]." ASR, FSV 364, fol. 1r.

147 „zelantiss[im]o Prott[ettor]e di Minimi". ASR, FSV 638, Brief aus Bari vom 29.4.1649 (der Absender ist unleserlich).

148 Sieben prominente Irrtümer der „Galilei-Legende" sind zusammengefasst bei Schröder 2002, S. 113–138. Zu der dem Galilei-Prozess vorangegangenen politisch brisanten Situation im Kirchenstaat, der sogenannten Borgia-Krise, vgl. Karsten/Zitzlsperger 2001, S. 205f.

149 Vgl. Minois 1990/91, Bd. 1, S. 411 sowie Bd. 2, S. 25.

die römisch-katholische Kirche für mehr als sechs Jahrhunderte – von der Wiederentdeckung antiken Wissens während des späten Mittelalters bis zur Aufklärung – mehr finanzielle und soziale Unterstützung für die astronomische Forschung geleistet als jede andere Institution.[150] Die Förderung der Astronomie war nicht zuletzt die notwendige Reaktion auf ein administratives Problem: die Notwendigkeit, das exakte Osterdatum – den nach dem Frühlingsäquinoktium auf den ersten Vollmond folgenden Sonntag – für Jahre im Voraus bestimmen zu können.[151]

Dass hochrangige Vertreter der Kirche astronomische Studien für außerordentlich nützlich hielten und sie dementsprechend entschieden unterstützten, ist am Beispiel der Sonnenuhr der Galleria della Meridiana und der Zusammenarbeit zwischen Kardinal Spada und dem Minimenpater Maignan deutlich geworden. Es erscheint nicht ausgeschlossen, dass Spada mit der in Auftrag gegebenen katoptrischen Sonnenuhr, die in ihrer Gestaltung eine perfekte Verschmelzung von Wissenschaft und Kunst darstellt sowie als korrekt funktionierendes Instrument täglich nützliche Dienste leisten konnte, seiner Zeit voraus war. Zweifellos betrachtete er die Wissenschaftspatronage als ein geeignetes Mittel, sein persönliches Ansehen zu erhöhen.

Die wissenschaftliche Revolution brachte selbst den Putti, die in Bildern bis dato die Rolle übernommen hatten, das Christkind zu unterhalten, den Vorhang einer Szenerie aufzuhalten, Blumen zu streuen oder die Attribute der Hauptfiguren zu tragen, neue wissenschaftliche Aufgaben.[152] Die wissenschaftlichen Schriften des 17. Jahrhunderts sind dicht bevölkert von Putti, die als Forschungsassistenten stellvertretend Messungen vornehmen, Experimente durchführen oder die Funktionsweise neuer Instrumente wie der Luftpumpe demonstrieren. Emmanuel Maignans *Perspectiva horaria* ist darin keine Ausnahme – auch hier sind Engel beispielsweise bei der Übertragung der mathematischen Berechnungen an die Wand der Galleria della Meridiana zu sehen, was eine größtmögliche Korrektheit impliziert (Bild 33).

Wegweisend für diese Entwicklung waren die von Peter Paul Rubens geschaffenen Kupferstiche des sechsbändigen Optiktraktats *Opticorum libri sex* (1613) François de Aguilons, in denen Putti beispielsweise beim Sezieren eines Auges oder während einer stereographischen Projektion dargestellt sind. Die nackten Putti wirken im wissenschaftlichen Kontext wie ein Ausdruck der Harmlosigkeit, Unschuld und gleichzeitig Korrektheit der Experimente – so war

150 Vgl. Heilbron 2001, S. 3.
151 Vgl. ebd., S. 3f.
152 Vgl. hierzu Heilbron 2000.

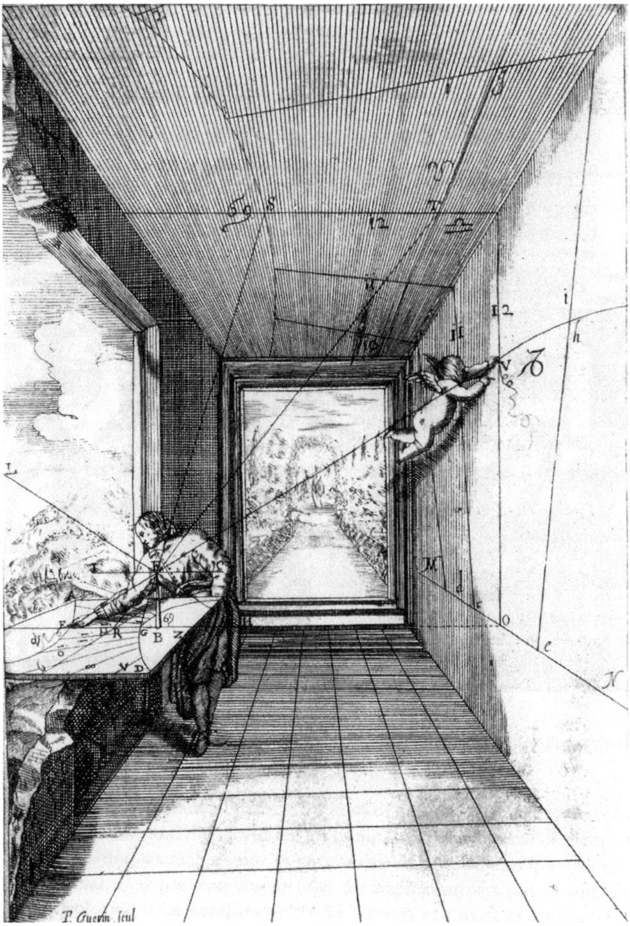

Bild 33 Pierre Guerin, Konstruktion einer Sonnenuhr, in: Emmanuel Maignan, Perspectiva horaria, Rom 1648, S. 432.

Athanasius Kircher der Überzeugung, dass ein fehlerfreies Experiment von Engelhand stammen müsse.[153]

Im Verlauf des 18. Jahrhunderts nahm die Präsenz von Engeln als wissenschaftliche Hilfskräfte schließlich ab. Die Korrektheit der Forschungs- und Messergebnisse wurde nunmehr mit anderen bildnerischen Mitteln zu evozieren versucht. Patronagebeziehungen bildeten dagegen nach wie vor die Grundlage des wissenschaftlichen Arbeitens. Dies wird im folgenden Abschnitt über die Venusforschungen Francesco Bianchinis deutlich werden.

153 Vgl. ebd., S. 7.

# DIE ERFORSCHUNG DER VENUS DURCH FRANCESCO BIANCHINI

Francesco Bianchini (Bild 34) wurde am 13. Dezember 1662 als erstes von sechs Kindern einer Kaufmannsfamilie in Verona geboren und fühlte sich der Stadt, in der er aufwuchs, zeitlebens stark verbunden. Nach seinem Tod am 2. März 1729 in Rom, wo er die meiste Zeit seines Lebens verbracht hatte, wurde Bianchini in der Kirche S. Maria Maggiore beigesetzt. Doch seinen umfangreichen Nachlass an Briefen, Reiseberichten und Zeichnungen hinterließ er nicht einer römischen Bibliothek, sondern der Biblioteca Capitolare in seiner Heimatstadt Verona.[154]

Von 1673 bis 1680 hatte Bianchini das Jesuitenkolleg in Bologna besucht und dort eine breitgefächerte Ausbildung erhalten, u. a. in den Fächern Zeichnen und Astronomie.[155] An der Universität Padua studierte er ab 1680 Theologie, wozu auch die Lehre beider Rechte gehörte, und erfüllte damit die Voraussetzungen für eine spätere Laufbahn an der römischen Kurie. Während seiner Studienzeit kam Bianchini in Kontakt mit zahlreichen Gelehrten und Wissenschaftlern, die sein Interesse sowohl für die Naturwissenschaften wie auch für die Geschichts- und Altertumsforschung beförderten. Mit dem Astronomen Geminiano Montanari (1633–1687) führte er in Padua zahlreiche Himmelsobservationen durch.

Im Jahre 1684 ging Bianchini schließlich zur Vertiefung des Studiums der Rechte nach Rom und kam dort „sehr bald in den Genuß des kurialen Pro-

154 Zur Biographie Bianchinis siehe Sölch 2007, S. 23–40 sowie Uglietti 1986. Bianchinis Testament vom 22. Februar 1729 wurde auszugsweise veröffentlicht von Schiavo 1993, S. 47f. Im linken Seitenschiff des Doms von Verona wurde Bianchini zu Ehren ein Epitaph mit einer Inschriftentafel und einer Porträtbüste aus Marmor angebracht. Vgl. Sölch 2007, S. 36f. Siehe auch Kockel/Sölch 2005 sowie zuletzt Ciancio/Romagnani 2010.

155 Vgl. Sölch 2007, S. 24f. und Uglietti 1986, S. 25.

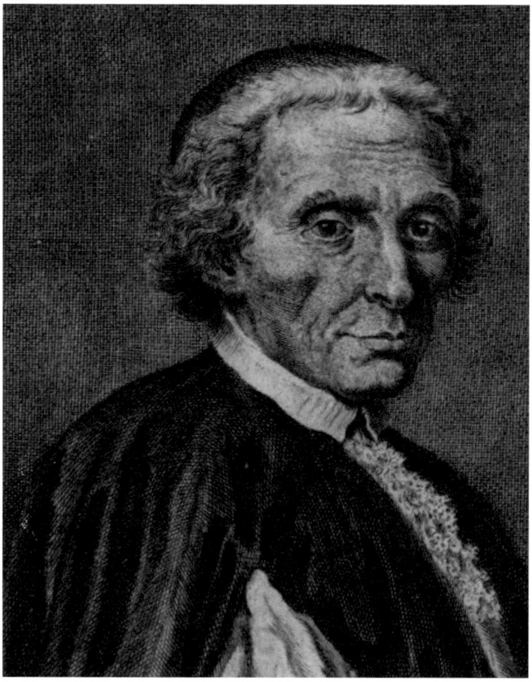

Bild 34 Porträt Francesco Bianchinis, in: Francesco Bianchini, La Istoria Universale, Rom 1697.

tektionssystems".[156] Die päpstliche Patronage bildete die Basis für Bianchinis wissenschaftliche Karriere. Auch wenn seine finanzielle Situation „nie glänzend" war,[157] haben die verschiedenen Positionen an der römischen Kurie seine Existenz doch zumindest „zeitlebens gesichert".[158] Nachdem Pietro Vito Ottoboni (1610–1691) im Jahr 1689 als Alexander VIII. den Papstthron bestiegen hatte, übertrug er Bianchini ein Kanonikat an der Kirche S. Maria ad Martyres, dem römischen Pantheon.[159] Zusätzlich verschaffte er ihm eine Stelle als Kustos der Bibliothek seines Großneffen, des gleichnamigen Kardinals Pietro Ottoboni (1667–1740).[160] Papst Innozenz XII., der Alexander VIII. im Jahr 1691 auf den Papstthron folgte, verlieh Bianchini 1699 das Kanonikat der in den Palazzo della

156 Sölch 2007, S. 26.
157 Rotta 1968, S. 189.
158 Sölch 2007, S. 23.
159 Vgl. Johns 2005, S. 42–48 sowie Sölch 2007, S. 27.
160 „Se le notizie [...] fossero in quella [libreria] dell'Emmi[nen]za Ottoboni, potrei servirlo perché hò l'onore di averla in custodia." Francesco Bianchini an Eustachio Manfredi (Rom, 12. 7. 1702). BVR, U.20, fol. 29v.

Cancelleria integrierten Kirche S. Lorenzo in Damaso, wodurch ihm weitere Einkünfte gesichert waren.[161]

Nachdem Bianchini bereits während seiner Zeit in Padua Observationen des Himmels durchgeführt hatte, pflegte er die astronomische Praxis auch in Rom. Neben den regelmäßigen Teleskopbeobachtungen konstruierte er 1692 im Palazzo della Cancelleria eine Meridianlinie, deren Exaktheit in einem Brief von Giandomenico Cassini aus dem Jahr 1701 lobend erwähnt wurde.[162] Bianchini hat diese Meridianlinie später regelmäßig für astronomische Berechnungen der Positionen der Gestirne nutzen können, denn ab 1702 wohnte er im Palazzo della Cancelleria, dem Kardinalspalast Pietro Ottobonis.[163]

Die Regierungszeit Papst Alexanders VIII. Ottoboni hatte den Beginn der päpstlichen Patronage Bianchinis markiert, die ihren qualitativen sowie quantitativen Höhepunkt jedoch während des Pontifikats Clemens' XI. Albani erreichen sollte.[164] Giovanni Francesco Albani (1649–1721), der am Anfang seiner kirchlichen Karriere wie Bianchini Kanoniker von S. Lorenzo in Damaso gewesen und 1690 von Alexander VIII. zum Kardinal kreiert worden war, ließ Bianchini während seines langen Pontifikats von 1700 bis 1721 eine umfangreiche Förderung zukommen. Bianchini wurde von Clemens XI. zum päpstlichen „Cameriere d'onore" ernannt und konnte im Jahr 1707 ein Zimmer im Quirinalspalast beziehen, in dem er ebenfalls eine Meridianlinie konstruierte.[165] Bianchini verkehrte jedoch auch weiterhin regelmäßig im Palazzo della Cancelleria, um die Bibliothek Ottobonis zu betreuen.

Schon kurz nach seinem Amtsantritt setzte Clemens XI. eine Kommission zur Überprüfung der Korrektheit des Gregorianischen Kalenders ein und ernannte Francesco Bianchini 1701 zu deren Sekretär.[166] Zu diesem Zeitpunkt hatte sich Bianchini bereits einen Namen als Wissenschaftler in Rom gemacht, wozu nicht zuletzt sein Engagement in zahlreichen römischen Akademien wesentlich beigetragen haben dürfte.[167] So war er u. a. aktives Mitglied in der von Giovanni Giustino Ciampini gegründeten Accademia Fisicomatematica,[168] der

161 Vgl. Uglietti 1986, S. 60.

162 „[...] benche V[ostra] S[ignoria] Ill[ustrissi]ma non habbia bisogno di prender lume altronde offendole queste cose familiari come vidi nell'esatezza della sua meridiana della Cancelleria." Giandomenico Cassini an Francesco Bianchini (Paris, 3. 10. 1701). BVR, U.16, fol. 436r.

163 Vgl. Schiavo 1979, S. 556f.

164 Zu Clemens XI. vgl. Vasco Rocca/Borghini 1995, S. 483–485.

165 Vgl. Sölch 2007, S. 31f. sowie Schiavo 1993, S. 46.

166 „[...] Sua Santità che hà detto di voler costituire mè Segretario di questa Congregazione [...]." Francesco Bianchini an Eustachio Manfredi (Rom, 3.9.1701). BVR, U.20, fol. 10r.

167 Zu den römischen Akademien des späten 17. und 18. Jahrhunderts vgl. Donato 2000.

168 Vgl. Ferrone 1982, S. 13–18 sowie Rotta 1990.

Accademia dell'Arcadia,[169] der sogenannten Accademia del lunedì des römischen Kardinals Filippo Antonio Gualtieri[170] sowie der Accademia degli Antiquari Kardinal Alessandro Albanis,[171] in der beispielsweise in der Sitzung des 2. September 1706, als der Veroneser Gelehrte Scipione Maffei (1675–1755) in die Akademie aufgenommen wurde, neben mehreren Altertümern auch Erfindungen rund um die Anwendung des Fernrohrs vorgeführt wurden.[172]

# I. Die Visualisierung der Venusflecken

## 1. Von der Skizze zum Globus

### Der Brief an Eustachio Manfredi

Am Beginn der Recherchen zu Francesco Bianchinis Venusforschungen stand der zufällige Fund einer Skizze in der Biblioteca Vallicelliana in Rom, die einen Großteil der erhaltenen Korrespondenz Francesco Bianchinis aufbewahrt (Bild 35). Das skizzierte Gebilde erinnert an eine liegende Acht, wobei sich die Linien der zwei Ausbuchtungen nicht kreuzen, sondern in der Mitte einen schmalen Verbindungssteg bilden. Die Begrenzungslinie der Figur ist aus kleinen Strichen zusammengesetzt und am rechten Rand durch Punkte angedeutet. In der mit Punkten und kleinen Strichen ausgefüllten Innenfläche sind verschiedene Inschriften eingetragen. Die linke Ausbuchtung trägt die Bezeichnung „Mare VII seu Galilaei", während in der rechten „Mare VI seu Columbi" vermerkt ist. Auch die beiden Einbuchtungen am Verbindungssteg sind beschriftet – an der oberen steht „Promon: Accademie", an der unteren „Promon: Instituti".

169 Vgl. Ferrone 1982, S. 20–22.

170 Kardinal Filippo Antonio Gualtieri (1660–1728) gründete 1714 eine naturwissenschaftliche Akademie, die sich jeden Montag in seinem römischen Palast versammelte (daher auch Accademia del lunedì genannt). Die Mitglieder, deren Ziel die Verbreitung der neuen Theorien Newtons war, wiederholten im Kardinalspalast die Experimente der Royal Society sowie der Académie des sciences. Vgl. Ferrone 1982, S. 77f.

171 Die Akademie wurde nach ihrem Gründer, Kardinal Alessandro Albani (1692–1779), auch Accademia Alessandrina genannt. Vgl. Ferrone 1982, S. 28f. sowie Sölch 2007, S. 34f. Zu weiteren Akademien Albanis vgl. Finocchiaro 2010.

172 „La sera di Giovedì 2. Settembre 1706 si tenne congregazione degli Accademici nelle stanze consuete del Palazzo Apostolico Quirinale. Questa sera l'Accademia degli Antiquari Alessandrini ha fatto un considerabile aquisto nella persona dell'eruditissimo Sig[no]r Cav[alie]re Scipione Maffei, ricevuto con sommo applauso, ed aggregato al nostro Collegio di consenso ancora del Sig[no]r Principe dell' Accademia [...]. Furono proposte e mostrate varie antichità, e alcune invenzioni intorno all'applicare la livella al canocchiale." BVR, S.81/II, fol. 646.

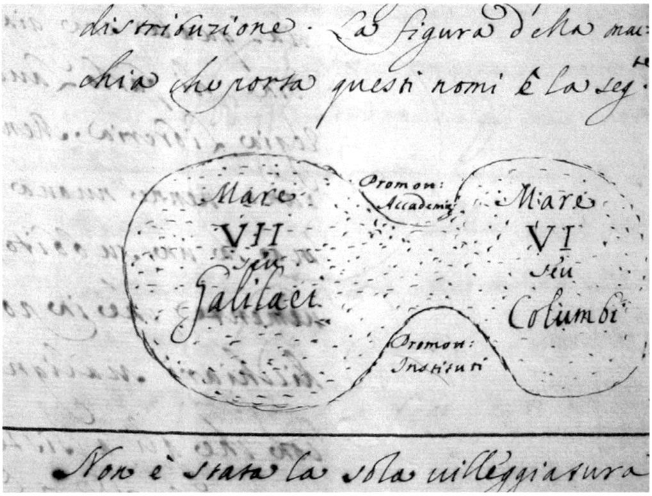


Bild 35 Giuseppe Bianchini, Skizze der Venusflecken, um 1740, BVR, U.20, fol. 223r.

Die Skizze befindet sich am Ende eines Briefes, den Bianchini am 18. Oktober 1727 an den Bologneser Mathematiker und Astronomen Eustachio Manfredi (1674–1739) geschrieben hatte.[173] Bianchini teilt Manfredi darin mit, dass er dabei sei, das Traktat über die Venusflecken zu redigieren, um im November oder Dezember mit dem Druck beginnen zu können.[174] Neben den anderen Abbildungen habe er auch die Achsschenkel erstellt, um daraus einen räumlichen Globus zu formen, so wie er bereits einen mit der Feder gezeichnet hätte.[175] Bianchini plante folglich, die von ihm 1726 erstmals auf der Venus beobachteten Flecken sowohl in einem Traktat als auch in Form eines Globus zu visualisieren. Zudem berichtet er Manfredi, dass er eine Nomenklatur der Flecken entwickelt habe:

> „Die Flecken bezeichne ich als Meere, und als Meerengen und Kaps [bezeichne ich] jene Gebiete, die den irdischen ähneln: Und um sie voneinander zu unterscheiden, ist mir der Gedanke gekommen, jene Meere, Meerengen, Golfe und Kaps nach berühmten Persönlichkeiten zu benen-

173 BVR, U.20, fol. 221r–223r.

174 „[…] pongo all'ordine il trattato delle macchie di Venere per cominciarlo a stampare dentro Nov[emb]re o Decem[b]re." Francesco Bianchini an Eustachio Manfredi (Albano, 18. 10. 1727). BVR, U.20, fol. 222r.

175 „Ho fatto tra l'altre figure ancora i fusi per formarne il globo solido come già ne hò fatto uno a penna […]." Francesco Bianchini an Eustachio Manfredi (Albano, 18. 10. 1727). BVR, U.20, fol. 222r–222v.

> nen, die Ost- und Westindien[176] entdeckt oder erobert haben. So hat neben der portugiesischen und der spanischen Nation unsere italienische einen besonderen Platz für Columbus und Amerigo [Vespucci]."[177]

Nach der allgemeinen Erläuterung des Konzeptes beschreibt Bianchini jenen Fleck auf der Venus, der in der Skizze dargestellt ist:

> „Das letzte Meer mit der angrenzenden Meerenge und den zwei Kaps jener Meerenge habe ich für die Astronomen reserviert, und hier hat auch unsere Nation ihren Platz. Das Meer benenne ich nach Galileo, da er als erster die sichelförmige Venus gezeigt hat, und den Teich[178] nach Cassini, da er uns als erster von den Venusflecken berichtet hat; von den zwei Kaps neben Cassini benenne ich eines nach der Akademie, womit jene der Wissenschaften in Paris gemeint ist, und das andere nach dem Institut, welches eben jenes [der Wissenschaften] in Bologna ist. [...] Die Form des Flecks, der diese Namen trägt, ist die folgende."[179]

Die Skizze stimmt jedoch nicht in allen Punkten mit der Beschreibung überein, denn der Name Cassini taucht in der Zeichnung gar nicht auf. Der Grund für diese Diskrepanz ist, dass es sich weder um den Originalbrief noch um die Originalskizze Francesco Bianchinis handelt, der seine Manuskripte per Testament vom 22. Februar 1729 der Biblioteca Capitolare in Verona hinterlassen hatte.[180]

176 Ostindien (indie orientali) bezeichnet Süd- und Südostasien, darunter Indien, Malaysia, Indonesien, die Molukken etc. Mit Westindien (indie occidentali) ist der amerikanische Kontinent gemeint, den Columbus bei seiner Ankunft bekanntlich für die Ostküste Indiens gehalten hatte.

177 „Alle macchie hò dati i nomi de Mari e di Stretti, e di Promontorii à quelle parti che imitano i terrestri: e per distinguere l'uno e l'altro mi è venuto in pensiere di nominare que Mari, Stretti, Golfi, e Promontorii da persone illustri che hanno scoperto, o conquistato le indie orientali ed occid[ental]i. Cosi oltre la Nazione portughese e spagnola, la Nostra Italiana hà luogo molto distinto per il Colombo e per Amerigo." Francesco Bianchini an Eustachio Manfredi (Albano, 18.10.1727). BVR, U.20, fol. 222v.

178 Mit Teich (stagno) ist der schmalere Verbindungssteg zwischen den Meeren, die Meerenge (stretto), gemeint.

179 „L'ultimo mare con lo scritto [sic; gemeint ist stretto] vicino, e con li due promotori di quello scritto li hò risservati alli astronomi. E qui pure la Nostra Nazione hà il suo luogo. Il mare faccio che prenda nome dal Gallileo per avere il primo mostrata Ven[er]e falcata, e lo stagno dal Cassini per essere egli stato il primo a darci notizia delle macchie di Venere [;] delli due promotorii accanto al Cassini, l'uno denomino dell'Academia intendendo quella delle scienze in Parigi, e l'altro dell'Instituto che è cotesto di Bologna. [...] La figura della macchia che porta questi nomi è la seg[uen]te." Francesco Bianchini an Eustachio Manfredi (Albano, 18.10.1727). BVR, U.20, fol. 222v–223r.

180 Vgl. Celani 1889, S. 3.

Sein Neffe Giuseppe Bianchini (1704–1764), der Verona im Juli 1732 verließ, um an das Oratorianerkonvent der Chiesa Nuova in Rom zu gehen, bat die Biblioteca Capitolare um Erlaubnis, die zahlreichen Manuskripte seines Onkels mit nach Rom nehmen zu dürfen, da er plane, wichtige Schriften daraus posthum zu publizieren. Dieser Bitte wurde stattgegeben,[181] und Giuseppe Bianchini veröffentlichte zwischen 1738 und 1754 mehrere Arbeiten seines Onkels.[182]

Francesco Bianchini hatte zahlreiche Briefe, die er an seine Korrespondenten geschickt hatte, für seine Unterlagen selbst kopiert. Von diesen eigenhändigen Kopien fertigte schließlich Giuseppe Bianchini Abschriften an, die in der Biblioteca Vallicelliana, der Bibliothek der Chiesa Nuova (S. Maria in Vallicella), aufbewahrt werden. Der Manuskriptband U.20 enthält beispielsweise insgesamt 144 Briefkopien Francesco Bianchinis an Eustachio Manfredi aus den Jahren 1701 bis 1729; den letzten Brief schrieb Bianchini knapp zwei Monate vor seinem Tod.[183] Diese Briefkopien enthalten keine Begrüßungs- und Schlussformeln, sondern nur den Brieftext im engeren Sinne. Giuseppe Bianchini reihte sie in chronologischer Reihenfolge und nur durch einen waagerechten Tintenstrich voneinander getrennt aneinander, so dass auf einer Seite ein Brief enden und der nächste beginnen kann. Auch die beschriebene Skizze stammt folglich von der Hand Giuseppes, der diese in der Einsicht, dass sie für das Verständnis des Brieftextes unverzichtbar ist, abgezeichnet hat.

In der Biblioteca Comunale dell'Archiginnasio in Bologna befindet sich Francesco Bianchinis Brief vom 18. Oktober 1727 an Eustachio Manfredi im Original.[184] Der Vergleich der zwei Brieftexte zeigt, dass Giuseppe Bianchinis Abschrift bis auf eine Ausnahme[185] wortgetreu ist und selbst die Wortunterstreichungen aus dem Original übernommen wurden; allerdings gibt es viele

181 Einige Manuskripte nahm er direkt mit, die restlichen Bände sollten ihm zugeschickt werden, was allerdings erst zwischen 1739 und 1744 erfolgte. Erst ab 1765 wurden die ersten Bände wieder zurück an die Biblioteca Capitolare in Verona geschickt. Vgl. Celani 1889, S. 4–7.

182 Del palazzo de' Cesari, Verona 1738; De tribus generibus instrumentorum musicae veterum organicae, Roma 1742; Opuscula varia, Roma 1754. Ein weiteres posthum publiziertes Werk Francesco Bianchinis ist die von Eustachio Manfredi herausgegebene Sammlung von Himmelsbeobachtungen und Berechnungen, die mit der Observation eines Kometen im Jahr 1684 beginnt und mit einer Beobachtung vom 13. Februar 1729 endet. Vgl. Manfredi 1737.

183 BVR, U.20, fol. 9r–240r. Der erste Brief ist vom 11. Mai 1701, der letzte vom 12. Januar 1729. Bianchini starb am 2. März 1729.

184 BCAB, Autografi VIII, no. 2435, fol. 1r–2v.

185 Statt „stretto" (Meerenge) schreibt Giuseppe zweimal „scritto" (Schriftstück), was im Briefkontext keinen Sinn ergibt und ein eindeutiger Abschreibfehler ist.

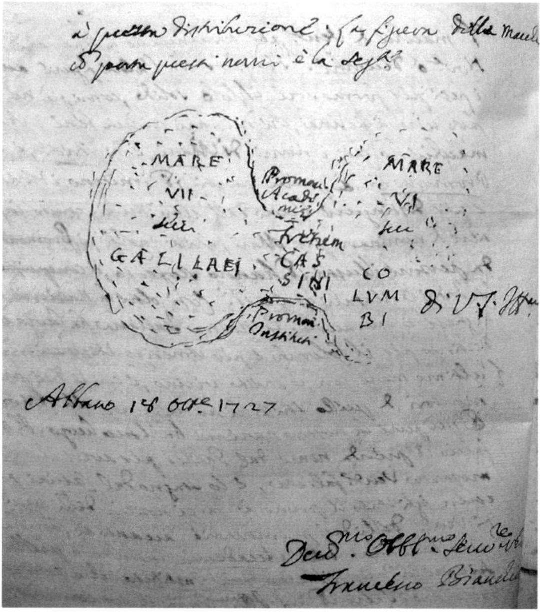


Bild 36 Francesco Bianchini, Brief an Eustachio Manfredi mit Skizze der Venusflecken vom 18. Oktober 1727, BCAB, Autografi VIII, no. 2435, fol. 2v.

orthographische Abweichungen – insbesondere in der Groß- und Kleinschreibung, der Akzentsetzung sowie der Verdopplung von Konsonanten.[186]

Im Vergleich der Skizze Giuseppes mit der Originalzeichnung Francescos (Bild 36) wird das Bemühen deutlich, nicht nur den Brieftext, sondern auch die bildliche Darstellung möglichst originalgetreu zu kopieren. Daher ist es umso erstaunlicher, dass Giuseppe die Beschriftung der Cassini-Meerenge (Fretum Cassini) versäumt hat. Zudem ist augenfällig, dass Giuseppes Kopie vereinfacht und von Unregelmäßigkeiten bereinigt ist, während die Federführung in Frances-

186 „Alle macchie ho dati i nomi de Mari, e di Stretti, e di Promontorii à quelle parti che imitano i terrestri: e per distinguere l'uno dall'altro mi è venuto in pensiere di nominare que Mari, Stretti, Golfi, e Promontorii da persone illustri che hanno scoperto, ò conquistato le Indie orientali ed occid[enta]li. Così oltre la Nazione Portughese e Spagnola la Nostra Italiana ha luogo molto distinto per il Colombo e per Amerigo Vespucci. L'ultimo mare con lo stretto vicino, e con li due promontori di quello stretto li ho riservati alli Astronomi. E qui pure la nostra nazione ha il suo luogo. Il mare faccio che prenda nome dal Galileo per avere il primo mostrata Ven[er]e falcata, e lo stagno dal Cassini per essere egli stato il primo à darci notizia delle macchie di Ven[er]e [;] delli due promontorii accanto al Cassini, l'uno denomino dell'Accademia intendendo quella d[el]le Scienze in Parigi, e l'altro dell'Instituto che è cotesto di Bologna. [...] La figura della macchia che porta questi nomi è la seg[uen]te." Francesco Bianchini an Eustachio Manfredi (Albano, 18. 10. 1727). BCAB, Autografi VIII, no. 2435, fol. 2r–2v.

cos Zeichnung weniger definiert wirkt und einen formsuchenden Charakter aufweist. Mit sich überlagernden kleinen Strichen bemühte sich Francesco Bianchini, die exakte Form der Venusflecken auf das Papier zu bringen. Den Verlauf der unteren Einbuchtung der Cassini-Meerenge hat er mehrmals korrigiert, die Begrenzungslinie des rechten Meeres ist nur mit wenigen Punkten angedeutet und löst sich nach unten hin vollständig auf. Die Einbuchtung des Kaps oberhalb der Cassini-Meerenge ist in der Originalskizze tiefer und die Form des Meeres VII somit weniger symmetrisch als in der Kopie.

Während die Briefkopie mit der Skizze endet, unterhalb derer der waagerechte Tintenstrich als Abgrenzung zum nächsten Brief verläuft, wird der Originalbrief durch die Orts- und Datumsangabe sowie die Grußformel abgeschlossen. Dabei ist die Grußformel „di V[ostra] S[ignoria] Ill[ustrissi]ma Dev[otissi]mo Obbl[igatissi]mo Serv[ito]re V[ostr]o Francesco Bianchini" (Euch Hochwohlgeboren zutiefst ergebener und verpflichteter Diener, Francesco Bianchini) zweigeteilt: der Anfang steht am rechten Rand der Zeichnung bzw. ragt in das Meer VI hinein. Fast einer Künstlersignatur gleich, schrieb Bianchini in die Skizze hinein, als wollte er deren Authentizität und Korrektheit beglaubigen.

## Die druckgraphische Umsetzung

Tatsächlich erscheint das im Brief angekündigte Werk erst ein Jahr später im Dezember 1728 beim römischen Verleger Giovanni Maria Salvioni im Folioformat unter dem Titel *Hesperi et Phosphori. Nova Phaenomena sive Observationes circa Planetam Veneris* (Bild 37). Die aus den Zeichnungen bekannte Figur taucht hier in der gedruckten Endfassung auf; die Meere VI und VII befinden sich links unten auf der Tafel X, die als Quintessenz von Bianchinis Forschungen über den Planeten Venus anzusehen ist (Bild 38). Es handelt sich um die Darstellung von Achsschenkeln, die vom Leser des Traktats zu einem dreidimensionalen Venusglobus zusammengefügt werden können.[187]

Anhand der Abbildung wird deutlich, warum in beiden besprochenen Skizzen die rechte Begrenzungslinie der Figur nur mit kleinen Strichen oder Punkten angedeutet ist: Bianchini zeichnete nur einen Teil des Venusflecks, der insgesamt drei Meeresausbuchtungen aufweist. Während jedoch in den Skizzen das Meer VII den Namen Galileis und das angrenzende Meer VI den Namen des Columbus trägt, ist das Meer VI in der gedruckten Abbildung nach Vespucci

187 Bianchini bezeichnet die Tafel X als „Celidografia", worunter die Darstellung von beobachteten Flecken auf einem Himmelskörper zu verstehen ist. Zur Etymologie vgl. Bianchini 1996, S. 44f.

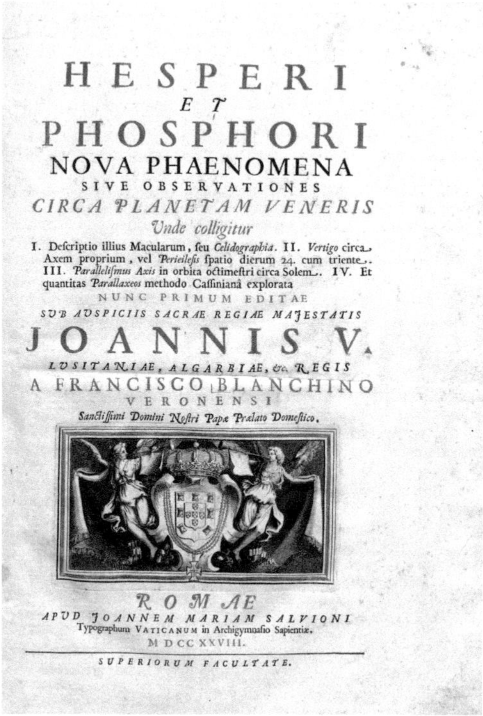
HESPERI
ET
PHOSPHORI
NOVA PHAENOMENA
SIVE OBSERVATIONES
CIRCA PLANETAM VENERIS
Unde colligitur
I. Deſcriptio illius Macularum, ſeu *Celidographia*. II. *Vertigo* circa Axem proprium, vel *Perieileſis* ſpatio dierum 24. cum triente. III. *Parallelismus Axis* in orbita octimeſtri circa Solem. IV. Et quantitas *Parallaxeos* methodo Caſſinianâ explorata
NUNC PRIMUM EDITAE
SUB AUSPICIIS SACRAE REGIAE MAJESTATIS
JOANNIS V.
LUSITANIAE, ALGARBIAE, &c. REGIS
A FRANCISCO BLANCHINO
VERONENSI
Sanctiſſimi Domini Noſtri Papæ Prælato Domeſtico.

ROMAE
APUD JOANNEM MARIAM SALVIONI
Typographum VATICANUM in Archigymnaſio Sapientiæ.
M DCC XXVIII.

SUPERIORUM FACULTATE.

Bild 37 Francesco Bianchini, Hesperi et Phosphori, Rom 1728, Titelblatt.

und das rechts außen liegende Meer V nach Columbus benannt. Die Cassini-Meerenge verbindet nunmehr die nach Galilei und Vespucci bezeichneten Meere.

In Übereinstimmung mit den Skizzen ist auch in der Tafel X im Traktat das Kap nördlich von dieser Meerenge nach der Akademie der Wissenschaften in Paris benannt und das südliche Kap nach dem Institut der Wissenschaften in Bologna. Die neu hinzugekommene Meerenge zwischen dem sechsten und fünften Meer trägt den Namen von Hernán Cortés (Fretum Cortesii); das nördliche Kap ist nach Francisco Pizarro benannt, das südliche nach Pedro Álvares Cabral. Spanische und portugiesische Seefahrer bilden somit die Verbindung zwischen dem Vespucci- und dem Columbus-Meer.

Neben dem aus den Skizzen bekannten Venusfleck sind auf der Tafel weitere Venusflecken visualisiert. Die Meere II, III und IV bilden ebenfalls eine zusammenhängende Dreierfigur wie die Meere V, VI und VII. Nur aufgrund der zweidimensionalen Darstellung der Achsschenkel des Globus erscheint das Meer III vom Meer IV getrennt. Zwei weitere Flecken befinden sich am Nord- bzw- Südpol des zu konstruierenden Venusglobus – sie sind in Fragmenten an den Spitzen der Achsschenkel am oberen und unteren Rand sowie in der Mitte der Tafel zu erkennen.

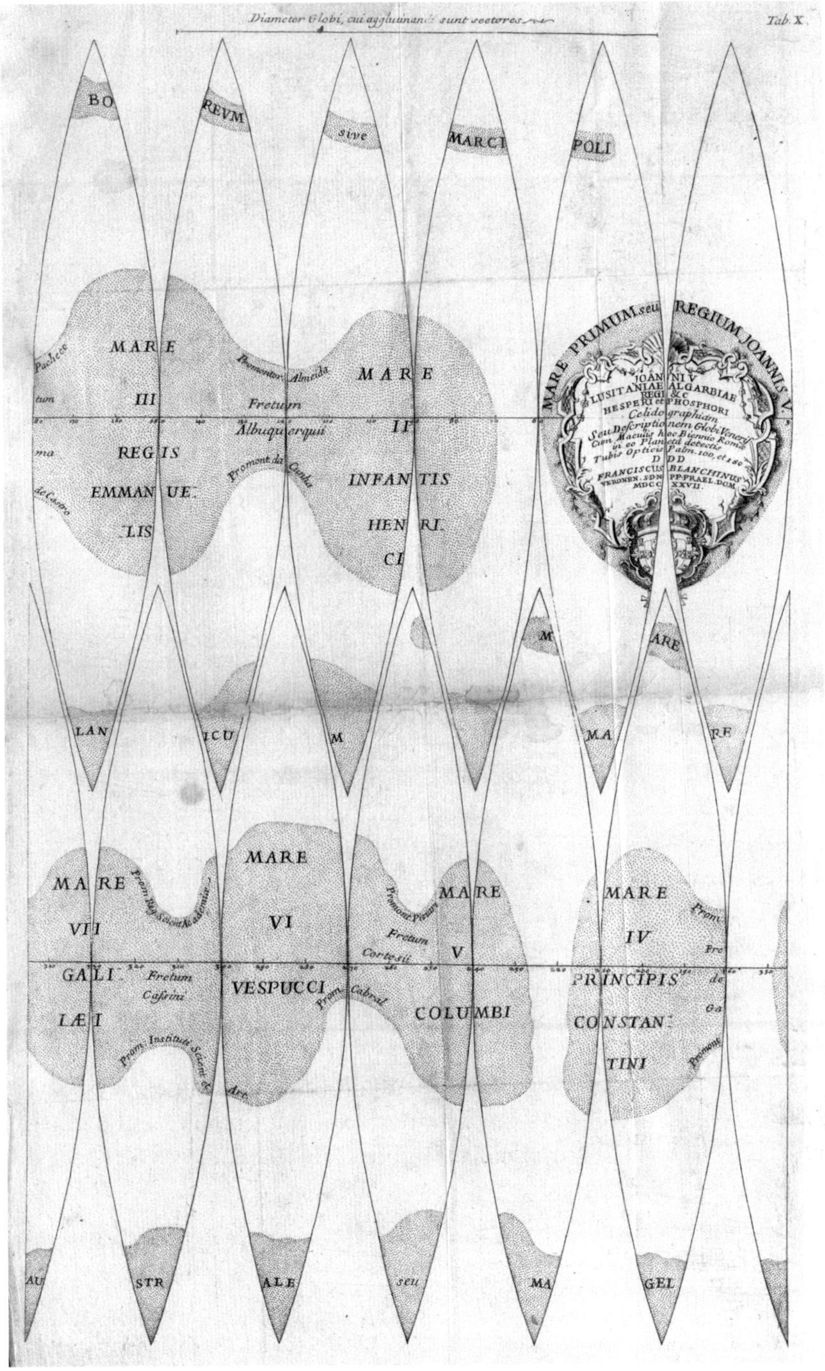


Bild 38 Francesco Bianchini, Hesperi et Phosphori, Rom 1728, Tafel X.

Rechts oben auf der Tafel ist das solitär stehende Meer I dargestellt. Das Mare Primum ist nach dem portugiesischen König Johann V. benannt, dem Bianchini sein Traktat über die Venusflecken widmete. Im Inneren des Mare Regium befindet sich eine Vignette mit einer Widmungsinschrift. Diese Widmung wie auch Bianchinis Nomenklatur der Venusflecken werden an späterer Stelle noch detailliert analysiert. Die exakte Lage der einzelnen Flecken, die auf der Tafel durch die Achsschenkel zerteilt dargestellt sind, wird erst in der Dreidimensionalität des Venusglobus deutlich.[188]

### Die plastische Umsetzung

Im November 1727 – zeitgleich mit der Fertigstellung des Traktats – berichtete Bianchini dem Astronomen Giovanni Battista Carbone in Lissabon, er lasse einen Globus konstruieren, der plastisch die gesamte Oberfläche der Venus mit den darauf erkennbaren Flecken darstelle.[189] Im Museo della Specola in Bologna wird solch ein Venusglobus Bianchinis aufbewahrt (Bild 39).[190] Auf einem hölzernen Sockel ruht die ebenfalls hölzerne, farbig bemalte Planetenkugel mit einem Durchmesser von neunzehn Zentimetern. Die Farbe ist an einigen Stellen bereits abgeplatzt, aber die exakte Übereinstimmung mit der Tafel X aus Bianchinis Traktat *Hesperi et Phosphori* ist eindeutig erkennbar.

Auf die beigefarbene Grundierung des Globus sind die Venusflecken mit dunkelgrüner Farbe aufgemalt. Die einzelnen Meere, Meerengen und Kaps werden durch die bereits erwähnten Namen bezeichnet. Wie schon in den Skizzen sind die Flecken mit kleinen schwarzen Punkten ausgefüllt. Bis auf die beiden Flecken am Nord- und Südpol gruppieren sich alle Meere – das Mare Regium sowie die zwei Dreiergebilde der Meere II, III und IV sowie V, VI und VII – um den Äquator des Globus herum. Mit einem Durchmesser der Globuskugel von nur neunzehn Zentimetern handelt es sich um ein durchaus handliches Modell, dessen Herstellungskosten relativ gering gewesen sein dürften und das sich jeder Leser leicht mit Hilfe der als Ausschneideschablone zu verwendenden Tafel X selbst herstellen konnte.

Himmelsgloben gab es bereits in der Antike – davon zeugt die bekannte Marmorplastik des Atlas Farnese, der auf seinem Nacken einen mit 42 Sternbildern versehenen Himmelsglobus trägt. Im Jahr 1533 ist in Nürnberg der

188 Durch das Ausschneiden und anschließende Zusammenkleben der Achsschenkel ist dies von der Verfasserin nachvollzogen worden.

189 „[…] faccio formare un globo, che dimostri in solido tutta la esterna superficie di quel Pianeta con le sue macchie, che a noi dimostra." Francesco Bianchini an Giovanni Battista Carbone (Rom, 7. 11. 1727). BVR, S.82, fol. 130r.

190 Venusglobus von Francesco Bianchini, Rom, 1727. Bologna, Museo della Specola, Inventar-Nr. MdS-33. Vgl. Baiada/Bònoli/Braccesi 1995, S. 156, Kat.-Nr. 62.

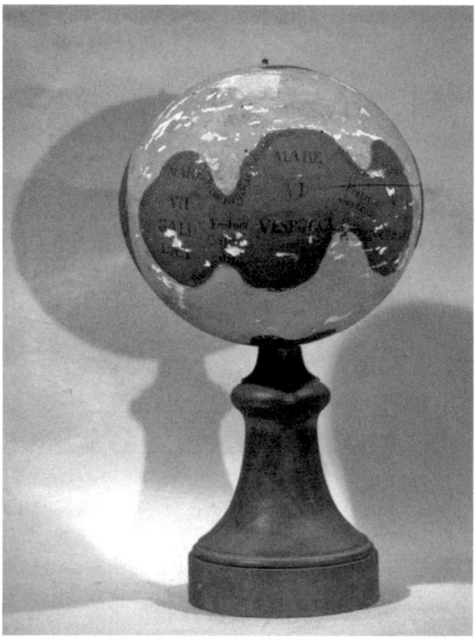

Bild 39 Francesco Bianchini, Venusglobus, Rom, 1727, bemaltes Holz, Durchmesser 19 cm.

erste gedruckte Himmelsglobus angefertigt worden.[191] Durch die Erfindung des Fernrohrs am Anfang des 17. Jahrhunderts wurde schließlich eine immer genauere Beobachtung der verschiedenen Himmelskörper ermöglicht. Zunächst beschränkten sich die astronomischen Visualisierungen jedoch auf die zweidimensionale Ebene von Zeichnungen und Kupferstichen. Im Jahre 1661 konstruierte schließlich der englische Architekt und Astronom Sir Christopher Wren den ersten Mondglobus.[192] Als plastische Darstellung eines einzelnen Himmelskörpers ist Wrens Mondglobus offenbar der einzige bekannte Vorläufer von Bianchinis Venusglobus.[193] Bianchini war jedoch der erste, der den Planeten Venus in dreidimensionaler Form visualisierte.

Der Venusglobus und das Traktat bildeten eine fest zusammengehörende Einheit. Noch bevor das Buch fertig gedruckt vorlag, kündigte Bianchini im September 1728 gegenüber Eustachio Manfredi an, dass er ihm sowohl ein Exemplar des Traktats als auch einen Globus zusenden werde;[194] außerdem würde er

191 Schaffer 2007, S. 43.

192 Zu dieser Zeit war Wren Professor für Astronomie in Oxford. Der Globus war von der neugegründeten Londoner Royal Society in Auftrag gegeben worden; er ist jedoch verloren gegangen. Vgl. Whitaker 1999, S. 72f.

193 Vgl. Dal Prete 2005, S. 134, Anm. 142.

194 „Arivato in Roma continuero a Dio piacendo la stampa delle nuove scoperte nel Pianeta di Venere di cui le manderò il libro, e il globo, che le rappresenta. Ne manderei ancora una copia e un globo al Sig[no]r dell'Isola in Petreburgo, se io sapessi a chi poterlo consegnare per farglielo avere sicuro." Francesco Bianchini an Eustachio Manfredi (S. Quirico, 15. 9. 1728). BVR, U.20, fol. 230v–231r.

gern ein Traktat samt Globus an Herrn Delisle[195] in St. Petersburg schicken, wenn er nur wüsste, wem er die Sendung übergeben könnte, damit er diese auch sicher erhalten würde. Nachdem das Traktat am 23. Dezember 1728 endlich erschienen war, kam Bianchini seiner Ankündigung nach und teilte Manfredi mit:

> „Es ist schon einige Tage her, dass ich dem Botschafter von Bologna drei Kopien meines zwei Tage vor Weihnachten publizierten Buches über die neuen Entdeckungen und Beobachtungen auf dem Planeten Venus übergeben habe, was eine günstige Gelegenheit war, damit diese Euch schnell und sicher erreichen. Eine davon ist für Euch bestimmt, eine für die Bibliothek des dortigen Instituts; und es wäre mir lieb, wenn die dritte Kopie nach Moskau an Herrn Delisle geschickt werden könnte, sobald Ihr von ihm eine Antwort erhalten habt bezüglich der Möglichkeit, ihm diese zuzusenden [...]. Außerdem halte ich noch den Globus von einem Palmo Durchmesser bereit, der die Position jener Flecken sowie die Namen, die ich ihnen gegeben habe, zeigt, um ihn an Euch zu schicken [...]."[196]

Manfredi antwortete ihm aus Bologna, er werde den Globus zu den seltensten und wertvollsten Objekten des Instituts der Wissenschaften stellen.[197] Nachdem Bianchini zunächst überlegt hatte, den Venusglobus über Kardinal Davia an Manfredi zu schicken,[198] übergab er ihn Mitte Januar 1729 dem Bologneser Bot-

195 In den Briefen Bianchinis finden sich mehrere Varianten des Namens: dell'Isola, de la Isle bzw. de l'Isle. Gemeint ist der französische Astronom und Kartograph Joseph-Nicolas Delisle (1688–1768), der ab 1714 Mitglied der Pariser Académie des sciences und einer der letzten Schüler Giandomenico Cassinis war. Im Jahre 1725 wurde er von Zar Peter I. nach St. Petersburg berufen, wo er an der 1724 gegründeten Akademie der Wissenschaften ein Observatorium aufbaute. Vgl. Herrmann 1993, S. 65.

196 „Sono già parecchi giorni che io consegnai al Sig[no]r Ambasciatore di Bologna trè coppie del mio libro, che fù pubblicato due giorni avanti Natale delle nuove scoperte, e osservazioni fatte nel Pianeta di Venere, acciocche favorisse di ritrovare occasione per farle tenere a V[ostra] S[ignoria] Ill[ustrissi]ma pronte e sicure. Una di queste servirà per lei; l'altra per la Libreria di cotesto Instituto; e la terza coppia averci caro che si potesse mandare in Moscovia al Sig[no]r de la Isle, quando ella aveva da lui ricevuta risposta circa il modo di mandargliela. [...] Tengo ancora inpronto per mandarle il Globo di un palmo di Diametro che rappresenta le istesse macchie à suoi luoghi, e i nomi che io hò dati a ciasched'una [...]." Francesco Bianchini an Eustachio Manfredi (Rom, 5. 1. 1729). BVR, U.20, fol. 238r/v.

197 „Il globo che dimostrerà la disposizione di queste parti sarà da me riposto fra le supellettili più rare, e preziose del medesimo Istituto [...]." Eustachio Manfredi an Francesco Bianchini (Bologna, 12. 1. 1729). BVR, U.17, fol. 1155r.

198 „Per mandarle il Globo attendo qualche congiuntura, non sapendo se possa riuscire di troppo incomodo il pregarne il Sig[no]r Co[nte] Aldrovandi. Vederò se l'Em[inentissi]mo Davia potesse spedirglielo." Francesco Bianchini an Eustachio Manfredi (Rom, 5. 1. 1729). BCAB, Autografi VIII, no. 2441, fol. 2r.

schafter Aldovrandi, der auch schon die Traktate versendet hatte, damit er im dortigen Institut der Wissenschaften aufgestellt werden würde.[199]

Eustachio Manfredi und das Bologneser Institut waren nicht die einzigen, die umgehend mit Traktat- und Globusexemplaren bedacht wurden. Am 23. Dezember 1728, d. h. noch am Tag der Veröffentlichung, schrieb Bianchini an Giacomo Filippo Maraldi in Paris, er verschicke drei Buchexemplare an den Marquis d'Osembray, der zwei davon Maraldi übergeben werde. Eines der Exemplare sowie der Venusglobus, den er ebenfalls versenden werde, seien für eine Präsentation in der Pariser Académie des sciences bestimmt.[200] In seinem Dankesbrief antwortete ihm Maraldi, er habe das Traktat und den Globus unmittelbar nach ihrem Eintreffen der Akademie vorgestellt – beide Werke seien dort mit großem Vergnügen betrachtet worden.[201]

Der Venusglobus visualisiert die Oberfläche des Planeten und die darauf entdeckten Flecken, anhand derer Bianchini die Rotationsperiode der Venus berechnet hatte. Während das Traktat in erster Linie für Astronomieexperten verständlich ist, führt der plastische Venusglobus jedem Betrachter den neu erforschten Planeten unmittelbar vor Augen und lässt ihn gleichzeitig auch haptisch begreifbar werden.

199 „Mi hà favorito il Sig[no]r Ambas[ciato]re Co[nte] Aldrovandi di ritrovare ottima occasione di mandare a V[ostra] S[ignoria] Ill[ustrissi]ma il Globo con la descrizione di tutte le machie da mè osservate nel pianeta di Venere, onde glielo consegnai trè giorni sono, e credo che ieri lo trasmettesse accioche possa collocarlo in cotesto Instituto [...]." Francesco Bianchini an Eustachio Manfredi (Rom, 18.1.1729). BVR, U.20, fol. 239r/v.

200 „Sono a tempo di mandare a V[ostra] S[ignoria] Ill[ustrissi]ma per Natale, come le diedi intenzione la mia Opera delle scoperte nel Pianeta di Venere, che in questa settimana si è finita di stampare. Ne mando al Sig[no]r Marchese d'Osembray tre esemplari. Due ne consegnerà a V[ostra] S[ignoria] Ill[ustrissi]ma: uno de' quali servirà per presentare all'Accademia [...]. Mando ancora un Globo dello stesso Pianeta interamente delineato con tutte le macchie [...] e questo vorrei che fosse presentato all'Accademia [...]." Francesco Bianchini an Giacomo Filippo Maraldi (Rom, 23.12.1728). BVR, U.23, fol. 216r/v.

201 „Mi fu resa per parte del Sig[no]r Marchese d'Osembray mercoledì scorso la benigniss[im]a lett[er]a di V[ostra] S[ignoria] Ill[ustrissi]ma e Rev[erendissi]ma delli 23 Decembre scorso con i due esemplari della scoperta delle machie di Venere e della di lei rivolutione intorno al suo asse. Uno di questi secondo il di lei ordini lo presentai lo giorno stesso all'Academia con il Globo. Ella vidde con piacere tutte le machie, la spiegazione di esse et il Globo che representa il loro sito le loro figure et l'ordine, l'inclinatione dell'asse al piano dell'Eclittica." Giacomo Filippo Maraldi an Francesco Bianchini (Paris, 17.1.1729). BVR, U.17, fol. 1283r.

## 2. Das Traktat *Hesperi et Phosphori*

### Die Widmung

Der Titel des Traktats *Hesperi et Phosphori. Nova Phaenomena sive Observationes circa Planetam Veneris* (Über den Morgen- und Abendstern. Neue Entdeckungen oder: Observationen des Planeten Venus) bezieht sich auf die antike Unterscheidung zwischen dem Abendstern (Hesperos) und dem Morgenstern (Phosphoros). Man hatte zunächst nicht erkannt, dass es sich dabei um zeitlich unterschiedliche Phänomene ein und desselben Planeten handelte: Wenn die Venus östlich der Sonne steht, geht sie nach der Sonne unter und kann von der Erde aus in der Dämmerung als Abendstern beobachtet werden; steht sie westlich der Sonne, geht sie vor der Sonne auf und ist als Morgenstern sichtbar.

Gewidmet ist das Traktat dem portugiesischen König Johann V., unter dessen vierundvierzig Jahre währender Herrschaft von 1706 bis 1750 Portugal ein zweites goldenes Zeitalter erlebte.[202] Schon im ersten Satz seiner Widmung verweist Bianchini auf die Rolle Portugals als Kolonialmacht:[203] König Johann V. habe von seinen Vorgängern den Ruhm der portugiesischen Herrschaft übernommen, die weit nach Osten und Westen ausgedehnt worden sei und überall die Zeichen der Eroberung verbreitet hätte, so dass die Grenzen der Erde deutlich zeigen würden, dass es kaum möglich sei, diese Herrschaft noch weiter auszudehnen.

Doch obwohl der König sich mit solch beeindruckenden Vorfahren messen lassen müsse, habe er nicht den Mut verloren, sondern nach neuen Wegen gesucht, den Ruhm Portugals zu mehren. So habe er im Königreich einen Markt für jegliche Formen der Wissenschaften eröffnet und Akademien, Bibliotheken sowie Observatorien gegründet. Professoren aller Disziplinen würden dabei nicht nur im eigenen Land zusammengezogen, sondern auch in die portugiesischen Provinzen gesandt, um die neuen Entdeckungen dorthin zu transferieren und die Provinzen beständig durch Erweiterungen ihres Wissens zu bereichern. Dadurch habe der König eine Möglichkeit gefunden, die Landkarte der Welt zu vergrößern und einen Weg eröffnet – zudem einen unblutigen –, um zu einer neuen Art des triumphalen Ruhmes zu gelangen.[204]

Bianchini betont die neue Art der Herrschaftsführung Johanns V. Während dessen Vorgänger vor allem mittels blutiger Eroberungskriege die Macht

202 Als erstes Goldenes Zeitalter gilt in Portugal die Regierungszeit König Emanuels I. (1495–1521), unter dessen Herrschaft die Entdeckung des Seeweges nach Indien und der Aufbau eines portugiesischen Kolonialreichs gelungen waren.

203 Vgl. zum Folgenden Bianchini 1996, S. 6–8.

204 „Invenisti quo pacto extenderes Orbem Terrarum, & pervium faceres novo generi triumphalis gloriae, ejusque incruentae." Bianchini 1728, S. IV. Vgl. Bianchini 1996, S. 6.

Portugals vergrößert hätten, habe Johann V. einen neuen, friedlichen Weg gefunden, den Ruhm des Landes zu mehren – und zwar die Produktion und den Transfer von Wissen und Wissenschaft. Das Wohlergehen der Untertanen sei das Ziel von dessen aufmerksamer Fürsorge „nicht nur durch eine segensreiche Durchsetzung von Gerechtigkeit, Sicherheit und Frieden, sondern ebenso durch die Kultivierung und Weiterentwicklung aller Bereiche der Wissenschaften".[205]

Es waren die enormen Goldfunde in Brasilien, die Portugal erneut ein im wahrsten Sinne des Wortes goldenes Zeitalter bescherten. Sie ermöglichten die Investition von nahezu unbegrenzten Mitteln in die Repräsentation des Staates, die Errichtung prächtiger Bauten und die Förderung von Wissenschaft und Kultur.[206] Allerdings beeilt sich Bianchini zu betonen, dass der König das Beispiel seiner Vorfahren nicht ablehne – dies habe er beispielsweise durch seine großzügige Unterstützung im Konflikt um Korfu bewiesen, als er geholfen habe, Italien von der Tyrannei der Barbaren zu befreien.[207] Im Jahre 1716 hatte Johann V. den Kirchenstaat militärisch dabei unterstützt, die Belagerung der zur Republik Venedig gehörenden Insel Korfu durch die Türken zu beenden.

Im Falle Francesco Bianchinis leistete Johann V. finanzielle Unterstützung für dessen astronomische Forschung. Bianchinis Biograph Alessandro Mazzoleni berichtet, der König – „Förderer der Wissenschaften und Schönen Künste" – habe Bianchini großzügig bezahlt, noch bevor er ein Exemplar des ihm gewidmeten Werkes über die Venus erhalten habe; er leistete folglich eine Art Druckkostenvorschuss.[208] Mazzoleni zufolge hätte sich Bianchini noch viel von diesem Monarchen versprechen können, doch dazu kam es nicht mehr, da er schon wenige Monate nach der Buchpublikation verstarb. Bianchini, der den portugiesischen König auch als „Maecenas, oder vielmehr mein Augustus"[209] bezeichnet, formuliert in seiner Widmung:

> „Ich beabsichtige daher, diese Beobachtungen dem verheißungsvollen Namen Eurer Majestät zu widmen, damit die Zeitgenossen und Nach-

205 Bianchini 1996, S. 8.

206 Diese repräsentativen Aufgaben umfassten u. a. die Errichtung des Klosterpalastes von Mafra, die Stiftung einer Bibliothek für die Universität Coimbra, die Initiierung einer Königlichen Akademie für Geschichte sowie die Gründung einer portugiesischen Künstlerakademie in Rom.

207 Bianchini 1996, S. 6.

208 „Mostrò inoltre Sua Maestà tal propensione verso Monsignore, che ancor prima di ricevere il libro gli fece capitar in mano una liberal ricompensa di moneta effettiva, quasi caparra della regia munificenza, onde l'animo reale di quel Monarca ridondava in prò del grand'uomo, che certamente poteva di molto compromettersi da quel Re ristoratore delle scienze, e delle belle arti, e sì benemerito della Religione Cattolica. Ma Dio benedetto chiamò a se l'anno seguente il buon Prelato." Mazzoleni 1735, S. 114.

209 Bianchini 1996, S. 7.

> fahren erfahren, dass diese meine Entdeckungen – was auch immer sie wert sind – unter solch einer bedeutenden Patronage gemacht wurden [...]. So wie Galilei, der sich dadurch hervorgetan hat, dass er die vier kleinen Jupiter umgebenden Sterne beobachtet und sie nach den Medici benannt hat, und wie Cassini, der dank der fünf Monde des Saturn, die er unter der Patronage Ludwigs XIV. entdeckte, zu Ruhm gelangte, wird mir entsprechend erlaubt sein, dies im Falle des kürzlich beobachteten Morgen- und Abendsterns zu versuchen: nämlich Eurer glorreichen Patronage sozusagen ein bleibendes Denkmal zu setzen."[210]

Geschickt gelingt es Bianchini, nicht nur seinem großzügigen Patron zu huldigen, sondern auch sich selbst höchst vorteilhaft in eine Reihe mit den zwei berühmtesten italienischen Astronomen des 17. Jahrhunderts zu setzen. In der Widmung des *Sidereus Nuncius* an Großherzog Cosimo II. de' Medici hatte Galileo Galilei eine hierarchische Ordnung erstellt zwischen „Künstlern, die ihrem Fürsten mit vergänglichen Kunstgegenständen dienen, Schriftstellern, die ihrem Mäzen ‚literarische Denkmäler' schenken, und Naturphilosophen wie ihm selbst, die ihrem Fürsten ihre Naturentdeckungen bieten können – in diesem Fall die Jupitermonde".[211] Letztere galten in seinen Augen den anderen als überlegen, da die Entdeckungen im Bereich der Natur die langlebigsten seien; das Geschenk wird durch den Aspekt der Ewigkeit besonders kostbar.

Bianchini wird Galileis Ansicht unzweifelhaft geteilt haben. Von der ersten Idee, das Traktat über die Venusflecken Johann V. zu widmen, bis hin zur Veröffentlichung vergingen mehrere Jahre. Bianchini äußerte diesen Wunsch offenbar schon im Sommer 1726, woraufhin ihm Giovanni Battista Carbone im September antwortete:

> „Was das Instrument sowie das Buch über Eure neuen Beobachtungen des Planeten Venus betrifft, die Ihr Seiner Majestät widmen möchtet: zögert nicht, ihm dies vorzuschlagen, denn ich versichere Euch, dass diese aufgrund der Wertschätzung, die der genannte Herr Euch und Euren Arbeiten entgegenbringt, von ihm angenommen werden."[212]

Ein gutes Jahr später erhielt Bianchini per Brief vom 30. November 1727 vom portugiesischen Staatssekretär Diego di Mendozza (portugiesisch: Diogo de

210 Bianchini 1728, S. VIf. bzw. Bianchini 1996, S. 7f.
211 Feldhay 2009, S. 88.
212 „In quanto alla machina, e libro, che V[ostra] S[ignoria] Ill[ustrissi]ma vuol offerire a S[ua] M[aest]à sopra le nuove osservazioni da lei fatte nel Pianeta Venere; non dubiti pure d'offerirlo, poiche l'assicuro, che, attesa la stima, che il d[et]to Sig[nor]e fà della sua persona, e delle sue cose, l'hà da gradire." Giovanni Battista Carbone an Francesco Bianchini (Lissabon, 11. 9. 1726). BVR, U. 16, fol. 380v.

Mendonça) die Mitteilung über die grundsätzliche Genehmigung Johanns V., das Traktat unter dessen Protektion zu veröffentlichen.[213] Im September 1728 schickte Bianchini die inzwischen ausgearbeitete lateinische Widmung an Mendozza und Carbone[214] und bat um eine genaue Revision und Abnahme des Widmungstextes durch den Staatssekretär, da vor Ort in Rom inzwischen kein Minister mehr sei, an den er sich in dieser Angelegenheit wenden könne.[215] Der Hintergrund dieser Äußerung ist eine diplomatische Krise zwischen Rom und Portugal, auf die an späterer Stelle noch genauer eingegangen wird.

Bezüglich des Widmungstextes gab Carbone Bianchini die Rückmeldung, er habe keine Zweifel, dass der König mit dieser Widmung zufrieden sei, allerdings rate er ihm zu einigen formalen Änderungen:[216] Er hätte mit einem Experten des Hofes in Lissabon gesprochen und sei zu der Ansicht gekommen, dass es angebracht sei, den König nicht nur mit „Serenissimo", sondern entweder mit „Invictissimo, ac Potentissimo" oder „Sacra Regia Majestas" anzusprechen. Außerdem würde er empfehlen, bei der Erwähnung Ludwigs XIV. nicht

213 „Nel benignissimo foglio di V[ost]ra Ecc[ellen]za in data delli 30. Novembre resomi jeri, hò ricevuta la maggior grazia, e consolazione, che io potessi aspettare, vedendo in quello così bene appoggiati dalla sua protezione appresso la clemenza di Sua Maestà i sentimenti di profondissimo rispetto espressi nella mia dedicatoria, che ne abbia riportato a mio favore i contrasegni del Reale gradimento, ed approvazione, accordandomi la permissione di pubblicarla sotto così augusti auspici." Francesco Bianchini an Diego di Mendozza (Rom, 22.1.1728). BVR, S.82, fol. 165r.

214 Lettera Dedicatoria Latina di Monsig[no]r Francesco Bianchini al Rè di Portogallo Giovanni V. trasmessa al Sig[no]r Co[nte] D[iego] di Mendoza, ed al P[adre] Carbone (Rom, 30.9.1728). BVR, S.82, fol. 243r–257r.

215 „Annesso ancora le offerirà l'altro foglio che contiene la suddetta Dedicatoria, acciocchè passi sotto gli occhi purgatissimi della Ecc[ellen]za V[ostr]a prima di darla alle stampe: non essendo rimasto quì Ministro Regio a cui possa ricorrere per questa revisione ed approvazione." Francesco Bianchini an Diego di Mendozza (Rom, 30.9.1728). BVR, S.82, fol. 252v–253r.

216 „Non dubito, che S[ua] M[aest]à abbia a dichiararsi ben soddisfatta della Dedicatoria, essendo nel suo genere perfettissima [...]. Non voglio conchiuder questa lettera senza suggerire a V[ostra] S[ignoria] Ill[ustrissi]ma quelche hó giudicato da varie circostanze, e notizie quì avute in questo tempo, che sono stato in Lisbona, circa il titolo della Dedicatoria; e molto più mi sono confermato à suggerirlelo dopo d'aver sù di ciò preso il parere d'un cavaliere assai erudito di questa Città, e intelligente delle materie di Corte. Quelche hó giudicato è che non si ponga il titolo di Serenissimo, mà più tosto in suo luogo Invictissimo, ac Potentissimo ecc. o pure mutando totalm[en]te il titolo cominciar per l'invocazione, Sacra Regia Majestas, e poi la firma corrispondente nel fin della dedicatoria [...]. L'istessa confidenza mi da adito a suggerirle, che quando nomina Luiggi XIV, non gli dia il titolo di Grande, poiche parlando V[ostra] S[ignoria] Ill[ustrissi]ma nella dedicatoria col Rè di Portogallo, egli potrà non gustare, che si dia à quel Rè di Francia il tal titolo, non dato, nè accetato dagli altri Rè, che solo lo riconoscono per Luiggi XIV, non già per Luiggi il Grande." Giovanni Battista Carbone an Francesco Bianchini (Lissabon, 1.12.1728). BVR, U.16, fol. 412r–413v.

den Zusatz „der Große" zu verwenden, denn schließlich richte sich die Widmung an den König von Portugal – und dieser würde es vermutlich nicht schätzen, wenn der französische König mit diesem Titel angesprochen werde, der von den anderen Königen nicht akzeptiert sei und die ihn nur als Ludwig XIV. anerkennen, jedoch nicht als Ludwig den Großen.

Ein weiterer Hinweis Carbones betraf den Sieg bei Korfu, der nur allgemein erwähnt werden sollte, da dieser schon in so vielen anderen Werken gefeiert worden sei, dass es der König vorziehe, wenn darüber nicht erneut geschrieben werden würde.[217] Da Bianchini in der Druckfassung des Traktats sämtliche Änderungsvorschläge Carbones berücksichtigt hat, wird die Widmung bei Johann V. sicher auf uneingeschränkte Zustimmung gestoßen sein.[218]

### Das Frontispiz

Das Frontispiz des Traktats ist von Stefano Pozzi (1699–1768) gezeichnet und von dessen Bruder, Rocco Pozzi (1701–1774), in Kupfer gestochen worden (Bild 40). Im Zentrum einer pyramidal angeordneten Figurengruppe sitzt eine weibliche Figur auf einem steinernen Sockel. Sie trägt einen Brustharnisch mit einer Medusenmaske sowie einen Helm und ist als Minerva, die Göttin des Handwerks, der Künste und der Weisheit, zu identifizieren. Mit ihrer linken Hand stützt sie ein ovales Porträt des portugiesischen Königs Johann V., was aus der Sockelinschrift ersichtlich wird. Oberhalb der Minerva schwebt eine weibliche geflügelte Figur herbei – Fanfare und Lorbeerkranz weisen sie als Allegorie des Ruhmes aus. Fragend blickt sie zu Minerva, welche sie mit einer Zeigebewegung des rechten ausgestreckten Armes anweist, die ruhmreichen neuen Erkenntnisse über die Venusflecken zu verbreiten.

Am rechten Bildrand ist die Allegorie der Astronomie erkennbar, zu deren Füßen ein Fernrohr, ein Stechzirkel und eine Tafel mit mathematischen Berechnungen liegen. Sie tritt an das Podest heran und reicht mit ihrer rechten Hand eine Armillarsphäre der Venusphasen zum Porträt Johanns V. Am linken Bildrand steht Atlas – gebeugt unter seiner schweren Last – mit einem Himmelsglobus auf seinem Rücken, der anhand der Sternkonstellationen als der

217 „[...] Vittoria di Corfú, e metterla solo in generale; perche è stata tanto, e tanto in varii libri decantata secondo l'hà portato l'occasione, che intesi dire, che già non gustava più S[ua] M[aest]à che se ne parlasse." Giovanni Battista Carbone an Francesco Bianchini (Lissabon, ohne Datum; muss nach dem 8.11. und vor dem 23.12.1728 verfasst worden sein). BVR, U.16, fol. 152r.

218 Die Widmung (Epistola Dedicatoria) beginnt mit der Anrede: „JOANNI V. Invictissimo ac Potentissimo Lusitaniae, Algarbiorum, etc. Regi". Bianchini 1728, S. III.

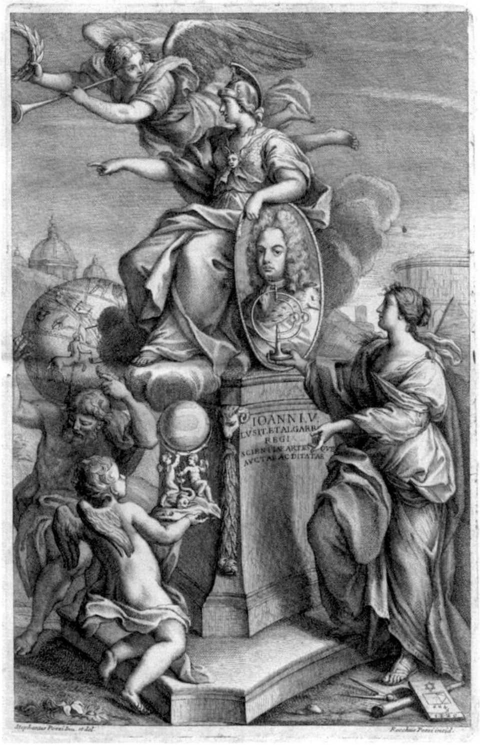

Bild 40 Rocco Pozzi nach einer Zeichnung von Stefano Pozzi, Frontispiz, in: Francesco Bianchini, Hesperi et Phosphori, Rom 1728.

berühmte Farnese-Globus zu identifizieren ist, der ebenfalls Gegenstand von Bianchinis astronomisch-chronologischen Studien war.[219]

Im Vordergrund kniet ein geflügelter Putto auf der Basis des Steinsockels. Sein Blick ist auf das Porträtmedaillon Johanns V. gerichtet, während er mit den Händen dem König wie zum Geschenk eine kleine Skulpturengruppe entgegenhält. Die Plastik besteht aus zwei Putti, die einen Globus mit den Venusflecken in die Höhe halten, sowie einem Delphin zu ihren Füßen. Im Bildhintergrund sind verschiedene Architekturelemente dargestellt, mittels derer sich die Szenerie in Rom verorten lässt: links sind die Kuppeln von St. Peter erkennbar, rechts verschiedene antike Architekturen wie die Cestius-Pyramide.

Es ist davon auszugehen, dass Bianchini das Bildprogramm des Frontispizes selbst vorgegeben hat. Die antiken Bauwerke im Hintergrund stellen den Bezug zu seiner Tätigkeit als Archäologe und Altertumswissenschaftler in Rom

219 Bianchinis Abhandlung *Globus Farnesianus* wurde posthum von seinem Neffen Giuseppe Bianchini publiziert. Giuseppe Bianchini: Demonstratio historiae ecclesiasticae quadripartiae. Comprobatae Monumentis pertinentibus ad fidem temporum et gestorum, Rom 1752. Vgl. auch Sölch 2005, S. 82.

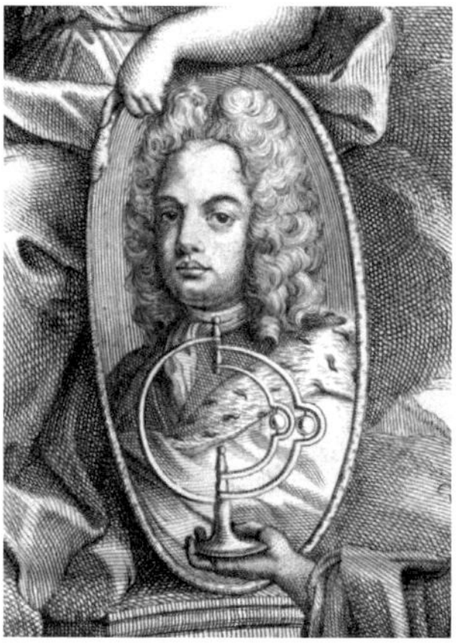

Bild 41 Porträt König Johanns V., Detail aus Bild 40.

her, während die Figurengruppe im Vordergrund seine Leistungen als Astronom würdigt. Mit der Venusglobus-Skulptur und der Armillarsphäre der Venusphasen sind zudem zwei astronomische Instrumente dargestellt, die Bianchini tatsächlich Johann V. zum Geschenk gemacht hatte, wie an späterer Stelle noch detailliert ausgeführt wird.

Das Porträt seines Patrons Johann V., der seine astronomischen Studien förderte und dem das Traktat gewidmet ist, durfte in dem Figurenensemble des Frontispizes verständlicherweise nicht fehlen (Bild 41). Bianchini hatte Carbone zuvor um eine Bildvorlage für das Porträt gebeten, doch Carbone fand kein geeignetes Bild:

> „Ich habe mit Sorgfalt nach einem in Kupfer gestochenen Porträt gesucht, aber hier ist keines zu finden, das dem Original ähnelt. Ich weiß, dass der König plant, ein absolut perfektes [Porträt] anfertigen zu lassen, da er auf eigene Initiative einen sehr guten Kupferstecher hat nach Lissabon kommen lassen, aber ich weiß nicht, wann das sein wird. Daher rate ich Euch dazu, irgendeines zu nehmen, das Euch am geeignetsten für Euer Werk erscheint, denn es wird keinerlei Verwunderung bei Seiner Majestät oder anderen dieses Hofes auslösen, wenn es dem Original nicht sehr ähnlich ist, da man hier nicht einmal besonders ähnliche mit dem Pinsel gemalte findet; und hier sind verschiedene [Porträts] im Umlauf, die ihm wenig oder gar nicht ähneln."[220]

220 „Hò fatto diligenza per trovare un ritratto in stampa di rame di S[ua] M[aes]tà, mà quì non se ne trova alcuno simile all'Originale […]. Só che S[ua] M[aes]tà, avendo fatto venir a Lisbona a conto suo un ottimo intagliatore, hà in pensiero di farne far uno di tutta perfezione, mà non só quando sarà. Per tanto giudico, che per ora V[ostra] S[ignoria] Ill[ustrissi]ma ne prenda alcuno, che le parerà più a proposito

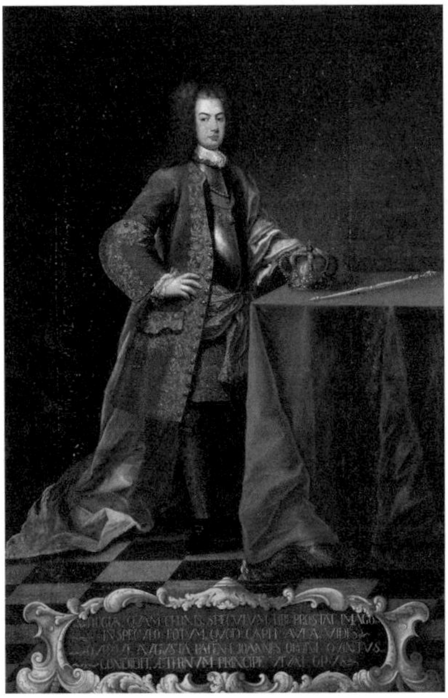

Bild 42 Giorgio Domenico Duprà (zugeschrieben), Porträt König Johanns V., um 1725, Universitätsbibliothek, Coimbra.

Ein Vergleich des Frontispiz-Porträts mit einem Porträtgemälde Johanns V. (Bild 42) zeigt, dass es zwar Unterschiede in den Augen- und Nasenpartien gibt, aber sich die Darstellungen in diesem Fall zumindest doch ähneln. Bianchinis Korrespondenz im Zusammenhang mit der Widmung und dem Frontispiz des Venustraktats verdeutlicht, wie sehr er darum bemüht war, die Gepflogenheiten des Hofes zu respektieren und jeglichen Faux Pas zu vermeiden. Seine hohen Ansprüche in Bezug auf Präzision und Korrektheit galten erwartungsgemäß nicht nur für das Frontispiz, sondern in gleichem Maße auch für die anderen Teile des Traktats – die wissenschaftlichen Ergebnisse und deren Visualisierungen.

### Die Tafeln I bis IX

Den Anhang des Traktats bilden zehn zum Teil übergroße ausfaltbare, in Kupfer gestochene Tafeln; die Tafel X mit den Achsschenkeln des Venusglobus ist zuvor bereits beschrieben worden.[221] Die Tafel I wurde in Mezzotinto-Technik aus-

per la sua Opera, poiche non avrà da recar maraviglia alcuna a S[ua] M[aes]tà, e agli altri di questa Corte, se non sarà molto simile al proprio Originale, quando nè pur di pennello se ne trovano quì molto simili; e quì ne corrono varii, che poco, o nulla se gli rassomigliano." Giovanni Battista Carbone an Francesco Bianchini (Lissabon, 6. 5. 1727). BVR, U.16, fol. 386v–387r.

221 Siehe oben S. 85–88.

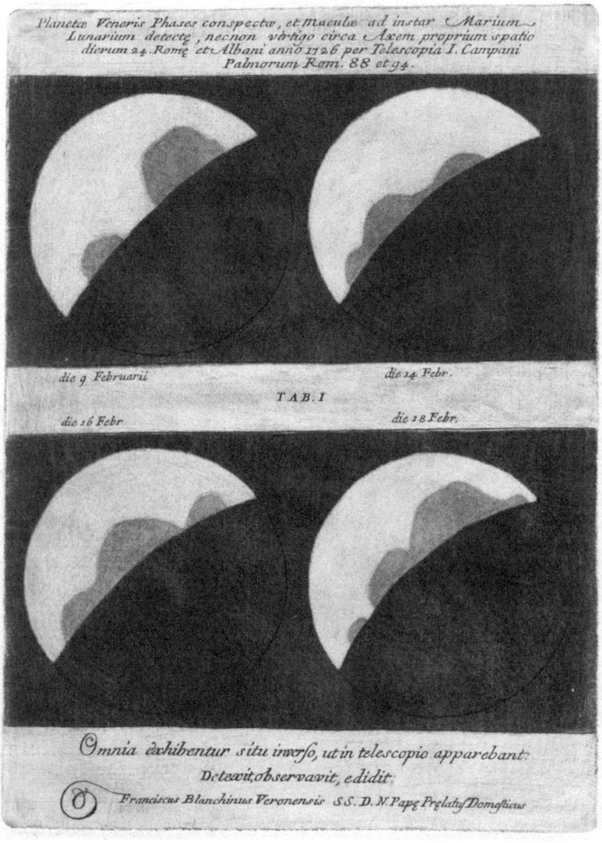


Bild 43 Francesco Bianchini, Hesperi et Phosphori, Rom 1728, Tafel I.

geführt. Im Jahre 1642 hatte Ludwig von Siegen das erste Blatt in dieser auch als Schabkunst bezeichneten Technik hergestellt.[222] Diese beruht auf der gleichmäßigen Aufrauhung der zunächst glatten Kupferplatte, die dadurch von winzigen Zahnvertiefungen überzogen ist. Anschließend wird die Zähnung mit einem Schaber an den Stellen abgetragen, die im Druck heller erscheinen sollen. Durch die unterschiedlichen Höhen der Mikrostruktur der Zähnung kann eine gleitende Halbtonskala vom tiefen Schwarz bis zum reinen Weiß erreicht werden.

Auf der Tafel I (Bild 43) sind auf schwarzem Untergrund vier sichelförmige Darstellungen der Venus erkennbar. Wie die Inschrift am oberen Bildrand

222 Vgl. hierzu Leonhard/Felfe 2006, S. 30f., 56f.

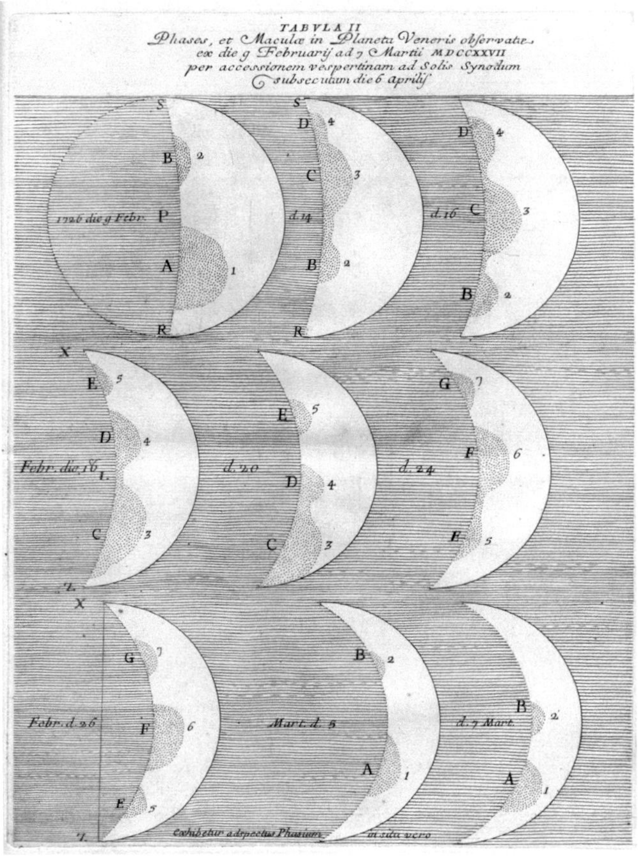


Bild 44 Francesco Bianchini, Hesperi et Phosphori, Rom 1728, Tafel II.

erläutert, hatte Bianchini 1726 in Rom und Albano mit zwei 88 bzw. 94 Palmi[223] (d. h. ungefähr zwanzig Meter) langen Teleskopen Giuseppe Campanis Observationen des Planeten Venus durchgeführt.[224] Die vier Zeichnungen visualisieren die auf der Venusoberfläche beobachteten Flecken am 9., 14., 16. und 18. Februar 1726. Während am 9. Februar zwei deutlich voneinander getrennte Flecken sichtbar waren, erkannte Bianchini am 14. und 16. eine jeweils differierende Dreierformation von Flecken, neben der am 18. ein weiterer kleiner Fleck auftauchte. Am unteren Rand der Tafel verweist Bianchini darauf, dass die Venus

223 Wie im ersten Teil der Arbeit bereits erwähnt, misst ein römischer Palmo (Handspanne) ca. 22,2 cm. Vgl. Bianchini 1996, S. 17.

224 Vgl. ebd., S. 28–32.

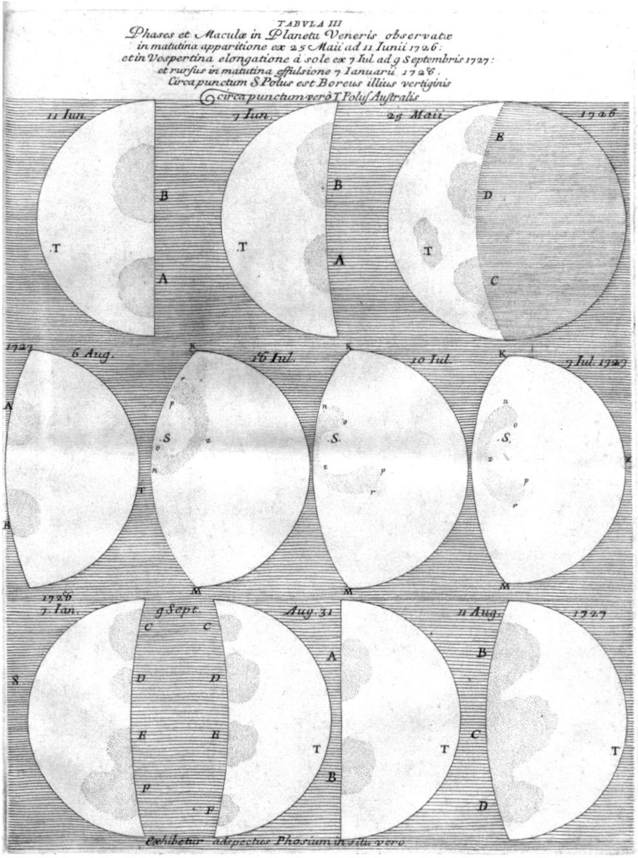


Bild 45 Francesco Bianchini, Hesperi et Phosphori, Rom 1728, Tafel III.

in diesen Zeichnungen genau so dargestellt sei, wie sie im Fernrohr erschien: seitenverkehrt („situ inverso").

Auf den folgenden Tafeln II und III sind die Venusphasen hingegen „in situ vero" visualisiert.[225] Die Tafel II (Bild 44) zeigt die sichelförmige Venus mit den verschiedenen Flecken – bezeichnet mit den Buchstaben A bis G – im folgenden Jahr 1727 erneut am 9., 14., 16. und 18. Februar sowie an vier weiteren Tagen bis zum 7. März 1727. Auf der Tafel III (Bild 45) sind Observationen aus drei verschiedenen Jahren zusammengestellt: Die Serie beginnt rechts oben mit dem 25. Mai 1726 und endet links unten mit dem 7. Januar 1728; dazwischen liegen Darstellungen der Venus vor allem aus dem Sommer 1727.

225 Vgl. ebd., S. 30–33.

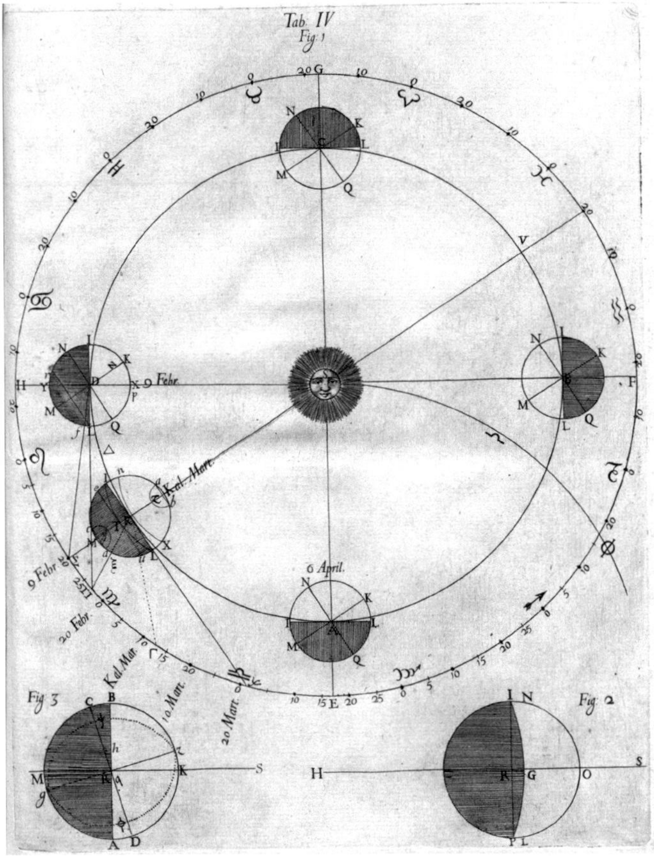

Bild 46 Francesco Bianchini, Hesperi et Phosphori, Rom 1728, Tafel IV.

Während die Tafeln I bis III die Venusflecken in den Mittelpunkt stellen, visualisiert die Tafel IV (Bild 46) die Phasengestalt des Planeten Venus in einem Schema.[226] Im Zentrum dieser sogenannten Planisphäre befindet sich eine stilisierte Sonne, um die sich die Venus dreht und sich dabei – je nach Position – in verschiedenen Phasen zeigt. Bianchini betonte bezüglich der Tafel IV, dass die Venusphasen im tychonischen und kopernikanischen System identisch seien und keines der beiden Systeme widerlegen würden.[227] Die Gründe, weshalb er sich für eine Darstellung im kopernikanischen System entschieden habe, seien vielmehr praktischer Natur: Erstens habe das Diagramm der Planisphäre mit

226 Vgl. ebd., S. 34–42, 71–74.
227 „ut exploratum sit neutri systemati easdem repugnare". Bianchini 1728, S. 37.

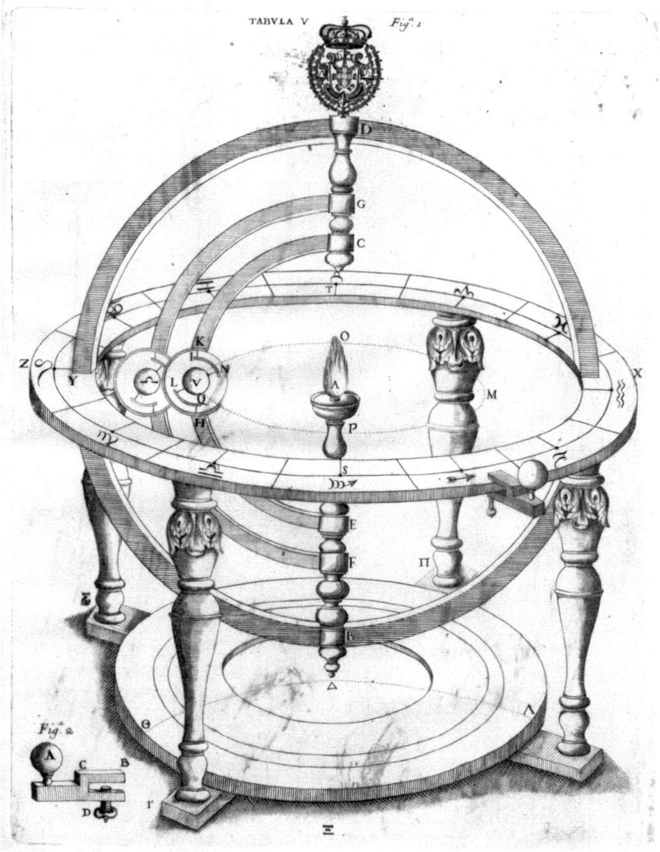


Bild 47 Francesco Bianchini, Hesperi et Phosphori, Rom 1728, Tafel V.

einer sich drehenden Erde weniger Platz benötigt und zur Größe des von den Druckern verwendeten Papiers gepasst; und zweitens seien die Bewegungen so leichter zu berechnen und schneller verständlich, da mit einem kurzen Blick die Umlaufbahnen und ihre Auswirkungen zu erfassen seien.[228]

Die schematische Darstellung wird in der Tafel V (Bild 47) weiterentwickelt zur Visualisierung eines räumlichen Modells der Venusphasen.[229] Der Kupferstich zeigt eine Armillarsphäre, in deren Zentrum eine Flamme lodert als Symbol der Sonne, die Kopernikus als „Leuchte der Welt" bezeichnet hatte. Auch hier kommentiert Bianchini seine Wahl:

228 Vgl. ebd. sowie Bianchini 1996, S. 74.
229 Vgl. Bianchini 1996, S. 56–65.

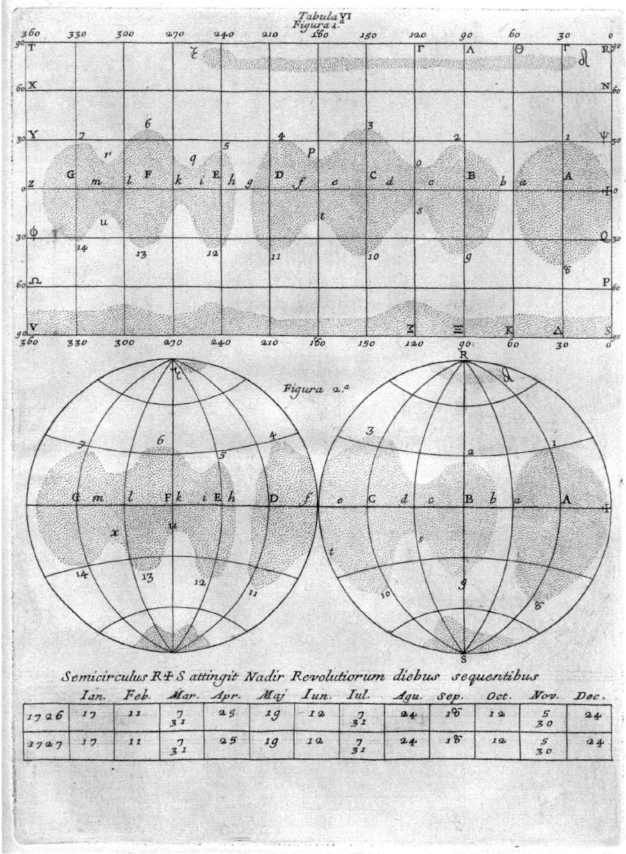


Bild 48 Francesco Bianchini, Hesperi et Phosphori, Rom 1728, Tafel VI.

„Nun bleibt uns nur noch zu entscheiden, aus welcher Position der Betrachter auf der Erde diese Phasen [der Venus] betrachten soll. Mit dieser Armillarsphäre ist es dabei möglich, dies praktisch auf eine Weise zu zeigen, die genauso gut für das tychonische System mit einer unbeweglichen Erde funktioniert wie für das kopernikanische, in welchem sie sich bewegt. Ich betone das, um zu vermeiden, dass irgendjemand denken könnte, dass diese Beobachtungen mehr zu dem einen System passen oder dem anderen vorzuziehen seien."[230]

Bianchinis Argumentationen und Überzeugungen bezüglich seines Weltbildes werden an späterer Stelle noch ausführlicher analysiert.

230 Ebd., S. 59.

Die Tafel VI (Bild 48) fasst Bianchinis Erkenntnisse über die Venusflecken zusammen. Deren Form wird sowohl in einem aufgespannten Koordinatensystem visualisiert wie auch in ihrer Anordnung auf der Planetenkugel.[231] Im Unterschied zur Tafel X sind die Flecken hier allerdings noch nicht mit den Namen versehen, die Bianchini ihnen schließlich gegeben hat. Am unteren Ende der Tafel führt eine schmale Tabelle Daten bezüglich der Observation der Rotation der Venus auf.

Die folgenden beiden Tafeln VII und VIII widmen sich hingegen den für die Beobachtungen verwendeten Instrumenten. Um 1650 galt Eustachio Divini (1620–1685) als der beste Konstrukteur optischer Instrumente Europas. Mit ihm befand sich der römische Teleskopbauer Giuseppe Campani (1636–1715) in einem regelrechten Wettstreit in der Entwicklung neuer Fernrohre.[232] In der zweiten Hälfte des 17. Jahrhunderts gelang es Campani nicht zuletzt dank der Unterstützung des Astronomen Giandomenico Cassini, den Wettstreit mit Divini für sich zu entscheiden.[233]

Nach dem Tod Campanis im Jahre 1715 erhielt Bianchini von dessen Erben die Erlaubnis, die unverkauft im Laboratorium verbliebenen Instrumente für seine Observationen zu nutzen.[234] Dabei waren die unverkauften Fernrohre nicht von minderer Qualität – im Gegenteil: Bianchini stand u. a. Campanis Riesenteleskop mit einer Länge von 150 Palmi (33,30 Meter) zur Verfügung, das Campani ursprünglich für das Pariser Observatorium konstruiert hatte. 1685 wollte es schließlich Königin Christina von Schweden erwerben, doch sowohl das Observatorium als auch die Königin traten aufgrund des hohen Preises vom Kauf zurück.[235] Bianchini konnte für seine Observationen einige der größten und leistungsfähigsten Teleskope seiner Zeit nutzen.

Auf der vom Kupferstecher P. B. signierten Tafel VII (Bild 49) ist ein im Garten der Villa Mondragone aufgebautes Riesenteleskop Campanis dargestellt, neben dem sich zahlreiche Personen versammelt haben. Während eine Person durch das Fernrohr blickt und eine weitere die Halterungskonstruktion bedient, beobachten die anderen das Geschehen oder sind in Diskussionen vertieft. Die Vignette in der rechten oberen Ecke der Tafel ist leer; offenbar wurde das Traktat gedruckt, bevor der Kupferstich vollendet war.

231 Vgl. ebd., S. 82–86.

232 Zu Campani und Divini vgl. Monaco 2000, S. 84–92; Van Helden 1994, S. 25–29 sowie Bedini 1994.

233 Cassini hatte 1665 mit den Teleskopen Campanis den großen roten Fleck auf dem Jupiter entdeckt und dadurch dessen Rotation berechnen können. Auch nach seiner Berufung an das Pariser Observatorium 1669 bediente sich Cassini weiterhin der Fernrohre Campanis, die dieser für ihn anfertigte und nach Paris schickte. Siehe http://www.bo.astro.it/dip/Museum/italiano/can_int.html (15. 3. 2013).

234 Vgl. Monaco 2000, S. 111.

235 Vgl. ebd., S. 104 sowie Bedini 1993, S. 113f.

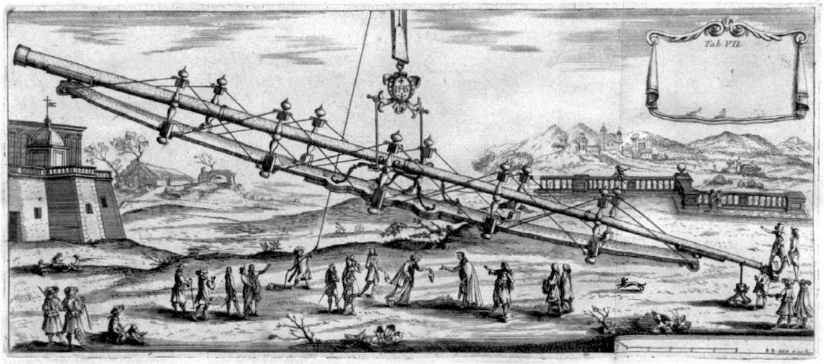

Bild 49 Francesco Bianchini, Hesperi et Phosphori, Rom 1728, Tafel VII.

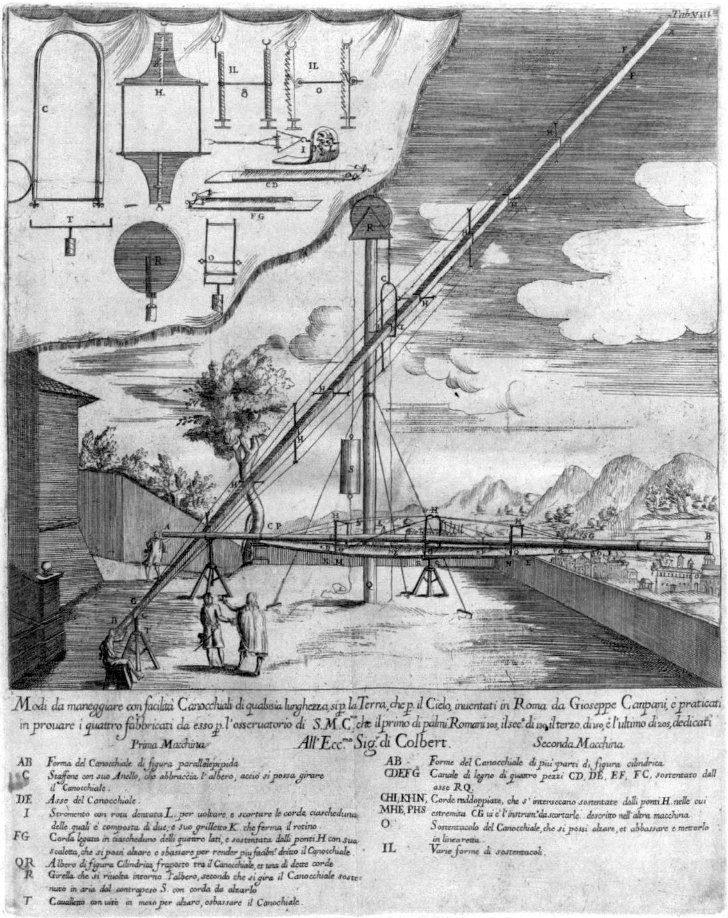


Bild 50 Francesco Bianchini, Hesperi et Phosphori, Rom 1728, Tafel VIII.

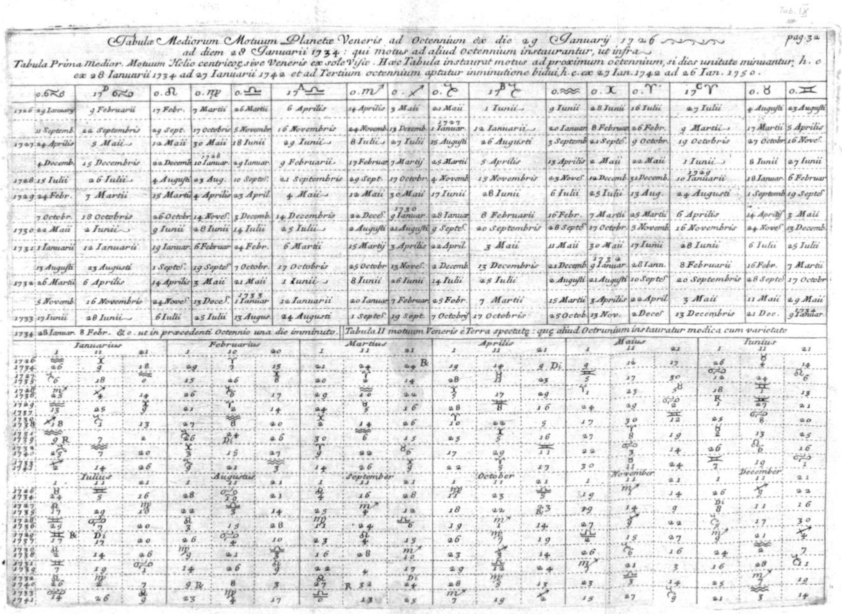


Bild 51 Francesco Bianchini, Hesperi et Phosphori, Rom 1728, Tafel IX.

Auch die Tafel VIII (Bild 50) zeigt ein Riesenfernrohr Campanis. Dieser hatte den Stich 1681 als eine Art Werbeprospekt anfertigen lassen und ihn dem französischen Minister Jean-Baptiste Colbert (1619–1683) gewidmet.[236] In der linken oberen Ecke der Abbildung sind einige Teile der Stützkonstruktion dargestellt. Unterhalb der Zeichnung ist die Widmung an Colbert aufgeführt. In der Legende darunter werden die vier Teleskope mit einer Länge von bis zu 205 Palmi (45,51 Meter) erwähnt, die Campani im Auftrag des Pariser Observatoriums angefertigt hatte. Da auch dieser Verkauf aufgrund des geforderten Preises nicht zustande kam, war das längste Fernrohr in Paris ein ebenfalls von Campani konstruiertes Teleskop mit einer Brennweite von 136 Palmi (30,19 Meter).[237] Obwohl Bianchini im Verlaufe seiner Venusobservationen zunehmend vom Gebrauch der Riesenfernrohre mit schwerem Tubus Abstand nahm und das sogenannte Fernrohr ohne Tubus entwickelte, fügte er seinem Traktat zwei Darstellungen dieser beeindruckenden Instrumente bei, denn die entscheidenden Entdeckungen waren ihm mit Campanis Fernrohren gelungen.[238] Bei der Tafel IX (Bild 51) handelt es sich um eine Tabelle mit der Vorausberechnung der

236 Vgl. Monaco 1983, S. 419.
237 Vgl. Monaco 2000, S. 91.
238 Vgl. Dal Prete 2005, S. 150.

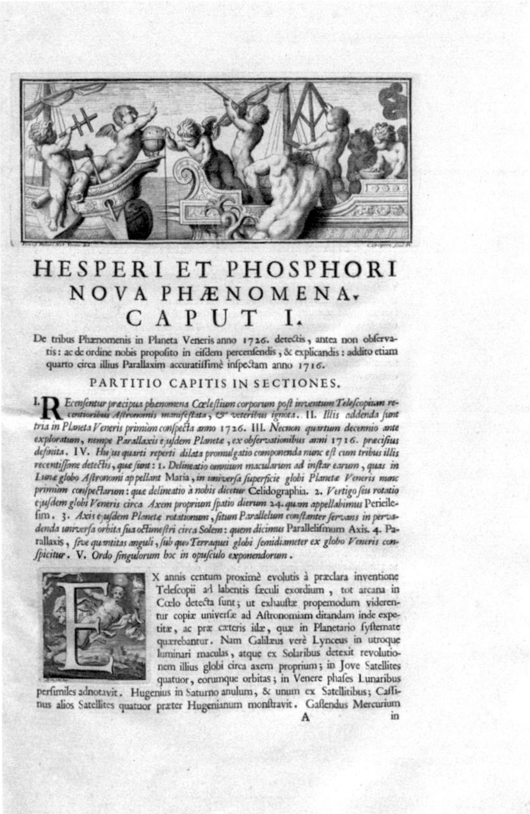

HESPERI ET PHOSPHORI
NOVA PHÆNOMENA.
CAPUT I.

De tribus Phænomenis in Planeta Veneris anno 1726. detectis, antea non observatis: ac de ordine nobis proposito in eisdem percensendis, & explicandis: addito etiam quarto circa illius Parallaxim accuratissimè inspectam anno 1716.

PARTITIO CAPITIS IN SECTIONES.

I. *Recensentur præcipua phænomena Cœlestium corporum post inventum Telescopium recentioribus Astronomis manifestata, & veteribus ignota.* II. *Illis addenda sunt tria in Planeta Veneris primùm conspecta anno* 1726. III. *Necnon quartum decennio ante exploratum, nempe Parallaxis ejusdem Planetæ, ex observationibus anni* 1716. *præcisius definita.* IV. *Hujus quarti reperti dilata promulgatio componenda nunc est cum tribus illis recentissime detectis, quæ sunt:* 1. *Delineatio omnium macularum ad instar earum, quas in Lunæ globo Astronomi appellant* Maria, *in universa superficie globi Planetæ Veneris nunc primùm conspectarum: quæ delineatio à nobis dicetur* Celidographia. 2. *Vertigo seu rotatio ejusdem globi Veneris circa Axem proprium spatio dierum* 24. *quam appellabimus* Pericilesim. 3. *Axis ejusdem Planetæ rotationum, situm Parallelum constanter servans in pervadenda universa orbita sua octimestri circa Solem: quem dicimus* Parallelismum Axis. 4. Parallaxis, *sive quantitas anguli, sub quo Terraquei globi semidiameter ex globo Veneris conspicitur.* V. *Ordo singulorum hoc in opusculo exponendorum.*

EX annis centum proximè evolutis à præclara inventione Telescopii ad labentis sæculi exordium, tot arcana in Cœlo detecta sunt; ut exhaustæ propemodum viderentur copiæ universæ ad Astronomiam ditandam inde expetitæ, ac præ cæteris illæ, quæ in Planetario systemate quærebantur. Nam Galilæus verè Lynceus in utroque luminari maculas, atque ex Solaribus detexit revolutionem illius globi circa axem proprium; in Jove Satellites quatuor, eorumque orbitas; in Venere phases Lunaribus persimiles adnotavit. Hugenius in Saturno anulum, & unum ex Satellitibus; Cassinus alios Satellites quatuor præter Hugenianum monstravit. Gassendus Mercurium

A in

Bild 52 Francesco Bianchini, Hesperi et Phosphori, Rom 1728, Seite 1.

Positionen der Venus im achtjährigen Rhythmus bis zum Jahr 1750.[239] Auf sie folgt die zuvor beschriebene Tafel X mit den Achsschenkeln des Venusglobus.

Die Tafeln in Bianchinis Traktat sind vollkommen frei von jenen helfenden Putti, die im Traktat Maignans noch aufgetaucht waren (vgl. Bild 33). Der Text selbst beginnt allerdings mit einer Vignette, entworfen vom Veroneser Maler Pietro Rotari (1707–1762) und gestochen von C. Gregori, auf der mehrere Putti mit astronomischen Geräten beschäftigt sind, darunter ein Fernrohr, ein Himmelsglobus und verschiedene Winkelmessgeräte (Bild 52). Die Szenerie spielt sich auf zwei Segelbooten ab, die auf die enge Verbindung zwischen der Astronomie und der Seefahrt verweisen, die auch in der Nomenklatur der Venusflecken reflektiert wird. Der entscheidende Unterschied zum 17. Jahrhundert ist, dass die Putti hier nur noch in einer Vignette auftauchen, die zur Verschö-

239 Vgl. Bianchini 1996, S. 145.

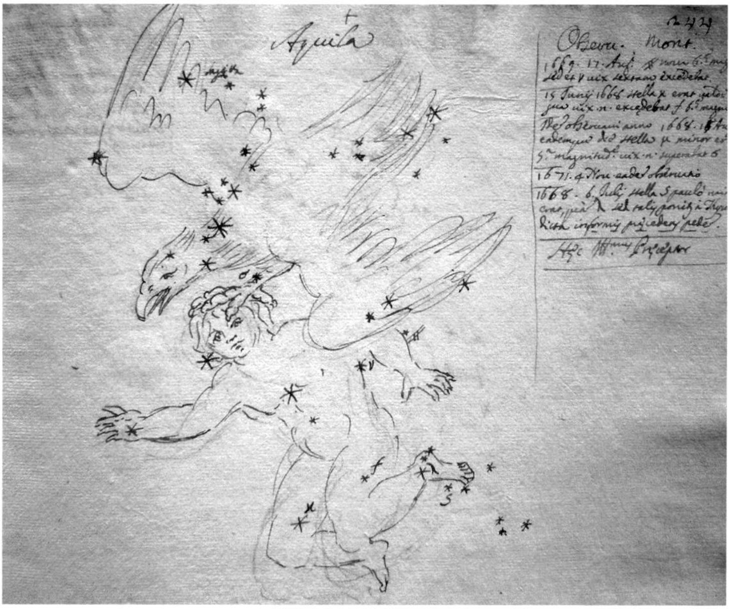

Bild 53 Francesco Bianchini, Sternbild Adler, Tinte auf Papier, um 1680, BCV, cod. CCCLXXXVII, fol. 244.

nerung des Textes beiträgt, aber in den Tafeln des wissenschaftlichen Traktats keine Rolle mehr spielen – als Assistenten im Dienste einer Verifizierung der Erkenntnisse werden sie nicht mehr benötigt.

## 3. Die Originalzeichnungen der Venusflecken

### Erste Sternobservationen

Francesco Bianchini beobachtete und zeichnete den Himmel schon lange bevor er sich dem Planeten Venus zuwandte. In seinem in der Biblioteca Capitolare in Verona aufbewahrten Nachlass liegen Dutzende Zeichnungen von Sternbildern, die er in den 1680er Jahren in Padua angefertigt hat, darunter die des Steinbocks (vgl. Bild 2), des Adlers sowie des Schützen (Bild 53, 54).[240] Bianchini skizzierte

240 Die Sternbilderzeichnungen sind zum großen Teil abgedruckt, jedoch nicht kommentiert bei Tinazzi 2004, S. 422–440. Bianchini führte die „Observationes circa fixas" weiter, die Geminiano Montanari 1668/69 begonnen hatte. Vgl. Uglietti 1986, S. 35.

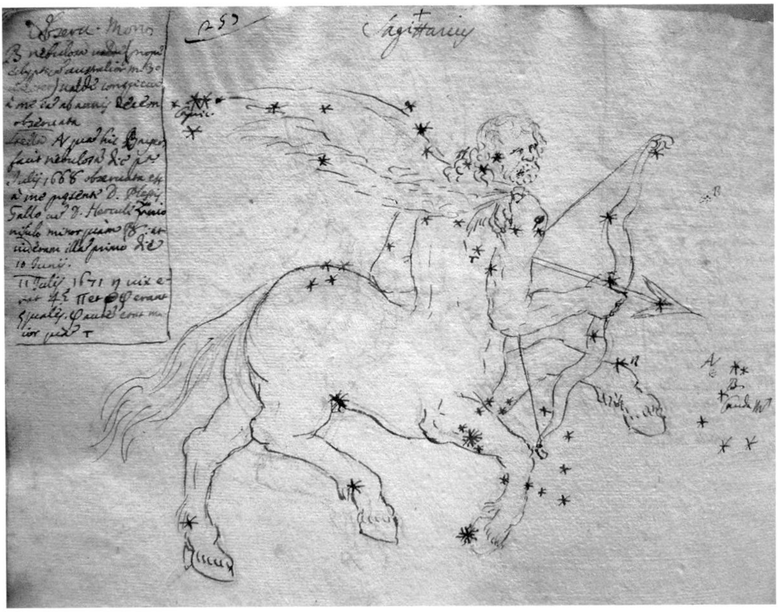


Bild 54 Francesco Bianchini, Sternbild Schütze, Tinte auf Papier, um 1680, BCV, cod. CCCLXXXVII, fol. 259.

auf dem Papier zunächst mit Bleistift und führte die Zeichnungen schließlich mit Feder und brauner Tusche aus; am Rand der Blätter sind stets verschiedene Anmerkungen zu den Sternbildern notiert. Die kleinen stilisierten Sterne, die das Papier besiedeln, geben die Form der figürlichen Sternbilder vor. Bianchinis Darstellungen der Tiere und Fabelwesen verdeutlichen seine beeindruckenden Fähigkeiten als Zeichner, der über eine sichere Strichführung, das Gefühl für Proportionen, Kenntnisse über die Regeln der Perspektive sowie einen durchaus eleganten Zeichenstil verfügte.

Von Beginn an war die zeichnerische Wiedergabe ein zentraler Bestandteil von Bianchinis astronomischen Observationen. Die Sternbilderzeichnungen sind zudem ein Beispiel für eine Art mythologischen Blick in den Himmel, der noch der Tradition verpflichtet war, Sterngruppen nach antiken Fabelwesen zu benennen. Die Nomenklatur des Sternenhimmels änderte sich im 18. Jahrhundert; zunehmend wurden Namen wissenschaftlicher Instrumente gewählt – u. a. das 1756 von Nicolas de Lacaille eingeführte Sternbild Teleskop –, bevor schließlich ganz davon Abstand genommen wurde, Sterne in Bilder zu übersetzen.[241]

241 Vgl. Belting 2007, S. 210.

## Die Entdeckung der Venusflecken

Die erste Observation der Venus unternahm Bianchini im Jahre 1716. Von einem Palast auf dem römischen Palatinhügel aus, der ihm von Papst Clemens XI. zur Verfügung gestellt worden war, beobachtete er den Planeten mit Hilfe eines 23 Palmi (5,11 Meter) langen Fernrohres.[242] Als im Jahre 1724 eine vergleichbare Sternenkonstellation die Gelegenheit zur Überprüfung seiner ersten Messungen bot, verfügte Bianchini bereits über ein wesentlich längeres Fernrohr von 94 Palmi (20,87 Meter) Länge. Neben dem Palatinhügel[243] nutzte er für seine Observationen auch den Palazzo Barberini samt Garten auf dem Quirinalshügel[244] sowie kurzzeitig einen Platz auf dem Esquilinhügel nahe der Kirche S. Pudenziana.[245] Einen weiteren Standort für seine Observationen richtete Bianchini gegenüber der Kirche S. Paolo in der Stadt Albano ein, die fünfundzwanzig Kilometer südöstlich von Rom erhöht in den Albaner Bergen liegt.

Im Februar 1726, zehn Jahre nach der ersten Observation, entdeckte Bianchini erstmals dunkle Flecken auf dem Planeten Venus. Die chronologisch erste gedruckte Darstellung der Venusflecken stammt vom 9. Februar 1726 (vgl. Bild 43). In der Biblioteca Capitolare in Verona werden Bianchinis Originalzeichnungen der Venus aufbewahrt.[246] Darunter befindet sich auch eine Zeichnung vom 9. Februar 1726, die als Vorlage für die gedruckte Fassung der Tafel I gedient haben könnte (Bild 55). Während sich auf der Tafel I die beleuchtete Sichel der Venus jedoch von einem gleichmäßig schwarzen Hintergrund abhebt, ist in der Zeichnung der Planet in seiner Kugelform erkennbar. Bianchini zog zunächst mit Bleistift und Zirkel einen Kreis und zeichnete dann mit einer in schwarze Tinte getauchten Feder. Der unbeleuchtete Teil des Planeten ist mit feinen schwarzen Linien ausgefüllt, im sichtbaren hellen Bereich skizzierte Bianchini mit Punkten die Form der beiden beobachteten Flecken. Durch die Schattendarstellung mittels der parallel und dicht nebeneinander gestaffelten Tintenstriche links und oberhalb des Planeten wird die Kugelform betont. Bianchini zeichnete die Venus „in situ inverso" und damit so, wie er sie durch das Teleskop sah.

Einen Monat nach der ersten Beobachtung der Venusflecken berichtete Bianchini Anfang März 1726 Eustachio Manfredi von seiner Entdeckung und den daraus gewonnenen neuen Erkenntnissen:

242 Vgl. Heilbron 2005, Bianchini, S. 71f.
243 Bianchini 1996, S. 122.
244 Vgl. ebd., S. 109f.
245 Vgl. ebd., S. 28.
246 BCV, cod. CCCCXXXIV.

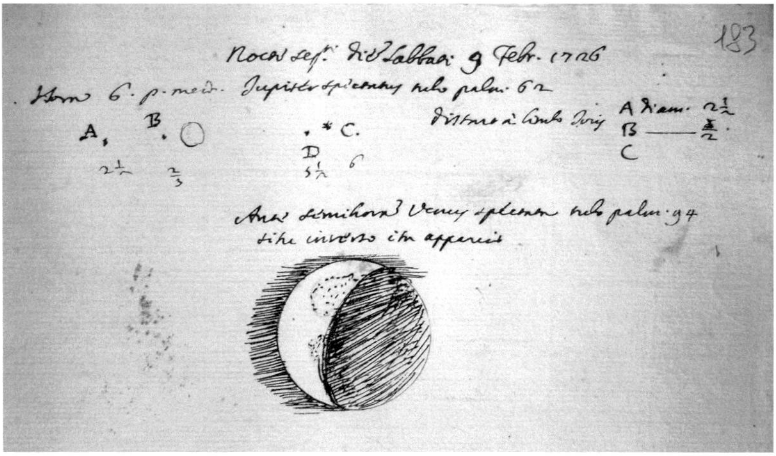

Bild 55 Francesco Bianchini, Venus am 9. Februar 1726, Tinte auf Papier, BCV, cod. CCCCXXXIV, fol. 183r.

„In meinem Wohnsitz in Albano ist es mir gelungen, eine Entdeckung zu machen, die es verdient, veröffentlicht zu werden, denn es fällt mir schwer zu glauben, dass dies schon jemandem zuvor gelungen ist. Es handelt sich um die Umdrehung der Venus um ihre eigene Achse, die nicht in 23 Stunden abläuft, wie ich es bei zwei englischen Autoren, den berühmtesten der modernen Astronomie, geschrieben finde, sondern vielmehr in 24 Tagen. Mit einem Fernrohr Campanis von 90 Palmi, das ich in Albano habe, da ich dort einen geeigneten Platz gefunden habe, um es aufzubauen und zu benutzen, ist es mir an mehreren Observationsabenden gelungen – und auch durch weitere Observationen, die ich bis gestern Abend hier in Rom mit einem 22 Palmi langen Fernrohr, ebenfalls von Campani, durchgeführt habe –, mir dies ausreichend zu verdeutlichen. Tatsächlich bin ich mir sicher, dass man dies mit einem 40- oder 50-Palmi-Fernrohr nicht erkannt hätte: und mit diesem 90-Palmi-Teleskop müssen noch viele Observationen vorgenommen werden, um Evidenz zu erreichen. Man muss die geeignete Uhrzeit wählen, die ungefähr eine dreiviertel Stunde nach Sonnenuntergang war, als auf der Venus mit dem 90-Palmi-Teleskop Flecken sichtbar waren, die jenen sehr ähnlich sind, die man mit bloßem Auge auf dem Mond erkennen kann und die Mondmeere genannt werden. […] Mit dieser Sorgfalt habe ich erkannt, dass vom 9. Februar bis zum gestrigen 5. März eine Umdrehung abgeschlossen ist, denn die Flecken (die ich nach unserem Verständnis wie die Mondmeere bezeichne) waren jeden Abend den vierundzwanzigsten Teil der Umdrehung vorangekommen und vollzogen innerhalb

> von drei Stunden keine erkennbare Bewegung, obwohl klar ist, dass sie – wenn sie in 23 Stunden eine volle Achsumdrehung machen – in weniger als drei Stunden ein Achtel der Umdrehung vollziehen müssten: und das hätte deutlich wahrnehmbar sein müssen, wenn es denn so gewesen wäre. Ich weiß nicht, welche Beobachtungen diejenigen gemacht haben, die die Achsrotation mit 23 Stunden angegeben haben, und ebensowenig, welche Instrumente sie dazu verwendet haben. Ich vermute, Fernrohre von 30 Palmi, aber diese Länge ist nicht ausreichend, um diese Art von Flecken deutlich zu erkennen [...]. Wenn Ihr gelesen haben solltet, welcher Beobachter die Rotation um die eigene Achse innerhalb eines Tages ermittelt hat und mit welcher Observationsserie, wäre ich Euch sehr dankbar, wenn Ihr mir mitteilen könntet, wo man diese Beschreibung findet."[247]

Bianchini war folglich bereits nach weniger als einem Monat fest davon überzeugt, dank seines leistungsfähigen Teleskops die Venusflecken ausreichend deutlich gesehen zu haben, um aufgrund ihrer Bewegungen die Rotations-

247 „Nella mia dimora in Albano mi è riuscito di fare una scoperta, che merita di esser posta in luce, perche duro fatica a credere, che altri l'abbia prima potuta fare. Questa è la rivoluzione di Venere circa il suo Asse non in tempo di ventitre ore, come ritrovo scritto in due Autori Inglesi i più celebri nella moderna Astronomia ma in tempo di ventiquattro giorni. Con un cannocchiale del Campani di novanta palmi che hò in Albano, avendo ritrovato sito comodo per collocarlo, e maneggiarlo in più sere di osservazioni, e con alcune altre che hò fatte sino a ieri sera qui in Roma con cannocchiale similmente del Campani di 22 palmi mi è riuscito di chiarirmene abbastanza. Il fatto son sicuro che non poteva difinirsi con cannocchiale di quaranta o cinquanta palmi: e con quesi di novanta bisogna ancora osservare molte circostanze per averne la evidenza. Bisogna sciegliere l'ora aproposito che era trè quarti d'ora in circa dopo tramontato il sole quando in Vennere si scoprivano con il cannocchiale di 90 palmi macchie similissime all'Aspetto di quelle che ad'occhio nudo guardando la Luna diciamo mari lunari [...]. Con queste diligenze dal dì 9 Feb[ra]ro sino a ieri 5 Marzo ò conosciuto che una rivoluzione sia per l'appunto terminata avendo vedute le machie (che hò dette a guisa di mari lunari secondo il nostro intendere) ogni sera avanzare una ventiquatresima parte del giro e avendo osservato che in tre ore le machie non facevano giro sensibile: e pure è certo che se in 23 fanno tutto il giro del globo, doverebbero in meno di trè ore fare la ottava parte del giro: il che doveva sensibilmente apparire se vi fosse stato. Quelli che hanno definito la rivoluzione circa l'Asse farsi in ore 23, io non sò di quali osservazioni si siano serviti, ne con quali organi fatti l'abbiano. Suppongo che con cannocchiali di 30 palmi ma questa lunghezza non è sufficiente a poterci conoscere quella specie di machie distintamente [...]. Se V[ostra] S[ignoria] Ill[ustrissi]ma avesse letto quale osservatore, e con quale filo di osservazioni abbia stabilito questo giro circa il suo asse in un giorno, io averci per sommo favore che mi dasse notizia ove si ritrovi questa descrizione." Francesco Bianchini an Eustachio Manfredi (Rom, 6. 3. 1726). BVR, U.20, fol. 168r–169v.

periode des Planeten bestimmen und ein differierendes Ergebnis korrigieren zu können. Im Laufe der folgenden Monate sollten diese ersten Berechnungen durch weitere Beobachtungen bestätigt bzw. präzisiert werden. Dass sich Bianchini bezüglich der exakten Form der Flecken allerdings nicht sofort sicher war, wird anhand seiner Venuszeichnungen deutlich.

### Die Zeichnungen vom Februar 1726

Bianchini hielt die im Februar 1726 durch das Teleskop beobachteten Venusflecken in mehreren Zeichnungen fest. Dabei handelt es sich vor allem um die am 9., 14., 16. und 18. Februar durchgeführten Observationen, die schließlich auch als Tafel I im Traktat erschienen (vgl. Bild 43). Bianchini bereitete die Blätter meist vor, indem er mit dem Zirkel mehrere Kreise gleicher Größe zog, in die er anschließend die Flecken einzeichnete. Dass deren Form und Lage offenbar nicht sofort eindeutig zu bestimmen waren, zeigt sich im Vergleich seiner Zeichnungen.

In einer Skizze hat Bianchini die vier Kreise, in deren Mitte jeweils der Einstich des Zirkels erkennbar ist, durch eine mit Bleistift gezogene Diagonale zunächst halbiert (Bild 56). Durch eine weitere Zirkelbewegung teilte er den beleuchteten Teil der Venus ab: vom 9. bis zum 18. Februar wurde die Venussichel immer schmaler. Bis hierhin bestanden für Bianchini keine Unsicherheiten – diese begannen erst mit der Visualisierung der Flecken. In einem ersten Schritt skizzierte Bianchini die Flecken mit Bleistift, anschließend zeichnete er ihre Umrisse mit kleinen Strichen in schwarzer Tinte nach und füllte sie mit schwarzen Punkten und Strichen aus. In einem dritten Schritt griff er zum Rötel und nahm Korrekturen vor – so rückte der kleine Fleck in der Zeichnung vom 9. Februar näher an den großen Fleck heran.

Diese neue Position wird auf einem anderen Skizzenblatt bestätigt (Bild 57). Erneut versuchte Bianchini, auf dem Papier festzuhalten, was er an den erwähnten Tagen im Februar 1726 durch das Fernrohr gesehen hat. Die durch die Zirkeleinstichstelle gezogene Diagonale ist an ihren Schnittpunkten mit dem Kreis mit den Buchstaben S und R markiert, die gedachte Diagonale im rechten Winkel dazu schneidet den Kreis an den Markierungen Q und T. Auch die Flecken sind mit Buchstaben und Ziffern bezeichnet, so dass ihre Wanderbewegung auf der Venusoberfläche deutlich wird. Das Meer A bzw. I ist nur am 9. Februar sichtbar, während am 14. und 16. die Flecken B, C und D zu sehen sind, zu denen schließlich am 18. der Fleck E hinzukommt. Die Umrisse der Flecken wurden auch auf diesem Blatt zunächst mit Bleistift skizziert und anschließend mit schwarzer Feder durch kurze Striche markiert. Die zwei Flecken vom 9. Februar sind erneut mit kleinen Punkten ausgefüllt. Doch dann entschied sich Bianchini für eine andere Malweise und griff zum Pinsel, um die

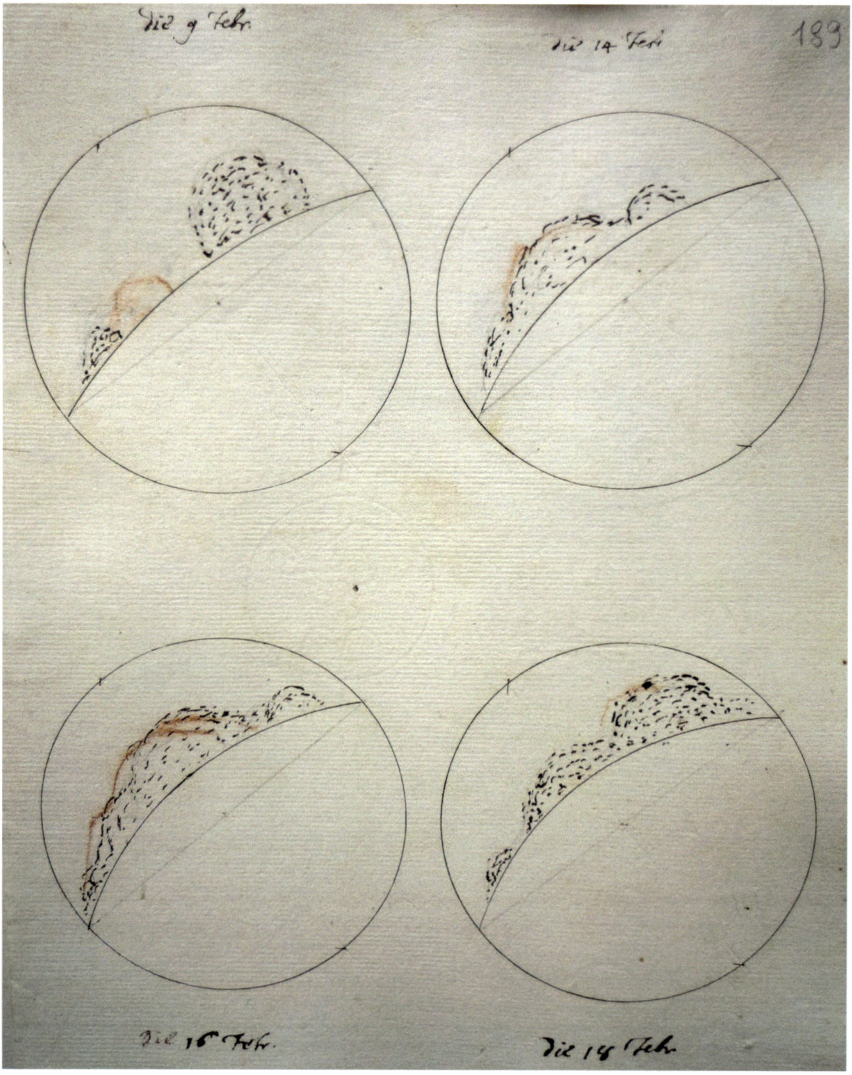


Bild 56 Francesco Bianchini, Venus am 9., 14., 16., 18. Februar 1726, Bleistift, Tinte und Rötel auf Papier, BCV, cod. CCCCXXXIV, fol. 189r.

Flecken mit hellgrauer Farbe auszumalen. Auf den Venusdarstellungen vom 16. und 18. Februar ist zudem der unbeleuchtete Teil des Planeten in dunkleren Grautönen getuscht.

In der direkten Vorzeichnung für die Tafel I spiegelte Bianchini die vier zuvor „in situ inverso“ gezeichneten Venusdarstellungen (Bild 58). Auch die Chronologie ist verdreht, so dass sich die Zeichnung vom 9. Februar nun rechts

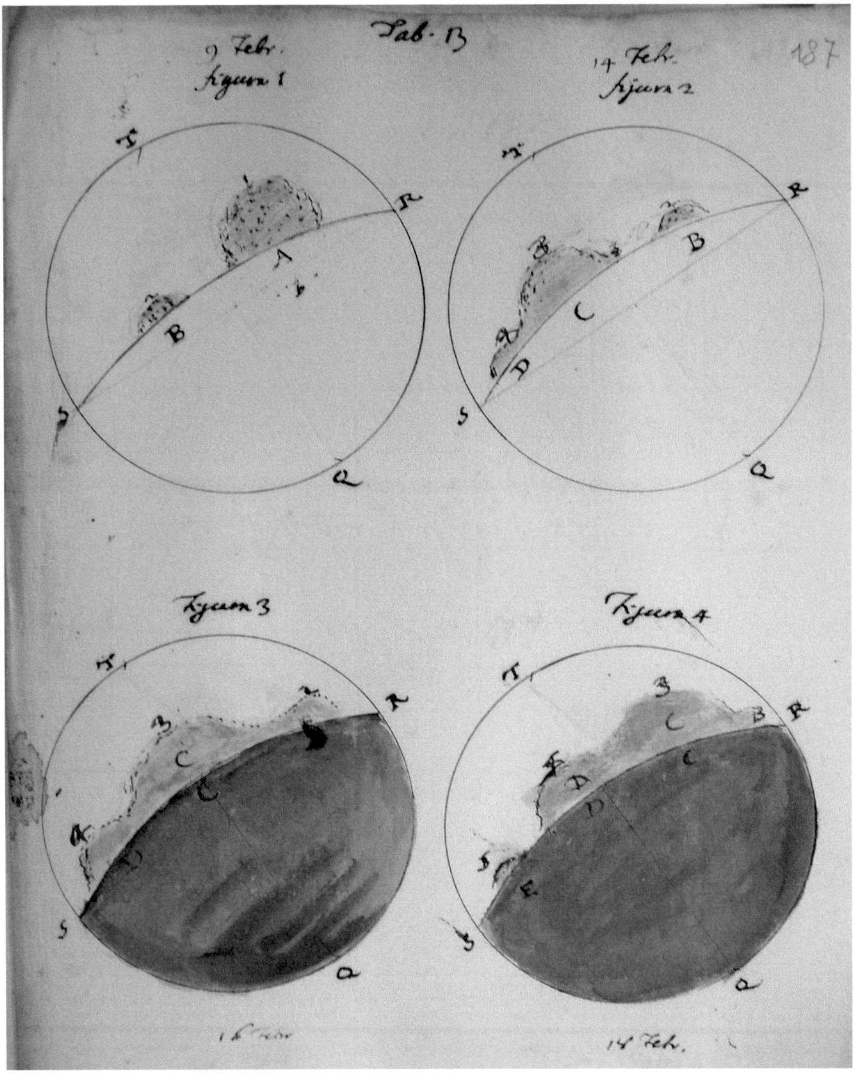

Bild 57 Francesco Bianchini, Venus am 9., 14., 16., 18. Februar 1726, Tinte auf Papier, BCV, cod. CCCCXXXIV, fol. 187r.

unten befindet. Wie die spätere Tafel ist das Blatt am oberen Rand bereits mit dem erläuternden Text versehen; der Hintergrund ist dunkel gestaltet. Auf der Tuschzeichnung ist noch der Umriss der Zirkelkreise zu erkennen, obgleich sowohl der verschattete Teil der Venus als auch der Hintergrund mit dunkelgrauer Farbe ausgemalt sind. Die Flächen der Venusflecken hingegen sind durchgängig mit schwarzen Punkten ausgefüllt.

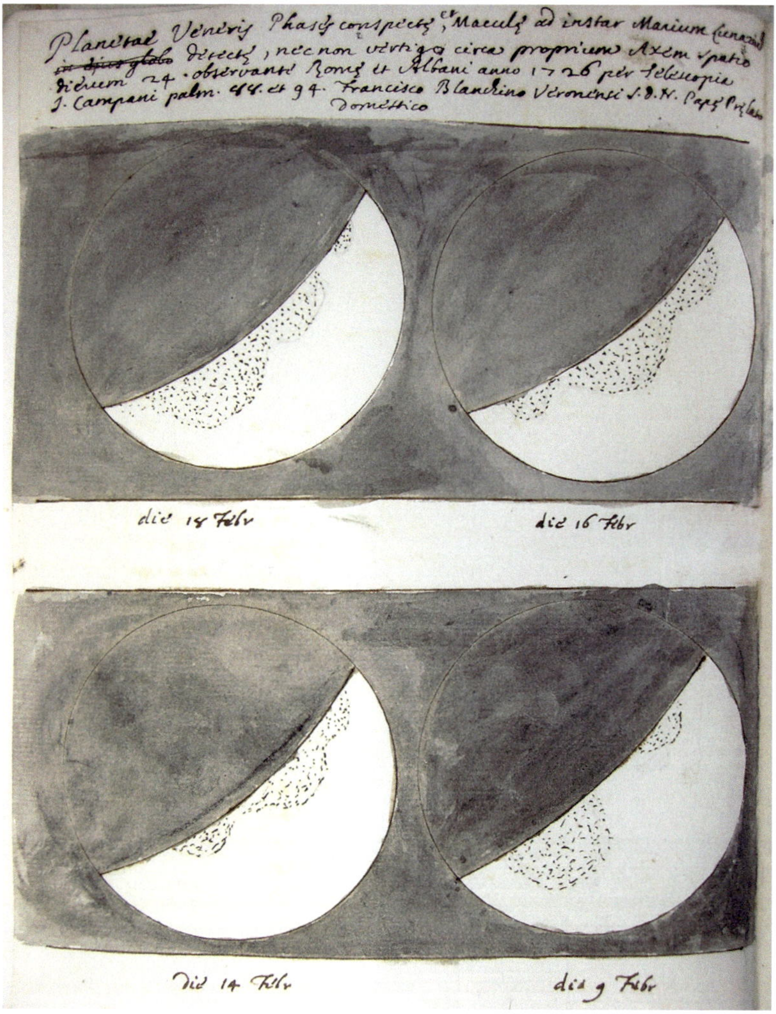


Bild 58 Francesco Bianchini, Venus am 9., 14., 16., 18. Februar 1726, Tinte auf Papier, BCV, cod. CCCCXXXIV, fol. 184r.

In der endgültigen Druckfassung der Tafel I in Mezzotinto-Technik kehrte Bianchini zur Darstellung „in situ inverso" zurück (vgl. Bild 43). Der dunkle Hintergrund verschmilzt mit dem verschatteten Bereich der Venus und lässt nur ihren beleuchteten Teil deutlich hervortreten; die Flecken sind nicht mehr gepunktet, sondern gleichmäßig in einem hellen Grauton ausgefüllt. Der Vergleich der zuvor besprochenen Venuszeichnungen aus dem Februar 1726 verdeutlicht den schwierigen Prozess der Suche Bianchinis zum einen nach der wahren Gestalt der Venusflecken und zum anderen nach einer befriedigenden Form der Visualisierung.

Schon im Vorwort seines 1697 publizierten, Kardinal Pietro Ottoboni gewidmeten Traktats *La Istoria Universale* formulierte Bianchini seine Überzeugung, Bilder seien für die Vermittlung von Wissen effektiver als Worte, da sie schneller zu erfassen wären und einen unmittelbareren und tieferen Eindruck beim Betrachter hinterlassen würden.[248] Er war der Auffassung, dass Bilder und Symbole die Grundlage des Lernprozesses bildeten, da sie die drei zentralen Bereiche des Gehirns – Phantasie, Vernunft und Gedächtnis – gleichermaßen aktivierten.[249] Authentizität und wissenschaftliche Überprüfbarkeit galten Bianchini dabei als die grundlegenden Anforderungen an eine bildliche Darstellung, denn nur so könnte der Betrachter zu einem Urteil kommen, das den Verstand zu überzeugen vermag; zu erreichen war dies seiner Überzeugung nach durch die Autopsie der Artefakte und die künstlerische Fähigkeit, das Gesehene originalgetreu wiederzugeben.[250]

Diese im Zusammenhang mit seinen historischen Forschungen entwickelten Auffassungen können in gleichem Maße auch auf Bianchinis astronomische Observationen bezogen werden. Da die Venus im Gegensatz zu einem archäologischen Objekt keiner Autopsie mit bloßem Auge unterzogen werden konnte, musste folglich das Fernrohr als unterstützendes Instrument dazwischen geschaltet werden. Für Bianchinis intensives Bestreben, das vormals Unsichtbare sichtbar zu machen, bildeten das ‚richtige' Sehen und die Visualisierung des Gesehenen in der eigenhändigen Zeichnung die Grundlagen der wissenschaftlichen Forschungspraxis und des erkenntnisgenerierenden Umgangs mit Bildern. Dass sich trotz dieser Prinzipien zahlreiche Widersprüche in Bianchinis Forschungen zeigten, ist an späterer Stelle noch zu erörtern.

248 Vgl. Dixon 2005, S. 86.
249 Vgl. Sölch 2007, S. 73.
250 Vgl. ebd., S. 74.

# II. Francesco Bianchini und der portugiesische König Johann V.

## 1. Die Suche nach einem Patron

### Die Meridianlinie für Papst Clemens XI.

Im Jahre 1703 wurde Bianchini seinem Biographen Mazzoleni zufolge von Clemens XI. zum „Presidente delle antichità di Roma" ernannt.[251] Laut Sölch sei es allerdings bis heute nicht nachweisbar, dass Bianchini diese Position tatsächlich bekleidete.[252] Zweifellos aber verfügte er über alle notwendigen Kenntnisse für die Ausübung einer derartigen Tätigkeit. Davon zeugt auch die Tatsache, dass Bianchini im Jahre 1727 eine Aufgabe angetragen wurde, die dem „capo delle Antichità" zustand, wie er in einem Brief an Kardinal Cornelio Bentivoglio (1668–1732) ausführte:

> „Die besondere Ehre, die Eure Eminenz die Güte hatten, mir am gestrigen Abend mitzuteilen, dass mir von einer der gelehrtesten Versammlungen von Literaten[253] angeboten wurde, sich meiner Wenigkeit zu bedienen, um in dem bewussten Werk, das diese planen, all jene Dinge zusammenzutragen, die dem Leiter der Antiken- und Altertumsforschung gebühren, offenbahrt mir deren Liebenswürdigkeit und Bevorzugung, indem sie mich einer solch großen Aufgabe für fähig halten […]."[254]

Für Bianchinis Karriere als Astronom war die Übernahme des Amtes des Sekretärs der Kalenderkommission der entscheidende erste Schritt. In dieser Funktion konstruierte er im Jahre 1701 eine Meridianlinie in der von Michelangelo in den früheren Diokletiansthermen errichteten Kirche S. Maria degli Angeli in Rom. Diese Meridianlinie, die zu Ehren Papst Clemens' XI. als „Linea Clementina" bezeichnet wurde, begründete Bianchinis weit über die Grenzen von Rom

251 Vgl. Mazzoleni 1735, S. 40.

252 Vgl. Sölch 2007, S. 33f. Bei Uglietti 1986, S. 62, wird Mazzolenis Angabe hingegen kommentarlos übernommen.

253 Gemeint ist sicherlich die Accademia dell'Arcadia.

254 „L'onore distinto, cui ebbe ieri sera la bontà di significarmi l'Em[inen]za V[ostr]a venirmi offerto da una delle più erudite adunanze di letterati, di valersi della mia tenuità nel raccogliere per l'opera consaputa, che essi meditano, tutte le cose spettanti al capo delle Antichità, mi fà bensì conoscere la di loro gentilezza e parzialità nel volermi supporre abile ad un tanto impiego […]." Francesco Bianchini an Kardinal Bentivoglio (Rom, 14. 6. 1727). BCV, cod. CCCXCIII, fol. 13r. Allerdings geht aus dem Brief nicht eindeutig hervor, ob Bianchini diese Position selbst innehatte oder ihm Bentivoglio einen Auftrag anbot, der einer dritten Person zugestanden hätte.

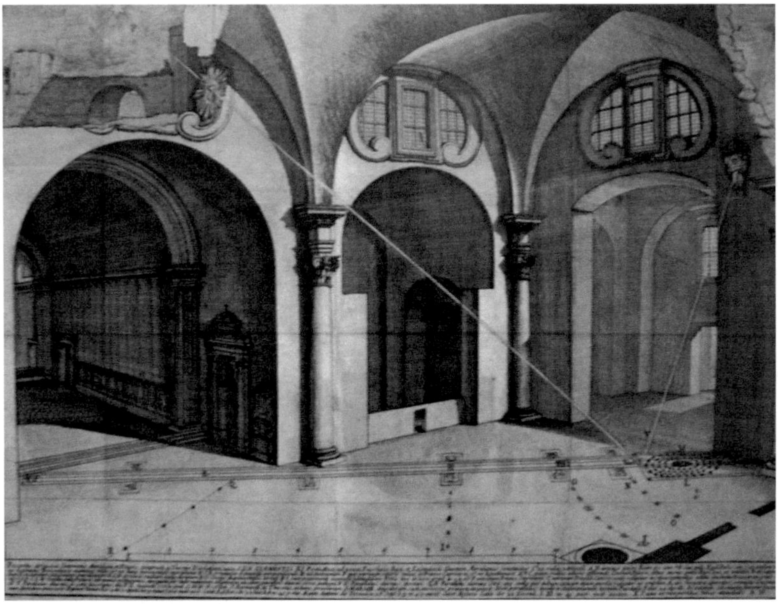

Bild 59 Linea Clementina, in: Francesco Bianchini, De nummo et gnomone Clementino. Dissertatio per epistolam ad amicum, Rom 1703.

hinausgehendes internationales Renommee als Astronom (Bild 59).[255] Das Sonnenlicht fällt durch ein kleines Loch im Papstwappen zur Mittagszeit in den Kirchenraum auf die über den Boden verlaufende Meridianlinie. Über die Kalenderreform beriet sich Bianchini – seit 1699 korrespondierendes Mitglied der Pariser Académie des sciences[256] – u. a. mit Cassini, dem Leiter des Pariser Observatoriums, der ihm im Oktober 1701 eine Zusammenfassung der verschiedenen Gründe für die Korrektur des Kalenders zukommen ließ.[257] Der Neffe Cassinis, Giacomo Filippo Maraldi, assistierte Bianchini bei seinen Berechnungen für die Meridianlinie.[258]

Seine Fähigkeit, äußerst präzise astronomische Berechnungen durchzuführen, hatte Bianchini bereits zuvor unter Beweis gestellt. 1701 berichtete er

255 Vgl. dazu Schiavo 1993 sowie Heilbron 2001, S. 155–165.

256 Vgl. Rotta 1968, S. 190.

257 „Ho ristretti in un foglio i motivi della correzzione, che le sara communicata dal Sig[no]r Maraldi che lo metteva in netto havendolo fatto scrivere in fretta all'aviso datomi della prossima congregazione, a cui potrebbe servire se lo stimeva opportuno." Giandomenico Cassini an Francesco Bianchini (Paris, 3. 10. 1701). BVR, U.16, fol. 435r.

258 „E' stato ottimo l'incontro di rittrovarsi qui il Nipote del Sig[no]r Cassini, con il quale stiamo ogni giorno più ore intorno ancora a i secondi." Francesco Bianchini an Eustachio Manfredi (Rom, 1. 10. 1701). BVR, U.20, fol. 10v.

Manfredi, der ihm aus Bologna ebenfalls regelmäßig Beobachtungsergebnisse zusandte, dass die Meridianlinie, die er im Jahre 1692 im Palazzo della Cancelleria in einem als Observationsstandort dienenden Raum neben der Loggia konstruiert hatte, derart exakt gewesen sei, dass sein Ergebnis bei einer 1695 durchgeführten Beobachtung der Eklipse des ersten Jupitersatelliten von dem Ergebnis Cassinis, der das Phänomen zeitgleich in Rom an einer anderen Meridianlinie beobachtete, nur um zwei Bogensekunden differiert habe; diese erreichte Genauigkeit beflügele ihn und lasse ihn auf ein Gelingen der neuen großen Meridianlinie in S. Maria degli Angeli hoffen.[259] Tatsächlich wurde Bianchinis „Linea Clementina" ein großer Erfolg und machte ihn europaweit bekannt.[260]

Im Jahre 1706 wurde Bianchini zu einem der acht ausländischen Mitglieder der Pariser Académie des sciences ernannt. Noch vor der offiziellen Benachrichtigung wurde er von Maraldi und Cassini über die ehrenvolle Entscheidung der Akademie in Kenntnis gesetzt. Am 28. Dezember 1705 schrieb ihm Maraldi aus Paris:

> „Da in der Königlichen Akademie der Wissenschaften wieder einer der acht Sitze, die für ausländische Wissenschaftler bestimmt sind, vakant ist, hat sich die besagte Akademie unter den zahlreichen geschätzten und verdienten Persönlichkeiten, die vorgeschlagen wurden, zu Gunsten von Euch entschieden, geleitet ausschließlich vom Verdienst, das sie in Euren Werken erkannt hat und insbesondere in den letzten, aus denen vor einiger Zeit in mehreren Sitzungen ein langer Auszug gelesen wurde. Diese Wahl wurde sofort vom König bewilligt, und auf Anweisung Seiner Majestät soll der Herzog von Pontchartrin,[261] Minister und Staatssekretär sowie Protektor der Akademie, Euch diese Wahl in einem Brief mitteilen, der Euch von einem seiner unterstellten Minister überbracht wird."[262]

259 „Una [meridiana] che io eressi nov'anni sono in Cancelleria in una stanza prossima alla Loggia di cui mi servo per osservatorio riusci di cosi esatta dilineazione, quanto al sito del 1695 osservando il Sig[no]r Cassini qui in Roma in un altro luogo cioè nel Palazzo dell'Em[inentissi]mo di Janson ove egli aveva tirata un'altra meridiana, la medema eclisse del p[ri]mo satelite di Giove la notte seguente al di 5 di Giugno del sud[det]to anno 1695 la quale fù notata ancora nell'osservatorio di Parigi, e confrontando noi le osservazioni ritrovammo questi tempi da Noi segnati. [...] Onde appare la differenza tra noi due in Roma di soli due secondi [...]. Questa uniformità con le osservazioni del Sig[no]r Cassini mi anima e fà sperare che la meridiana grande riuscirà a nostro modo." Francesco Bianchini an Eustachio Manfredi (Rom, 1. 10. 1701). BVR, U.20, fol. 10v–11r.

260 Eine ausführliche Beschreibung Bianchinis der Meridianlinie in: Relazione della Linea Meridiana Clementina eretta in Roma per ordine di Nostro Sig[no]r a 6 dicembre 1701. BVR, U.20, fol. 12v–14r.

261 Jérôme Phélypeaux de Pontchartrain (1674–1747).

262 „Essendo nuovamente vacato nell'Accademia regia delle Scienze uno degli otto luoghi destinati ad Accademici forestieri, fra molti personaggi di stima e di merito che

Auch Cassini berichtete Bianchini von der Akademiesitzung. Seinem Brief ist zu entnehmen, dass unter den Werken Bianchinis vor allem die Abhandlungen über den Kalender Julius Cäsars,[263] Hippolyt[264] sowie die Meridianlinie[265] bewundert worden waren. Der Vorschlag zur Aufnahme Bianchinis sei vom Präsidenten der Akademie, Jean-Paul Bignon (1662–1743), gekommen.[266] In einem überschwänglichen Dankesbrief an die Akademie brachte Bianchini nicht nur seine Verbundenheit dem französischen König gegenüber zum Ausdruck. Er erwähnte ebenso voller Dankbarkeit die Förderung durch Kardinal Ottoboni, Papst Alexander VIII. und Clemens XI., die seine wissenschaftliche Karriere ermöglicht hatten.[267]

sono stati proposti, la medesima Accademia di consenso universale ha fatta l'ellezione in favore di V[ostra] S[ignoria] Ill[ustrissi]ma e Rev[erendissi]ma spintavi solo dal di lei merito, che essa ha riconosciuto dalle sue opere e principalmente dall'ultime delle quali ne fu letto un ampio estrato qualche tempo fa in diverse Assemblèe. Quest'ellezione è stata subito approvata dal Rè, e d'ordine di S[ua] Maestà il Sig[no]r Conte di Pontchartrin Ministro e Secretario di Stato e Prottettore dell'Accademia deve participare a V[ostra] S[ignoria] Ill[ustrissi]ma quest'ellezione per mezzo d'una lett[er]a che le serà resa costi da un Ministro suo dipendente." Giacomo Filippo Maraldi an Francesco Bianchini (Paris, 28. 12. 1705). BVR, U.17, fol. 1169r/v.

263 De kalendario et cyclo Caesaris, Rom 1703.

264 S. Hippolyti episcopi et martyris Opera. Bianchinis Werk wurde erst 1716–1718 in zwei Bänden in Hamburg publiziert; er hatte der Akademie folglich das unveröffentlichte Manuskript zukommen lassen.

265 De nummo et gnomone Clementino. Dissertatio per epistolam ad amicum. Die Abhandlung erschien in Francesco Bianchini: De kalendario et cyclo Caesaris, Rom 1703.

266 „L'Accademia regia delle scienze havendo ammirato le opere di V[ostra] S[ignoria] Ill[ustrissi]ma e Rev[erendissim]a che sono state riportate in diverse assemblée e particolarmente l'ultima sopra il Calendario di Giulio Cesare, sopra il canone di S. Hyppolito e sopra la meridiana Clementina, ha stimato non poter rendere maggior testimonianza della grande stima che ne fa che con associarLa alla medesima Accademia. L'ellezione essendone stata fatta per scrutinio alla propositione del Sig[no]r Abbate Bignon Presidente, con grande applauso è stata confermata dal Rè che glie ne farà dar parte per mezzo d'uno dei suoi ministri." Giandomenico Cassini an Francesco Bianchini (Paris, 28. 12. 1705). BVR, U.16, fol. 465r/v.

267 „Ricorsi perciò subitamente all'E[minentissi]mo Sig[no]r Cardinale Ottoboni, giacchè non ebbi la sorte di ritrovare nel suo Palazzo l'Em[inentissim]o Sig[no]r Cardinale di Janson (ambedue miei Padroni, e Protettori benefici) acciò si degnasse aggiungere nella frequente occasione, che ha di servire a V[ostra] Ecc[ellen]za il grandissimo sentimento ch'egli ha provato in vedere il suo Bibliotecario già inalzato per suo riguardo al servigio della S[anta] Mem[oria] di Alessandro VIII suo Zio, ora sollevato all'onore della Regia degnazione in questa scelta avventurata. [...] Sarei troppo ingannato dalla mia vanità, se io non conoscessi tutto il merito di questa elezione doversi alla generosa clemenza di Sua Maestà, alla buona opinione, che gl'impieghi letterarj dati da' due Sommi Pontefici alla mia fortuna, benché inabile servitù [...]." BVR, S. 81/II, fol. 554v–555v.

Einige Jahre später wurde Bianchini während einer Englandreise von Newton in die Royal Society in London eingeladen, wo er im Februar 1713 verschiedene Experimente miterlebte und zum Ehrenmitglied der Akademie ernannt wurde.[268] Als Ehrenmitglied der wichtigsten wissenschaftlichen Akademien Europas zählte Francesco Bianchini zu den renommiertesten Wissenschaftlern des 18. Jahrhunderts.

Der geistliche und weltliche Herrschaftsanspruch der päpstlichen Wahlmonarchie im Rahmen europäischer Staatspolitik war unter Papst Clemens XI. Albani auf einem Tiefpunkt angelangt, woraufhin dieser eine engagierte Reform durchführte, die der Demonstration der Vereinbarkeit von Wissenschaft und Religion diente. Dies spiegelte sich auch in den Forschungen Bianchinis wider, die mit der Universalgeschichte eine traditionelle und mit der Astronomie eine experimentelle Ausrichtung besaßen. Während der Amtszeit Clemens' XI. erreichten die „Zugeständnisse an einen wissenschaftsgläubigen Zeitgeist […] einen neuen Grad und wurden zu einem unverzichtbaren Bestandteil päpstlicher Propaganda sowie Kunst- und Kulturpolitik"[269] – Bianchini hatte davon profitiert.

Mit dem Tod des Papstes im Jahr 1721 verlor Bianchini seinen wichtigsten Patron, der ihn mehr als zwei Jahrzehnte lang gefördert hatte. Es galt nun, einen neuen Geldgeber zu finden. Bianchini hatte sich inzwischen ein weit verzweigtes Netzwerk hochrangiger Kontakte aufgebaut. In seinen Dokumenten finden sich u. a. Briefe an die französischen Könige Ludwig XIV.[270] und Ludwig XV.,[271] Philipp V. von Spanien,[272] den englischen Thronprätendenten Jakob III.[273] sowie Prinz Karl Albrecht von Bayern.[274] Wie es schließlich dazu kam, dass Bianchinis nächster und auch letzter wichtiger Patron der portugiesische König Johann V. wurde, wird im folgenden Kapitel analysiert.

268 Vgl. Ferrone 1982, S. 59–61; Uglietti 1986, S. 96; Sölch 2007, S. 37.

269 Sölch 2007, S. 318.

270 Francesco Bianchini an Ludwig XIV. (1712). BVR, S.82, fol. 378v–379r. Der Brief steht im Zusammenhang mit der Bianchini von Clemens XI. übertragenen ehrenvollen Aufgabe, Armand de Rohan (1674–1749) nach dessen Ernennung zum Kardinal 1712 den Kardinalshut nach Paris zu bringen.

271 Francesco Bianchini an Ludwig XV. (Rom, 5. 5. 1719). BVR, S. 81, fol. 714r.

272 Francesco Bianchini an Philipp V. (Rom, 2. 10. 1714). BVR, S.82, fol. 224v.

273 Francesco Bianchini an Jakob III. (Rom, 25. 8. 1719). BVR, S. 81, fol. 732r.

274 Francesco Bianchini an Prinz Karl Albrecht von Bayern (Rom, 18. 7. 1716). BVR, U.22, fol. 120r.

## Der Kontakt zu Johann V.

Johann V. (1689–1750) folgte seinem Vater Pedro II. nach dessen Tod im Dezember 1706 im Alter von siebzehn Jahren auf den portugiesischen Thron und wurde am 1. Januar 1707 offiziell zum König proklamiert. Er heiratete Erzherzogin Maria Anna von Österreich (1683–1754), eine Tochter des römisch-deutschen Kaisers Leopold I., und wurde Vater von sechs Kindern. Im Jahr 1716 unterstützte Johann V. den Kirchenstaat im Kampf gegen die Türken, der in der Schlacht bei Matapan vor der Insel Korfu siegreich endete.[275] Zum Dank wurde das Erzbistum Lissabon von Papst Clemens XI. 1716 zum Patriarchat erhoben, so dass Lissabon – neben Rom, Venedig, Jerusalem, Ost- und Westindien – zu einem der sechs Patriarchate der römisch-katholischen Kirche wurde.[276]

König Johann V. führte in Portugal den Absolutismus ein; die Ständeversammlung (Cortes) wurde nicht mehr einberufen.[277] Gleichzeitig öffnete sich das Land in Richtung Europas, wobei der Prozess der Europäisierung eher einer Italianisierung gleichkam. Johann V. zielte darauf, aus Lissabon ein zweites Rom zu machen und holte zu diesem Zweck zahlreiche italienische Künstler in die Stadt, u. a. den Architekten Filippo Juvarra. Dass sein Vorhaben offenbar gelungen war, verdeutlicht Fernando Antonio da Costa de Barbosas Beschreibung Lissabons im Jahre 1751: „esta nova Roma" – „a miniatura da corte pontificia".[278] Wenige Jahre später zerstörte das Erdbeben von Lissabon 1755 einen Großteil dieser Zeugnisse, so dass das architektonische Erbe des 1750 verstorbenen portugiesischen Königs Johann V., der zu seiner Zeit „einer der größten – wenn nicht sogar der größte – Mäzen Europas"[279] war, stadtgeschichtlich als das Hauptopfer dieser Katastrophe gelten kann.[280]

Die Hauptstadt des Kirchenstaates bildete einen wichtigen Bezugspunkt für Johann V., doch sein wohl größtes Vorbild war der französische König Ludwig XIV., an dem er sich bis hin zur Ikonographie seiner Porträtdarstellungen orientierte, wie ein Vergleich zweier Büsten der beiden Könige zeigt (Bild 60, 61). Das zur rechten Seite gerichtete Haupt im Kontrapost zur nach links gedrehten Schulter, die langen spiralförmigen Haarlocken, das vom Wind in voluminösen Schüsselfalten nach links aufgeworfene Gewand sowie die Art der Gestaltung des Sockels sind beiden Büsten gemein und sorgen für eine frappierende Ähnlich-

275 Vgl. Bianchini 1996, S. 11.
276 Vgl. Delaforce 1995, S. 24; Livermore 1976, S. 209; Grande Enciclopédia Portuguesa e Brasileira, Vol. XIV, S. 260–263.
277 Vgl. Wheeler 2002, S. 93f.
278 Zit. nach Delaforce 1995, S. 22.
279 Lourenço 1995, S. 2.
280 Zur bildlichen Darstellung dieser und anderer Katastrophen vgl. Trempler 2013.

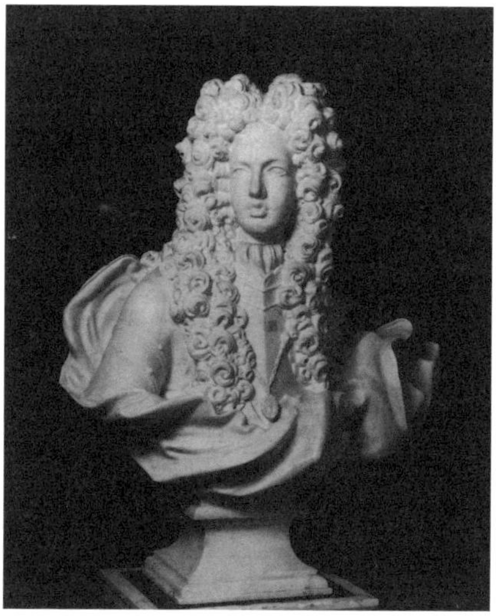

Bild 60 Domenico Parodi und Francesco Biggi, Porträtbüste König Johanns V., um 1710, Marmor, Palácio Nacional da Ajuda, Lissabon.

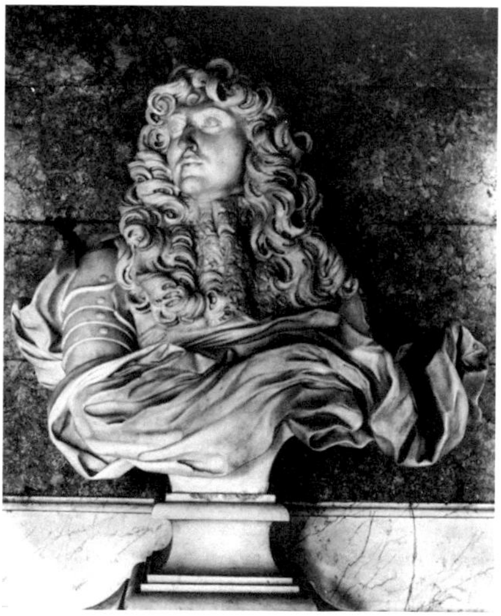

Bild 61 Gianlorenzo Bernini, Porträtbüste König Ludwigs XIV., 1665, Marmor, Schloss Versailles.

keit.[281] Im Jahre 1748 ließ sich Johann V. schließlich von Papst Benedikt XIV. den Ehrentitel „Rex fidelissimus" verleihen und stand somit in einer Reihe mit König Ludwig XIV., dem „Rex christianissimus", sowie mit dem spanischen König, dem „Rex catholicus".[282]

Eine Verbindung zwischen Johann V. und Francesco Bianchini bestand in institutioneller Hinsicht durch die Accademia dell'Arcadia, in der sie beide Mitglied waren. Diese war aus einem Kreis von Gelehrten und Dichtern hervorgegangen, die sich zuvor in der römischen Akademie der Königin Christina von Schweden getroffen hatten.[283] Ein Jahr nach deren Tod wurde 1690 die Accade-

281 Zur Ikonologie der Büste Ludwigs XIV. und der Geschichte der Sockelgestaltung vgl. Zitzlsperger 2006.

282 „Rex christianissimus" war seit 1469 der Titel der französischen Könige, „Rex catholicus" seit 1492 der Titel der spanischen Könige. Den Titel „Rex fidelissimus" erhielt Johann V. am 21.4.1749 von Papst Benedikt XIV. verliehen. Vgl. Grande Enciclopédia Portuguesa e Brasileira, Vol. XIV, S. 262.

283 Nur einen Monat nach ihrer Ankunft in Rom gründete sie am 24. Januar 1656 eine literarische Akademie, die sich in ihrer Unterkunft im Palazzo Farnese versammelte. 1674 erfolgte die Gründung der Accademia Reale, deren ständige Vorsitzende und Patronin sie war. Unter den vierzehn von ihr ausgewählten Mitgliedern war auch Giovanni Francesco Albani, der spätere Papst Clemens XI. Vgl. Bedini 1993, S. 102–117 sowie Rotta 1990.

mia dell'Arcadia gegründet; jahrelang trafen sich die Mitglieder an wechselnden Orten, u. a. im Palazzo della Cancelleria Kardinal Ottobonis.[284] Johann V., der im Jahr 1721 mit dem Namen Arete Melleo zum Mitglied der Arcadia ernannt worden war, spendete 1723 die Summe von 4000 Scudi, so dass ein fester Sitz für die Akademie am Gianicolohügel erworben werden konnte.[285] Die Dankbarkeit der Arcadia für die Patronage Johanns V. zeigt sich deutlich in einem Gedicht, das von einem der Akademiemitglieder verfasst worden ist:[286]

| | |
|---|---|
| Ben só, che il Tago al Mar, pien d'auro l'onda,<br>và, ne par ricco senza il Tago il Mare:<br>ma nuovo á pensier miei miracol pare,<br>ch'anco al Tebbro il gran Fiume or si diffonda. | Ich weiß wohl, dass der Tejo in einer Welle voller Gold zum Meer fließt;<br>das Meer erscheint ohne den Tejo reich davon:<br>aber neu scheint in meinen Gedanken das Wunder,<br>dass sich der große Fluss nun auch bis zum Tiber erstreckt. |
| E pur qui 'l veggo, e qui cigne e feconda<br>il nuovo Arcade suol, che d'alto appare,<br>e qui á Pastor coll'acque elette, e rare<br>compon l'albergo, e fá fiorir la fronda. | Und doch sehe ich ihn hier, hier umschließt und befruchtet er<br>den Boden der neuen Arcadia, die von oben erscheint,<br>hier beim Hirten mit den erwählten und seltenen Wassern<br>wählt er die Herberge und lässt den Zweig erblühen. |
| E al grato invito, e al mormorio Regale,<br>già qui, di Pindo e d'Aganippe il Coro<br>move al canto d'un rapido l'ale. | Und auf geschätzte Aufforderung, zum königlichen Geplätscher,<br>bereits hier vom Pindos, erhebt sich der Chor der Aganippe zum<br>Gesang eines schnellen Lebe Hochs. |
| Ma che parl'io del fiume, e suo tesoro?<br>Non è il Tago, ond' il Tebbro á tanto sale,<br>ma è l'Anima del Ré, ch'è un'Alma d'oro. | Doch was rede ich vom Fluss und seinem Schatz?<br>Es ist nicht der Tejo, zu dem der Tiber hinfließt,<br>sondern es ist die Seele des Königs, die eine Seele aus Gold ist. |

Da Johann V. vermutlich nicht an den Akademiesitzungen in Rom teilnahm, muss die Verbindung zu Bianchini über Kontaktmänner zustande gekommen sein. Aus den Briefen Bianchinis geht hervor, dass dies vor allem vier Personen waren – zwei Portugiesen in Rom und zwei Italiener in Lissabon. Zu ersteren

284 Vgl. Delaforce 1995, S. 26, 29–32.

285 Vgl. ebd., S. 29–32; Vasco Rocca/Borghini 1995, S. 152.

286 Sonetto Consecrato all'Eminentiss[i]mo e Reverend[issi]mo Principe il Sig[no]r Cardinale Giuseppe Pereira della Cerdala. Gemeint ist Kardinal José Pereira de Lacerda (1662–1738). BVR, S. 83/II, fol. 414r.

gehörte André de Mello e Castro (1668–1753), der seit 1707 Sondergesandter Portugals am Heiligen Stuhl war.[287] Dieser pflegte einen engen Kontakt zu Kardinal Ottoboni und besuchte regelmäßig die Theateraufführungen im Palazzo della Cancelleria, wo er Bianchini kennengelernt haben könnte. Von 1718 bis 1728 war de Mello Ordentlicher Botschafter in Rom und zudem seit 1723 Mitglied der Accademia dell'Arcadia mit dem Namen Ramiro Naiadeo.[288]

Bianchinis zweiter Kontaktmann in Rom war der Marquis von Fontes, Rodrigo Annes de Sà Menezes e Almeida (1676–1733), der von 1712 bis 1718 als Sonderbotschafter Portugals in Rom tätig war. Als politischer und künstlerischer Berater Johanns V. schuf er mit seinen Kontakten zu den verschiedenen römischen Zirkeln der Künste und Wissenschaften die Basis für den langjährigen fruchtbaren Austausch zwischen Rom und Lissabon. Nach seiner Rückkehr nach Lissabon wurde Almeida 1718 von Johann V. zum Marquis von Abrantes ernannt.[289] Ab 1723 war auch er Mitglied der Arcadia mit dem Namen Logindo Artemisio.[290]

Bei den zwei italienischen Kontaktmännern handelt es sich um Giovanni Battista Carbone (1694–1750) und Domenico Capassi (1694–1736), die von Johann V. nach Lissabon berufen worden waren, um u. a. im Jesuitenkolleg Sant'Antão ein Observatorium einzurichten.[291] Im Juli 1722 kündigte Bianchini dem Marquis von Abrantes deren nahende Ankunft an:

> „Mit jenem Schiff kommen zwei neapolitanische Jesuiten, und zwar Pater Carbone und Pater Capassi, die von Seiner Majestät nach Portugal gerufen wurden, um eine exakte geographische Karte des Verlaufs des Amazonas anzufertigen; zu diesem Zwecke wollten sie einige astronomische Observationen in der Praxis sehen [...], die sie mit mir gemeinsam am gestrigen Abend durchgeführt haben [...]; und heute morgen haben sie sich mit mir an der Meridianlinie in S. Maria degli Angeli eingefunden, um zu beobachten, was mir damit auszuführen gelungen ist, seit Clemens XI. mir aufgetragen hatte, dieses Werk zum Nutzen des Kalenders zu konstruieren."[292]

287 Vgl. Vasco Rocca/Borghini 1995, S. 489; Delaforce 1995, S. 23 sowie Lattanzi 1995, S. 475–477.

288 Vgl. Vasco Rocca/Borghini 1995, S. 489.

289 Vgl. ebd., S. 490f.

290 Vgl. Delaforce 1995, S. 26.

291 Vgl. Mariette 2003, S. 63f. und Barchiesi 1964, S. 148f.

292 „Vengono seco nello stesso Vascello due Padri Giesuiti Napolitani, cioè il P[adre] Carbone e il P[adre] Capasso, che la Maestà del Re chiama in Portogallo per valersene a formare esatta Carta Geografica della Costa del Maragnone in America; onde hanno voluto vedere in pratica alcune osservazioni Astronomiche proprie per questo effetto [...] ch'ebbero la bontà di osservar meco ieri sera [...], e questa mattina si sono trattenuti meco alla meridiana della Certosa per osservare ciò che in

Bianchini hatte mit Carbone und Capassi, den zukünftigen Hofastronomen Johanns V., vor deren Abreise nach Portugal noch Observationen zu Übungszwecken durchgeführt. Ein halbes Jahr nach ihrer Ankunft berichtete der Marquis von Abrantes Bianchini, er sei mit den Fähigkeiten und dem Eifer der beiden sehr zufrieden.[293] Bianchini hatte zu diesem Zeitpunkt offenbar bereits angefragt, ob er Johann V. sein Traktat über Anastasius Bibliothecarius, einen Gegenpapst des 9. Jahrhunderts,[294] widmen dürfe, denn im selben Brief teilte ihm der Marquis von Abrantes diesbezüglich mit, dass sich der König höchst erfreut über diesen Vorschlag gezeigt habe und einverstanden sei.[295]

Giovanni Battista Carbone wurde durch seine Tätigkeit als Hofastronom Johanns V. zu einem der wichtigsten Korrespondenten Bianchinis. Während Carbone regelmäßig von Bianchinis astronomischen Kenntnissen profitieren konnte, verfügte Bianchini nunmehr über eine direkte Kontaktperson zum portugiesischen König – dies sollte sich für seine Venusforschungen auszahlen.

### Das Projekt einer Meridianlinie Italiens

In demselben Brief, in dem Bianchini die Ankunft Carbones und Capassis angekündigt hatte, berichtete er dem Marquis von Abrantes auch von seinem aktuellen Forschungsprojekt:

> „Ich bin dabei, in Italien den Verlauf der Linea Clementina von Rom aus in beide Richtungen so weit wie möglich zu verlängern, womit ich noch nicht vollständig fertig bin [...]. In Urbino und in Rimini habe ich bereits die notwendigen Observationen durchgeführt, und es bleibt mir nur noch, einige Beobachtungen auf den Bergen von Nocera zu wiederholen,

quella mi è sortito di eseguire da che la S[anta] Mem[oria] di Clem[ente] XI. m'impose di formare quell'Opera per uso del Calendario." Francesco Bianchini an den Marquis von Abrantes (Rom, 29. 7. 1722). BVR, S.82, fol. 191v–192r.

293 „[...] devo dirle, che loro si portano a maraviglia dimostrando non meno la loro abilità, che il desiderio, che hanno di gradire alla Maestà del Re mio Signore." Marquis von Abrantes an Francesco Bianchini (Lissabon, 9. 2. 1723). BVR, U.24, fol. 48r.

294 Vgl. Johns 2005, S. 50. Das Traktat *Anastasii bibliothecarii De vitis Romanorum pontificum* erschien in vier Bänden 1718, 1723, 1728 und posthum 1735. Der Wunsch der Widmung bezieht sich auf den zweiten Band. Bianchini erwähnt ihn auch explizit in seinem Brief an den Marquis von Abrantes (Rom, 29. 7. 1722). BVR, S.82, fol. 192v.

295 „[...] gli assicuro di non aver mancato in rappresentar alla Maestà Sua il desiderio, che V[ostra] S[ignoria] Ill[ustrissi]ma ne hà di dedicarle il libro delle sue Annotazioni sopra Anastasio Bibliotecario, ed il Re mio Signore mostrò restar molto contento, e sodisfatto di una tal proferta, e mi ordino, che così glielo assicurassi." Marquis von Abrantes an Francesco Bianchini (Lissabon, 9. 2. 1723). BVR, U.24, fol. 48r.

die mir das schlechte Wetter die beiden Male, die ich mich zu diesem Zwecke dort hinbegeben hatte, nicht durchzuführen erlaubt hat."[296]

In Bianchinis Nachlass befindet sich ein Blatt mit Berechnungen und einer Federskizze, die er offenbar nach Observationen in den oberitalienischen Alpen angefertigt hat (Bild 62). Durch die mit Buchstaben markierten Berge verläuft der Fluss Noce, der im Tal zwischen den Orten Mezzolombardo und Mezzotedesco hindurchfließt. Mit seinen geographischen Forschungen verfolgte Bianchini das Ziel, die Größe des Erdglobus mit der höchstmöglichen Exaktheit bestimmen zu können.[297] Bianchinis Vorbild war hierbei ein analoges Projekt der Pariser Académie des sciences, wie er dem Marquis von Abrantes erläuterte:

> „Viele der Observationen, die ich seit nunmehr fünf oder sechs Jahren durchführe, dienen dem Zwecke, die Geographie zu perfektionieren; und sie folgen dem Beispiel jener [Observationen], die meine Kollegen der Pariser Akademie der Wissenschaften auf Anweisung König Ludwigs XIV. vierzehn oder fünfzehn Jahre lang vornahmen, um die Meridianlinie des Pariser Observatoriums durch ganz Frankreich zu verlängern, und zwar in nördlicher Richtung bis Calais und in südlicher bis Narbonne. Nun haben sie dieses Werk vollendet, das viele von ihnen mit zahlreichen auf Kosten des Königs unternommenen Reisen in alle Teile des Königreiches beschäftigt hat: und Jacques Cassini, der die Ergebnisse publiziert hat,[298] schickte mir das Buch, das diese enthält, da er weiß, dass ich hier in Italien begonnen habe, das Gleiche zu tun, indem ich die Meridianlinie [...] nach Süden bis an die römische Küste des Tyrrhenischen Meeres verlängere und im Norden bis an die Adriaküste, wo sie bei Rimini endet. Dies ist das Werk, von dem ich Eurer Eminenz berichtet habe, dass ich es gerne Seiner Majestät widmen würde, falls Ihr mir mit

296 „Ho preso animo di prolungare in Italia il proseguimento di questa linea meridionale Clementina di Roma sino all'uno e all'altro più lontano ch'è l'Adriatico, il che non ho interamente compiuto. [...] ho fatte in Urbino e in Rimini le necessarie osservazioni, e resterami solamente di ripeterne alcune sopra questi Monti di Nocera che il tempo poco sereno non mi permise di compire in due volte che colà mi portai a questo effetto." Francesco Bianchini an den Marquis von Abrantes (Rom, 29.7.1722). BVR, S.82, fol. 192r/v.

297 „[...] con queste esperienze che io qui ho fatte per il medesimo fine di stabilire nella suddetta mia opera Geografica le misure più accurate della grandezza del globo terraqueo." Francesco Bianchini an den Marquis von Abrantes in Antwort auf dessen Brief vom 3.4.1723. Notiz, dass der Brief nicht abgeschickt wurde. BVR, S.82, fol. 195v–196r.

298 Jacques Cassini (1677–1756), der Sohn Giandomenico Cassinis, publizierte 1723 sein *Traité de la grandeur et de la figure de la terre.*

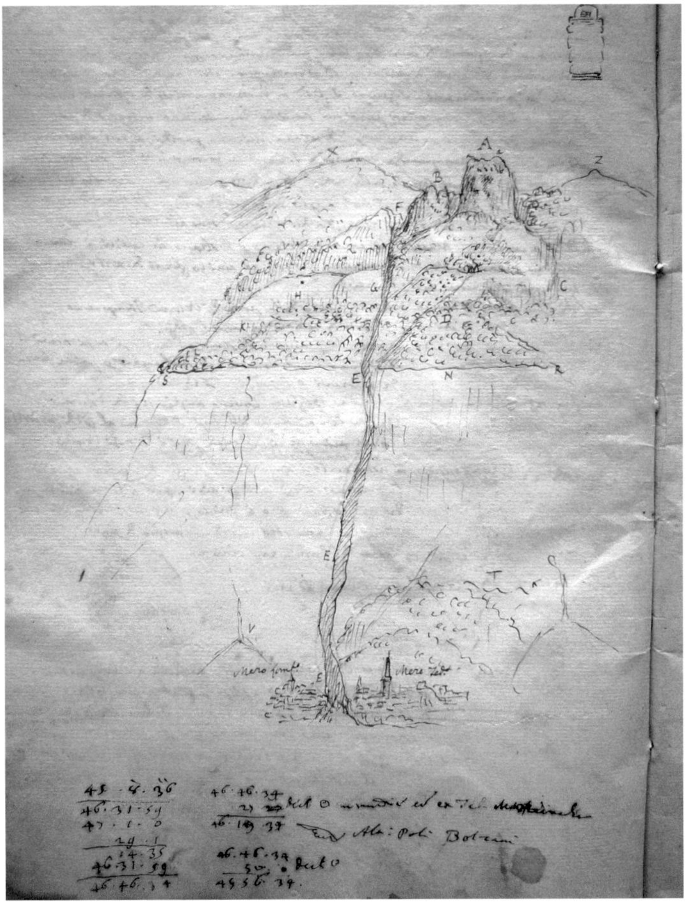

Bild 62 Francesco Bianchini, Skizze der Gebirgslandschaft in Südtirol, um 1723, BCV, cod. CCCCXXIV, fol. 6v.

Eurer Unterstützung noch eines gestatten würdet: und zwar müsste ich, um es beenden zu können, noch einige wenige Observationen im Apennin bei Nocera durchführen […]."[299]

299 „A questo medesimo studio di perfezionare la Geografia sono dirette molte osservazioni che io intrapresi cinque o sei anni sono ad imitazione di quelle che per quattordici o quindici anni assunsero gli Accademici Reali delle scienze di Parigi miei Colleghi d'ordine del Rè Luigi XIV. per continuare la linea di quel meridiano dell'osservatorio di Parigi per tutta la Francia cioè verso Calej dalla parte Boreale, e sino a Narbona dalla parte di mezzo giorno. Ora hanno terminata quell'opera che ha tenuti occupati molti di loro in viaggi per tutto quel tratto di regno intrapresi a spese del Rè: e il Sig[no]r Giacomo Cassini che ne ha stampato il risultato, mi mandò il libro che le contiene sapendo che io ancora quì in Italia ho intrapreso di fare il

Von Papst Innozenz XIII., der als Nachfolger Clemens' XI. von 1721 bis 1724 regierte, erhielt Bianchini keinerlei finanzielle Unterstützung. Dies beklagte auch sein Biograph Mazzoleni: Bianchini habe die gleichen Anstrengungen unternommen wie die Mitglieder der Pariser Akademie, allerdings mit dem einzigen Unterschied, dass jene unter der Schirmherrschaft ihres Königs und auf dessen Kosten arbeiten konnten, während Bianchini „von niemandem sonst als seinem guten Herzen ermutigt wurde und sich aus seiner eigenen Tasche finanzierte"; das verdienstvolle Projekt der Meridianlinie habe aufgrund von Nachlässigkeit oder Unwissenheit nicht die Unterstützung erhalten, die es verdient gehabt hätte, obwohl Bianchini unsagbare Anstrengungen, Gefahren und Unannehmlichkeiten auf sich genommen habe.[300]

Ein Ergebnis seiner geographischen Berechnungen – eine Abhandlung über die Topographie des Herzogtums Urbino – publizierte Bianchini 1724 in einem Band, der von Kardinal Albani in Auftrag gegeben und dem englischen Thronprätendenten Jakob III. gewidmet war.[301] Bianchinis Projekt einer Meridianlinie durch Italien stieß beim portugiesischen König auf großes Interesse. Im Mai 1724 berichtete Carbone Bianchini aus Lissabon, Johann V. plane, nach dem Vorbild Bianchinis eine Meridianlinie durch Portugal ziehen zu lassen,

medesimo stendendo il progresso di questa linea meridiana [...] alla Certosa da mezodì sino alla spiaggia Romana nel Mare Tireno, e da Tramontana sino alla spiaggia del Mare Adriatico, che viene a cadere verso Rimini. Questa era l'opera di cui ebbi l'onore di scrivere a V[ostra] E[ccellenza] che io prenderei animo di dedicarla alla Maestà del Rè quando l'E[ccellenza] V[ostra] con il di lei patrocinio mi conciliasse una tanta sorte: e che l'averei proseguite alcune poche osservazioni che ancora mi restano a fare per compirla sù questi Monti Apennini verso Nocera [...]." Francesco Bianchini an den Marquis von Abrantes (Rom, 13. 4. 1723). BVR, S.82, fol. 206r/v.

300 „Sapeva egli il viaggio de' Signori dell'Accademia reale delle scienze di Francia [...] con questa sola differenza, che gli Accademici camminavano sotto l'ombra del Re, ed a spese regie; laddove il nostro Prelato non da altri era reso animoso, che dal suo bel cuore, e dalla sola sua borsa riceveva soccorso: tanto più degno di stima, e più meritevole appresso gli eruditi, quanto che o per incuria, o per ignoranza non si apprezzano dai più, quanto dovrebbesi, queste sì nobili intraprese. Sono indicibili le fatiche sue, i pericoli, e gl'incomodi ch'egli si addossò, come ho saputo per altra via, che della sua persona." Mazzoleni 1735, S. 103.

301 „Si è terminato di stampare un Tomo in foglio di memorie raccolte per la Istoria di Urbino copioso di 160 figure in Rame per ordine dell'Em[inentissi]mo Sig[no]r Cardinale Albani Camerlingo: nel quale Tomo ha S[ua] Em[inen]za voluto includere due opere di Monsig[no]r Baldi e due mie. Una di queste è diretta a stabilire la esatta Topografia di quel Ducato d'Urbino: il che ho fatto nel continuare la linea Meridiana [...] come in Francia hanno fatto i Sig[no]ri Accademici delle Scienze continuando il meridiano dell'Osservatorio." Francesco Bianchini an den Marquis von Abrantes (Rom, 19.8.1724). BVR, S.82, fol. 202r/v. Bei dem Werk handelt es sich um: Bernardino Baldi und Francesco Bianchini: Memorie concernenti la città di Urbino dedicate alla Sagra Maestà di Giacomo 3. re della Gran Bretagna, Rom 1724.

allerdings müsse noch über den Ort und andere Details nachgedacht werden.[302] Zudem sei geplant, ein Observatorium zu errichten – falls Bianchini noch ein besonderes Instrument in den Sinn käme, solle er nicht zögern, ihm dieses zu empfehlen.

Da Johann V. offensichtlich von den Erfahrungen Bianchinis zu profitieren hoffte, war die Gelegenheit günstiger denn je, sich um dessen Patronage zu bewerben. Über Carbone ließ Bianchini dem portugiesischen König die Anfrage zukommen, ob er ihm das geplante Werk über die Meridianlinie widmen dürfe. Nachdem sich Johann V. das Projekt von Carbone zunächst erläutern ließ, äußerte er schließlich seine große Wertschätzung für Bianchini und erklärte sein Einverständnis.[303] Um den König von seinen Publikationsfähigkeiten zu überzeugen, schickte ihm Bianchini die ersten zwei Bände seines Traktats *Anastasius Bibliothecarius* sowie die Abhandlung über die Vermessung Urbinos. Wie sehr Johann V. Bianchini offenbar schätzte, wird nicht zuletzt dadurch deutlich, dass er ihm seine Entscheidung nicht nur über Carbone oder den Marquis von Abrantes mitteilen ließ, sondern im Januar 1725 sogar persönlich an ihn schrieb:

> „Francesco Bianchini. Ich, der König, übermittle Euch viele Grüße. Seit langem ist mir Euer Talent und Fleiß in der wissenschaftlichen Forschung zur Mathematik wie auch in den Untersuchungen zur Geschichte bekannt. Die Berichte, die ich bei verschiedenen Gelegenheiten über Eure astronomischen Observationen und anderen gelehrten Erzeugnisse Eurer anstrengenden Forschungen erhielt, haben aufgrund ihrer sehr genauen und sorgfältigen Ausführung stets meine Zustimmung gefunden. Ich warte darauf, dass die drei Bände eintreffen, die Ihr mir zum Geschenk gemacht habt; der erste, welcher – was ich sofort mit Freude

302 „Medita ancora di far fare quì una linea Meridiana grande, come quella, che V[ostra] S[ignoria] Ill[ustrissi]ma fece costì: mà s'anderà prima riflettendo al luogo, ed altre circostanze: col tempo si matureranno più cose. [...] Si stà ancora facendo diligenza per ergere un osservatorio con tutti i commodi possibili. Se à V[ostra] S[ignoria] Ill[ustrissi]ma sovvenisse di qualche nobile ed opportuno Istrumento La prego a non lasciar di suggerirmelo." Giovanni Battista Carbone an Francesco Bianchini (Lissabon, 30. 5. 1724). BVR, U.16, fol. 350v.

303 „Venuto al punto, in che ella m'accenna l'opera, che vuol dedicargli, m'interrogò, che opera fusse questa. Ed io gli risposi ch'era la miglior opera, e la più profittevole, che V[ostra] S[ignoria] Ill[ustrissi]ma aveva intrapresa, quantunque sian tutte degne di sommo applauso; e gli spiegai in breve il contenuto, che dall'istessa idea dell'opera può ricavarsi. Il Ré conforme molto stima la sua persona, così ancora mostrò di stimar molto la sua offerta: onde m'impose, che le scrivessi, ch'egli già accettava l'offerta; e che ben poteva imprimere il suo libro colla dedica a S[ua] M[aest]à." Giovanni Battista Carbone an Francesco Bianchini (Lissabon, 12. 9. 1724). BVR, U.16, fol. 351r.

> gesehen habe – die Viten der Päpste behandelt, hat mich davon überzeugt, dass in den Ausführungen des zweiten [Bandes] zu diesem Thema und in den Bemerkungen des dritten, der den Staat Urbino betrifft, nicht weniger an Gelehrsamkeit vorhanden sein wird. Was den Wunsch betrifft, den Ihr mir übermittelt habt, mir Euer Werk über die Meridianlinie Italiens zu widmen, könnt Ihr sicher sein, dass er meine Zustimmung findet und dass ich Eurer Person eine derartige Wertschätzung entgegenbringe, die Euren Tugenden gerecht wird."[304]

Bianchini veröffentlichte jedoch kein Traktat über das Projekt der Meridianlinie.[305] Dal Prete vermutet, dass ein schwerer Sturz Bianchinis im August 1725 während der Ausgrabungen des Cäsarenpalastes den Abschluss der nötigen Observationen verhindert haben könnte.[306] Einem Brief Scipione Maffeis aus dem Juli 1724 ist hingegen zu entnehmen, dass Bianchini seine Beobachtungen zu diesem Zeitpunkt offenbar bereits abgeschlossen hatte; trotz Maffeis Ermutigung, das Projekt nicht aufzugeben, legte Bianchini keine umfassende Publikation zur Meridianlinie vor.[307]

304 „Francisco Bianchini. Eu El Rey vos invio muito saudar. Ha muito tempo me era nottorio ovosso tallento, e applicaçaõ assim aos estudos scientificos da Matematica, como aos eruditos das historias. As notticias, que em varias occazioes tive das vossas observaçoes Astronomicas e de outras doutas producoes dos vossos laboriosos estudos tiveraõ sempre aminha accitaçaõ por tudo ser feito muito exacta, e dilligentemente. Espero, que cheguem os tres tomos, que me offereceis, o primeiro dos quais, que pertence ás vidas dos Pontifices, ja havia visto com satisfaçaõ, e me persuado, que naõ será menor a erudiçaõ nas annottaçoes do segundo pertencente á mesma materia, e nas notticias do terceiro, que toca ao Estado de Urbino. Quanto ao desejo, que me significais de dedicarme a obra do Meridiano de Italia, podeis estar certo, que me foi agradavel, e que tenho a vossa pessoa naquelle conceito, que merecem as vossas virtudes." Johann V. an Francesco Bianchini (Lissabon, 24.1.1725). BVR, U.24, fol. 277r.

305 Einige der Observationen Bianchinis sind in dem posthum von Manfredi publizierten Band aufgelistet; zudem ist am Anfang des Werkes eine Karte des Verlaufs der geplanten Meridianlinie abgedruckt. Vgl. Manfredi 1737.

306 Dal Prete 2005, S. 146.

307 „Ho carissimo che abbia terminate le osservazioni per la gran Meridiana: non abbandoni sì bel pensiero." Scipione Maffei an Francesco Bianchini (Venedig, 8.7.1724). Maffei 1955, Bd. 1, S. 486. Maffei berichtet Bianchini zudem von dem Vorhaben, eine Meridianlinie durch das Veroneser Territorium zu ziehen. Siehe ebd., S. 477f.

## 2. Bianchini unter der Patronage Johanns V.

### Das Prinzip von Gabe und Gegengabe

Auch wenn das Meridianlinienprojekt nicht wie geplant mit der Veröffentlichung eines Traktats zur Vollendung kam, hatte Bianchini doch ein entscheidendes Ziel erreicht: Nach mehreren Jahren ohne Unterstützung hatte er in Johann V. einen mächtigen Patron gefunden, der noch dazu in idealer Weise seine Forschungsinteressen teilte. Der König fördere, so Carbone, „nicht nur alle Freien und Mechanischen Künste in seinem Königreich, sondern in besonderer Weise die Mathematik, indem er sich zu diesem Zwecke sehr freigiebig zeigt und nicht nur das Notwendige, sondern voller Großzügigkeit alles Nützliche für einen guten Fortschritt bereitstellt; und er hält uns stets dazu an, sämtliche Arten von Instrumenten so perfekt wie möglich anfertigen zu lassen."[308]

Das Interesse Johanns V. für die Astronomie ging so weit, dass er persönlich an Observationen teilnahm und teilweise sogar dabei mithalf, die Instrumente aufzubauen.[309] Gemeinsam mit dem Infanten Alexandre Francisco de Bragança und den Hofastronomen Carbone und Capassi beobachtete Johann V. im Frühjahr 1724 eine Sonnenfinsternis.[310] Einige Monate später ließ er es sich nicht nehmen, trotz Unwohlseins an der Observation einer Mondfinsternis teilzunehmen.[311]

Der Briefwechsel zwischen Bianchini und Carbone zeigt, dass Bianchini bezüglich aller astronomischen Fragen ein unverzichtbarer Ratgeber des portugiesischen Hofes war. Das neue Observatorium stand dabei im Mittelpunkt des

308 „Sommo è il genio di questo serenissimo Rè in promuovere non solo tutte le Arti Liberali, e Mecaniche in questo suo Regno, mà in modo speciale ancora la Matematica, somministrando a tal effetto con generosità, e munificenza da suo pari non solo tutto il necessario, mà ancora con soprabondanza tutto l'utile per il buon progresso; e sempre ci raccomanda con tutt'impegno, che mandiamo à fare di tutte le sorti d'istrumenti li più perfetti, che si possano." Giovanni Battista Carbone an Francesco Bianchini (Lissabon, 30.5.1724). BVR, U.16, fol. 350r/v.

309 Vgl. Mariette 2003, S. 68.

310 „Noi, se qualche cosa quì vidimo, fú quasi il principio; poiche S[ua] M[aest]à con certi vetri colorati alla mano senza occhialone, Il Sereniss[issi]mo Infante D[om] Franc[isc]o coll'occhialone di 25 piedi, ed immediatam[ent]e doppo, ancor io coll'istesso occhialone, vidimo [...] l'eclisse." Giovanni Battista Carbone an Francesco Bianchini (Lissabon, 30.5.1724). BVR, U.16, fol. 349v.

311 „Già finalmente ci è riuscito veder in Lisbona, ed osservare un eclisse di Luna. [...] S[ua] M[aes]tà non si trovava in istato da poter assistere a tutta l'osservazione, per una indisposizione [...]. Volle tuttavia osservare da una fenestra del suo Quarto vicinissima alla Loggia [...]." Giovanni Battista Carbone an Francesco Bianchini (Lissabon, 14.11.1724). BVR, U.16, fol. 363r.

Interesses.[312] Bianchini konnte hierbei auf seine Erfahrungen zurückgreifen, die er im Zusammenhang mit der Einrichtung der ersten öffentlichen Sternwarte Italiens in Bologna gemacht hatte. Zwar gab es in Rom zahlreiche private Observatorien, doch die Hauptstadt des Kirchenstaates verfügte im 18. Jahrhundert noch immer nicht über ein öffentliches Observatorium wie Paris, London, Berlin und zahlreiche andere europäische Städte. Vielmehr waren es Bologneser Wissenschaftler, die das Ziel verfolgten, ein Institut zur Förderung der Wissenschaften samt Sternwarte nach Pariser Vorbild zu gründen.[313]

Der Graf Luigi Ferdinando Marsigli (1658–1730) hatte 1701 zunächst in seinem Privathaus in Bologna ein Observatorium eingerichtet.[314] In der Folge gelang es ihm jedoch, den Bologneser Senat zu überzeugen, ihm ein geeignetes Gebäude zur Verfügung zu stellen, in dem die Instrumentensammlung und eine Bibliothek untergebracht sowie ein Turm für astronomische Beobachtungen eingerichtet wurden. Als es um die Ausstattung ging, bat Marsigli den Teleskopbauer Campani um Rat, der die Anfrage an Bianchini und Maraldi weiterleitete.[315] Nach Abstimmung mit Maraldi stellte Bianchini schließlich eine Liste der benötigten Instrumente zusammen;[316] ein Jahr später war das Observatorium bereits funktionsfähig.[317] Die Gründungssitzung des Bologneser Instituts

312 „S'anderà intanto riflettendo al luogo dove possa eriggersi la torre, ch'ella suggerisce; e forse il miglior luogo sarà la nuova Villa reale, che S[ua] M[aes]tà và edificando. [...] Or in questa a me par opportuno potersi erigere l'accennata torre, potendosi far di sorte, che serva ancor d'ornam[en]to alla Villa; e quando quivi non si faccia, non mancherà luogo dove potersi fare, per servirsene, in quanto si fabrichi l'Osservatorio grande, dove potrà disporsi commodo per tutto." Giovanni Battista Carbone an Francesco Bianchini (Lissabon, 11.9.1726). BVR, U.16, fol. 379r/v.

313 Vgl. Cavazza 1984, S. 121.

314 „Quanto siano colocate le lastre di marmo nel pavimento e venuti questi istrumenti di Parigi spero che potrò inviarle quache osservazione da confrontare con le sue che nella nuova specola del Sig[no]r Colonello Marsigli V[ostra] S[ignoria] Ill[ustrissi]ma potrà fare." Francesco Bianchini an Eustachio Manfredi (Rom, 17.12.1701). BVR, U.20, fol. 16v.

315 „[...] si degna [...] di comandarmi di doverle dire il mio debile parere sopra alcuni punti concernenti la perfettione dell'Osservatorio Celeste, che fà ergere in Bologna. Mi presi l'ardire di communicare la lettera di V[ostra] E[ccellenza] et i suoi sentimenti espressi in essa a Monsig[no]r Bianchini Cameriere d'honore della San[ti]ta di N[ostro] Sig[no]re, gran Professore, e prattichissimo in queste Materie Astronomiche, et unitamente al Sig[no]r Filippo Maraldi Nipote del Sig[no]r Cassini, ambidue miei antichi P[ad]roni." Giuseppe Campani an Luigi Ferdinando Marsigli (Rom, 29.4.1702). Rom, Museo Astronomico e Copernicano, cart. XI. Zit. nach Monaco 1983, S. 426.

316 Abhandlung von Francesco Bianchini (1702), dem o. g. Brief Campanis beigefügt. Rom, Museo Astronomico e Copernicano, cart. XI. Zit. nach Monaco 1983, S. 427–431.

317 Vgl. Cavazza 1984, S. 125.

der Wissenschaften fand im Jahre 1710 statt, wobei das Institut erst 1726 offiziell seine Arbeit aufnahm.[318]

Bianchinis Kenntnisse über die in Italien existierenden Instrumente waren für Johann V. von besonderem Interesse. Carbone teilte Bianchini im Juni 1726 mit, dass der König, der sich gleichermaßen für das Kuriose wie für das Nützliche interessiere, wissen möchte, welche Arten von – insbesondere mathematischen – Kuriositäten in den Kabinetten oder Bibliotheken der italienischen Fürsten aufbewahrt werden, denn man denke darüber nach, ein solches Kabinett im königlichen Palast einzurichten.[319] In den folgenden Monaten besuchte Bianchini die Sammlungen in Florenz, Bologna, Parma und Colorno und beschrieb die Raritäten anschließend so detailliert, dass es Carbone beim Lesen schien, als hätte er sie vor Augen.[320] Die Abhandlung über jene Raritäten, die posthum erschien,[321] legt einen Schwerpunkt auf das Bologneser Institut: Ihm sei in Europa und der Welt kein Institut bekannt, so Bianchini, welches das Bologneser übertreffe oder ihm auch nur ebenbürtig sei.[322]

Im August 1726 kündigte Carbone ein wertvolles Geschenk an: Johann V. habe ihm gnädigerweise gestattet, Bianchini jenes Spiegelteleskop des Herrn Molyneux zu schicken; es sei samt Standfuß bereits verpackt auf einem Schiff Richtung Genua, von wo aus es zu einer Vertrauensperson nach Rom geschickt würde, die es Bianchini überbringen werde.[323] Der englische Astronom und Teleskopkonstrukteur Samuel Molyneux (1689–1728) hatte das Fernrohr Johann V.

318 Vgl. ebd., S. 128 sowie Tega 1984, S. 65–108.

319 „[...] prego V[ostra] S[ignoria] Ill[ustrissi]ma a darmi notizia, se l'hà, di che sorti di curiosità, specialmente matematiche, si ritrovi ornato qualche gabinetto, o libreria di cotesti Principi della nostra Italia; poiche si stà coll'idea di formarne uno per ora nel Palazzo di Campo di S[ua] M[aest]à, che ugualm[en]te rimiri la curiosità, che l'utilità." Giovanni Battista Carbone an Francesco Bianchini (Lissabon, 11. 6. 1726). BVR, U.16, fol. 378r.

320 „A 10 del passato mi capitarono finalm[en]te le notizie, e descrizzioni delle cose più rare osservate da V[ostra] S[ignoria] Ill[ustrissi]ma nella nostra Italia. [...] V[ostra] S[ignoria] Ill[ustrissi]ma avea saputo sì ben descrivere; poiche mi pareva d'aver tutto sotto l'occhio, quanto ne' suoi fogli leggeva." Giovanni Battista Carbone an Francesco Bianchini (Lissabon, 6. 5. 1727). BVR, U.16, fol. 386r.

321 Vgl. Bianchini 1882. Die Beschreibung ist als Brief Francesco Bianchinis an Giovanni Battista Carbone formuliert (Albano, 15. 10. 1726), war aber für König Johann V. bestimmt.

322 Bianchini 1882, S. 21.

323 „Sua Maestà [...] s'è degnata, non senza suo compiacim[en]to, darmi la permissione di trasmetterle un telescopio di riflesso di quei, che ultimam[en]te mandò alla luce il Sig[no]r Molineux. [...] Ho già imbarcata la cassa, in cui va rinchiuso col suo piede, in un vascello, che stà per dare alla vela verso Genova, donde sarà rimessa con sicurezza a persona fidata in Roma, che la consegni a V[ostra] S[ignoria] Ill[ustrissi]ma." Giovanni Battista Carbone an Francesco Bianchini (Lissabon, 27. 8. 1726). BVR, U.24, fol. 144r/v.

zum Geschenk gemacht, und Bianchini hatte über Carbone von dem Instrument erfahren, das aufgrund seiner speziellen Linsenanordnung mit einer Länge von nur zwei Fuß die gleiche Leistung wie ein Fernrohr von 35 Fuß erbrachte.[324] Um Bianchinis Forschungen zu unterstützen, überließ ihm Johann V. das aus Ebenholz gefertigte und reich mit Intarsien verzierte Instrument.[325] Das wertvolle Geschenk kam genau zu dem Zeitpunkt, als Bianchini die Venusflecken bereits entdeckt hatte, jedoch noch verschiedene Beobachtungen zur Überprüfung seiner Ergebnisse durchführen wollte. Entsprechend wartete er voller Ungeduld und Vorfreude auf das Eintreffen des Fernrohrs.[326] Nachdem es Ende Dezember 1726 endlich angekommen war,[327] zeigte sich Bianchini begeistert:

> „Es hat mich überrascht zu sehen, wie weit die Vergrößerung und Deutlichkeit dieses Fernrohrs reicht; es ist nur dreieinviertel römische Palmi lang und entspricht einem normalen Fernrohr von 23 Palmi. Ich habe es sowohl im Himmel als auch auf der Erde ausprobiert: es funktioniert fantastisch."[328]

Gegenüber Carbone rühmte Bianchini die Patronage, die der König bei dieser Gelegenheit ihm gegenüber demonstriert habe, so wie früher Papst Clemens XI. – zwei Souveräne, denen er zu ewigem Dank verpflichtet sei.[329] Im Februar 1727 schrieb Johann V. erneut persönlich an Bianchini – offenbar in Antwort auf

324 „In mandato in offerta à S[ua] M[aest]à dal Seg[reta]rio del Principe di Galles un cannocchiale di riflesso di non più che due piedi di lunghezza, che fà l'istesso effetto di uno di 35 piedi. [...] Il soprad[et]to Segretario chiamato M[onsieu]r Molineux è stato l'Autore di questa nuova prassi di cannocchiale." Francesco Bianchini an Eustachio Manfredi (Rom, 23. 1. 1726). BVR, U.20, fol. 163v–164v.

325 „[...] e per dar impulso a' suoi studj volle Sua Maestà fargli dono di un cannocchiale di nuova invenzione; machina insigne fatta in Londra, e composta di più ordigni, tutta d'ebano coperta con intarsiature d'argento." Mazzoleni 1735, S. 114.

326 „Attendo con desiderio un cannocchiale della nuova invenzione d'Inghilterra [...] quale sua maestà Portughese da la clemenza di volermi regalare." Francesco Bianchini an Eustachio Manfredi (Rom, 2. 11. 1726). BVR, U.20, fol. 179r/v.

327 „Ricevo due stimatiss[i]me di V[ostra] S[ignoria] Ill[ustrissi]ma, l'una in data de' 21, l'altra de' 28 Decembre. [...] Nella seconda sua lettera mi significai V[ostra] S[ignoria] Ill[ustrissi]ma l'arrivo del nuovo Telescopio, e 'l gusto in riceverlo." Giovanni Battista Carbone an Francesco Bianchini (Lissabon, 18. 2. 1727). BVR, U.16, fol. 384r.

328 „Mi hà sorpreso il vedere a quanto arivi l'ingrandim[en]to e la chiarezza di questo cannocchiale, è lungo solamente tre palmi Romani e un quarto, ed equivale ad un cannocchiale comune di 23 palmi. L'ho provato in Cielo, e in Terra: riesce a maraviglia." Francesco Bianchini an Eustachio Manfredi (ohne Datum, geschrieben zwischen dem 15. 12. 1726 und dem 11. 1. 1727). BVR, U.20, fol. 187r/v.

329 „[...] protezione, che per occasione d'essi ha voluta mostrarmi come ora Sua Maestà, così per l'avanti il Sommo Pontefice Clemente XI., due Sovrani, a' quali doverò e debbo eterne le obbligazioni." Francesco Bianchini an Giovanni Battista Carbone (Albano, 19. 10. 1726). BVR, U.23, fol. 183v.

dessen Dankesbrief – und äußerte seine Wertschätzung für Bianchini als Person sowie dessen wissenschaftliche Forschungen und Gelehrsamkeit.[330] Bianchini hinterließ das Teleskop Molyneuxs nach seinem Tod per Testament Kardinal Giovanni Antonio Davia (1660–1740).[331] Dieser schenkte es dem Institut der Wissenschaften in Bologna, wo es letztmalig 1843 in einem Inventar erwähnt wird und heute als verschollen gilt.[332]

Das Teleskop sollte nicht das einzige Geschenk bleiben, das Bianchini von seinem Patron erhielt. Im November 1727 dankte er Johann V. für die „neuerliche Flut an Gunst", die ihm der königliche Wohltäter über den Botschafter habe zukommen lassen, als er gerade erst damit fertig gewesen sei, sich für die letzten Gaben zu bedanken, die er Anfang des Jahres über Pater Carbone erhalten hatte.[333] Voller Euphorie und mit der üblichen Bescheidenheit wandte sich Bianchini am gleichen Tag auch an Carbone: Er müsste ein ganzes Traktat über das überraschend prächtige Geschenk schreiben, denn wer davon höre, werde glauben, dass er Nuntius am Hofe des Königs gewesen sei und nicht nur einer seiner nutzlosesten Diener.[334] Johann V. war ein Patron, der seiner Dankbarkeit für die Dienste, die sein Klient im fernen Italien für ihn ausführte, in großzügiger Weise Ausdruck verlieh. Doch Bianchini wusste sich zu revanchieren und kündigte seinerseits ein Geschenk für den König an: „ein von Lusverg angefertigtes Instrument aus Metall, das ich von ihm zu dem Zwecke konstruieren lasse, sämtliche Bewegungen des Planeten Venus darzustellen".[335] Diese Venus-

330 „Com tudo me pareceo significarvos por esta a estimaçaõ, que faço da vosa pessoa, pelas virtudes de que hâ ornada e pela sciencia, e erudiçaõ, que nella resplandeçem, e poteis estar certo do muito que me foraõ agradaveis as vossas expressões." Johann V. an Francesco Bianchini (Lissabon, 11.2.1727). BVR, U.24, fol. 280r.

331 Vgl. Baldini 1984, S. 532, Anm. 10. Zu Davia vgl. auch Polignac 2005, S. 168f.

332 Inventario degli Oggetti che a tutto l'anno 1843 costituiscono il Gabinetto Astronomico della Pontificia Università di Bologna redatto dal Dottore Gaetano Ceschi Astronomo Aggiunto. Bologna, Archivio della Specola, busta 25. Vgl. hierzu Baiada/Braccesi 1983, S. 90 sowie Baiada/Bònoli/Braccesi 1995, Kat.-Nr. 35.

333 „Devo rendermi nuovamente a' piedi della Maestà V[ost]ra per la nuova profusione di grazie, che la Reale sua beneficenza per mezo del Sig[no]r Ambasciatore ha voluto farmi provare sopra ogni credere magnifiche, appena terminati gli umilissimi ringraziamenti per l'altre, che sul principio dell'anno presente mi fece pervenire il P[adre] Carbone." Francesco Bianchini an Johann V. (Rom, 7.11.1727). BVR, S.82, fol. 135r.

334 „[...] io doverei scriverle un'intero trattato sopra il Regalo sorprendentemente splendido, e magnifico, che per ordine di Sua Maestà mi hà fatto il Sig[no]r Ambasciatore. Quanti ne saranno informati, crederanno che io sia stato Nunzio appresso la Maestà del Rè, e non che sia uno de' più inutili Servitori, che un tanto Monarca onori de' suoi comandi." Francesco Bianchini an Giovanni Battista Carbone (Rom, 7.11.1727). BVR, S.82, fol. 129r.

335 „Vedrà la Maestà Sua di lavoro del Lusverg la macchina di metallo che io gli faccio fare, per dimostrare i moti tutti del Pianeta di Venere [...]." Francesco Bianchini an Giovanni Battista Carbone (Rom, 7.11.1727). BVR, S.82, fol. 132v–133r.

armillarsphäre war Teil einer umfangreichen Lieferung von Zeichnungen, Drucken und Instrumenten, die Bianchini im Juli 1728 nach Portugal schickte und detailliert in einem Brief an Carbone beschrieb:

> „Ich habe dem Herrn Giovanni de Ribera, dem Maggiordomo Seiner Exzellenz des Botschafters, drei Kisten und eine Blechrolle mit einigen Zeichnungen und Drucken übergeben, die an Euch adressiert und für Seine Majestät bestimmt sind. In die Blechrolle habe ich die Zeichnung des Sternbilds Jungfrau in der gleichen Größe gelegt, wie es auch auf dem Himmelsglobus ausgeführt sein wird. [...] Außer diesen Blättern werdet Ihr in der Blechrolle einige andere Drucke finden, die Teil eines weiteren von mir im kommenden Jahr zu publizierenden Traktats sind und die den Grundriss, die Höhe, die Struktur und die Ornamente des antiken Cäsarenpalastes hier in Rom zeigen; zu gegebener Zeit werde ich darum ersuchen, es den königlichen Brautpaaren von diesem [portugiesischen] und dem spanischen Hof widmen zu dürfen. [...] Ihr werdet sehen, dass unter den Blättern der Blechrolle jener Druck ist, mit dem der Globus konstruiert werden kann, der den Planeten Venus mit seinen von mir entdeckten und benannten Flecken zeigt. Diese [Flecken] werdet Ihr jedoch noch besser auf dem Globus aus Metall erkennen können, der sich in der Kiste 1 befindet. [...] Darin ist der Metallglobus mit seinem Standfuß, geformt aus zwei geflügelten Putti, die Hesperos und Phosphoros auf einer Meeresklippe darstellen und den Globus selbst tragen, auf dem mit silbernen, reliefierten Lettern die von mir an Seine Majestät gerichtete Widmung und die Namen aller Flecken aufgeführt sind [...]. In der Kiste 3 befindet sich ein Instrument aus vergoldetem Metall, das den Umlauf der Venus um die Sonne sowie die drei kürzlich entdeckten Bewegungen jenes Planeten darstellt, d. h. die Rotation um die eigene Achse in 24 Tagen und 8 Stunden und den Parallelismus der Achse selbst während des gesamten Laufs auf der Umlaufbahn.“[336]

336 „[...] ho consegnato al Sig[no]r Gio[vanni] de Ribera Maggiordomo dell'Ecc[ellentissi]mo Sig[no]r Ambasciatore trè cassette, ed un cannello di latta con entro alcuni disegni, e stampe, il tutto diretto a V[ostro] P[adre] M[olto] R[everendo] per servizio di Sua Maestà. Nel cannello di latta hò posto il disegno dell'Asterismo della Vergine della vera grandezza di cui sarà nel Globo Celeste [...]. Oltre a queste carte ella ritroverà nel cannello alcune altre stampe, che sono parte di un'altra mia Opera da stamparsi l'anno venturo, la quale dimostrerà la pianta, l'altezza, la struttura, e gli ornamenti del Palazzo degli antichi Cesari quì in Roma; e supplicherò a suo tempo di poter dedicare alli Ser[enissi]mi Sposi Reali di cotesta Corte, e di quella di Spagna. [...] Tra le carte del cannello di latta vederà esserci quella stampata per formare il Globo, che rappresenta il Pianeta di Venere con le sue macchie, da me scoperte, e denominate. Meglio le vederà nel Globo di metallo, il quale è incluso nella cassetta segnata I. [...] Dentro vi sono il Globo di metallo, con il suo piede formato da due

In Bianchinis Beschreibung der Lieferung sind mehrere bereits bekannte Objekte zu identifizieren, darunter die Schablone für den Venusglobus (vgl. Bild 38), die vom römischen Instrumentenbauer Domenico Lusverg (1669–1744) angefertigte Venusarmillarsphäre sowie die Skulpturengruppe mit zwei Putti, die den Venusglobus tragen (vgl. Bild 40). Während Bianchini seinen Korrespondenten Venusgloben aus bemaltem Holz schickte, bekam der portugiesische König diesen besonders gestalteten Venusglobus aus Silber,[337] der ebenfalls eine Arbeit Lusvergs war.[338] Auf dem Frontispiz des Traktats werden Bianchinis Geschenke – sowohl der Venusglobus als auch die Venusarmillarsphäre – dem König symbolisch im Bild überreicht. Die im Brief erwähnten Sternbild-Zeichnungen schickte Bianchini in Vorbereitung eines vom König in Auftrag gegebenen Globenpaares, auf das an späterer Stelle ausführlicher eingegangen wird. Die im Juli 1728 versandten Kisten erreichten Lissabon erst mehrere Monate später – im Dezember berichtete Carbone von der Öffnung der Ladung:

> „Ich ließ also die Kisten öffnen und setzte alle Objekte nach Eurer Beschreibung zusammen. [...] Dann stellte ich alles vor die Augen Seiner Majestät und führte nacheinander alle Dinge vor und demonstrierte die verschiedenen Bewegungen des von Euch beobachteten Planeten [...]. Nachdem ich dies getan hatte, erfreute sich der genannte Herr daran, jedes Objekt gründlich und mit Anzeichen großer Wertschätzung und Gefallen anzuschauen und eingehend zu betrachten; und er lobte nicht nur Eure Fähigkeiten und Forschungen, durch die Ihr die Astronomie mit wahrlich neuen und interessanten Erkenntnissen bereichern konntet, sondern ebenso die Perfektion, mit der alles ausgeführt worden ist, auch was das Material des Globus, des Podestes, der Armillarsphäre etc. betrifft. Anschließend fuhr er fort, sämtliche Namen zu lesen, die in den

Genietti alati, che rappresentano Espero, e Fosforo sopra un scoglio marino, che reggono il globo istesso, in cui restano espressi con lettere di argento di rilievo oltre la dedica da me fattane a Sua Maestà i nomi di ciascheduna macchia [...]. Nella 3.a Cassetta segnata 3 si è collocata una macchina di Metallo dorato, che rappresenta l'Orbita di Venere intorno al Sole, e li tre moti scoperti in quel Pianeta ultimamente, cioè di Rivoluzione circa il suo Asse in 24 giorni, e 8 ore, e di parallellismo dell'Asse istesso in tutto il corso della sua Orbita." Francesco Bianchini an Giovanni Battista Carbone (Rom, 22. 7. 1728). BVR, S.82, fol. 152r–154r.

337 „Un'altro di metallo ne hò fatto lavorare delle nuove scoperte [...] il quale mi fu portato dall'Argentiere a cui ordinai questo lavoro con due statuette d'argento, che rappresentassero Fosforo ed Espero [...]." Francesco Bianchini an André de Mello (Rom, 27. 3. 1728). BVR, S.82, fol. 258v. Auch Mazzoleni beschreibt die zwei Figuren: „Angioletti, che con una mano sostenevano nel mezzo il globo di Venere, con l'altra l'uno alzava una stella, l'altro spegneva una fiaccola." Mazzoleni 1735, S. 114.

338 „Spero che riuscirà secondo il genio di V[ostra] S[ignoria] Ill[ustrissi]ma il globo di Venere, in cui travaglia il Sig[no]r Lusvergo [...]." Giovanni Battista Carbone an Francesco Bianchini (Lissabon, 25. 2. 1728). BVR, U.24, fol. 150v.

> Venusflecken eingetragen sind, wie auch die für ihn bestimmte Inschrift in dem als Mare Regium bezeichneten Fleck; und er zeigte sich von all dem, um es mit einem Wort zu sagen, hochzufrieden."[339]

Bianchini hätte sich wohl keine positivere Reaktion auf seine Geschenke vorstellen können – so wie er sich zuvor über das Teleskop gefreut hatte, zeigte sich Johann V. nun angetan von dem Venusglobus und der Venusarmillarsphäre. Der portugiesische König hatte als Patron Bianchinis selbstverständlich größtes Interesse am Erfolg der astronomischen Beobachtungen, denn schließlich lieh er dem Projekt durch seine finanzielle Unterstützung seinen Namen. Folglich war es auch in seinem eigenen Interesse, Bianchini ausgezeichnete Instrumente zur Verfügung zu stellen. Neben ihrem wissenschaftlichen Zweck besaßen das Teleskop, der Venusglobus und die Venusarmillarsphäre auch einen hohen symbolischen Wert als repräsentative Geschenke.

Die Praxis des Schenkens wurde bereits als eine der wichtigsten Kommunikationsformen der Frühen Neuzeit erkannt.[340] Das Tauschen von Objekten gehörte ebenso zu den grundlegenden kommunikativen Praktiken wie das Sprechen, Schreiben und Forschen. Gegenstand dieser Kommunikationspraxis waren die Objekte selbst sowie die mit ihnen verbundenen Informationen; so wurden im 18. Jahrhundert nicht mehr nur natürliche oder künstliche Objekte getauscht, sondern ebenso Drucke, Texte und Zeichnungen als die Ergebnisse der wissenschaftlichen Arbeit mit eben jenen Objekten. Die Ausgestaltung der wissenschaftlichen Kommunikation in der Praxis der Gabe und Gegengabe führt der Theorie Pierre Bourdieus zufolge über den rationalen Wechsel des Besitzers hinaus.[341] Vielmehr ist der Vorgang des gegenseitigen Gebens und Nehmens gleichzeitig auch eine Verwandlung materieller in symbolische Güter, an die sich Begriffe wie Ehre, Prestige oder der persönliche Ruf des Schenkenden oder Beschenkten knüpfen. Die von Bianchini und König Johann V. ver-

339 „Feci dunque aprire le casse, e poste in ordine tutte le cose secondo la sua medesima istruzzione. […] posi il tutto sotto gli occhi di S[ua] M[aest]à mostrandoLe una per una tutte le cose, e facendoLe vedere i diversi movimenti del Pianeta da V[ostra] S[ignoria] Ill[ustrissi]ma osservati […]; il che fatto da me, si compiacque il d[et]to Sig[nor]e andar considerando, e vedendo minutam[en]te ciascuna cosa con segni di molta stima, e gusto, lodando non meno la singolar abilità, e studio di V[ostra] S[ignoria] Ill[ustrissi]ma, per cui hà saputo arricchire di si nuove, e curiose notizie l'Astronomia, che la perfezzione, con cui stava eseguito il tutto, anche in quel che concerne al materiale del globo, piede, sfera ecc. Andò ancora leggendo tutti i nomi espressi nelle macchie di Venere, come ancora l'iscrizzione fatta per lui nella macchia intitolata Mare Regium; e di tutto si mostrò, per dirlo in una parola, sodisfatissimo." Giovanni Battista Carbone an Francesco Bianchini (Lissabon, 14. 12. 1728). BVR, U.16, fol. 414v–415r.

340 Vgl. zum Folgenden Findlen 1991 sowie Siemer 2004.

341 Vgl. Siemer 2004, S. 111–113.

schickten Instrumente waren weder ausschließlich Forschungsinstrumente – und damit Medien des Wissenstransfers – noch rein dekorative Objekte. Als Geschenke dienten sie dem Aufbau und der Konsolidierung einer gesellschaftlichen Verbindung. Dadurch wurden sie ebenfalls zu Medien eines Loyalitätstransfers und der Manifestation einer sozialen Beziehung zwischen Klient und Patron.

### Zwei Globen und eine Armillarsphäre

Francesco Bianchini betätigte sich auch als Agent zwischen Johann V. und den italienischen Künstlern. So teilte er Carbone im Juli 1727 mit, er habe sich mit dem Bologneser Mazza[342] getroffen, über den er in seiner Abhandlung über die in Italien befindlichen Raritäten bereits berichtet hatte, dass er einige gelungene astronomische und geographische Arbeiten von ihm gesehen habe.[343] Als sie bei dem Treffen auf die im Auftrag von Ludwig XIV. angefertigten Globen in Versailles zu sprechen gekommen seien – die größten Globen, die bis dato existierten –, habe Mazza geäußert, dass er Lust dazu hätte, noch größere als jene und mit weiteren Besonderheiten ausgestattete Globen zu bauen. Falls Johann V. daran Interesse haben sollte, wäre Mazza in der Lage, diese für ihn auszuführen. Er hätte bereits zwei Globen in normaler Größe für Kardinal Davia hergestellt, die seine außergewöhnlichen Fähigkeiten demonstrieren würden.

Mit den erwähnten Globen Ludwigs XIV. ist das berühmte Paar des Erd- und Himmelsglobus gemeint, das Vincenzo Coronelli im Auftrag von Kardinal César d'Estrées zwischen 1681 und 1683 konstruiert hatte.[344] Die Globen waren

342 Unter den in Thieme/Becker 1999, Bd. 24, S. 303, verzeichneten Künstlern namens Mazza könnte am ehesten Angelo Michele Mazza gemeint sein. Der Architekt, Maler und Bildhauer stammte aus Parma, war jedoch auch in Bologna tätig und trat schließlich in Rom in die Dienste Kardinal Ottobonis ein; sein Todesjahr wird mit 1726 angegeben. Aus Bianchinis Briefen geht allerdings hervor, dass der Künstler Mazza am 9. 11. 1727 starb. Ein weiterer Brief deutet zudem darauf hin, dass der Vorname Mazzas offenbar Pellegrino lautete. Siehe Anm. 349.

343 „[...] è venuto in Roma quel Mazza Bolognese, di cui nella mia Relazione dissi avere veduto alcune Opere di buon gusto per l'Astronomia, e Geografia. Discorrendo con lui de' globi grandi fatti fare dalla gloriosa Memoria di Ludovico XIV. a Versaglies i maggiori che siano state sinora lavorati, dice, che gli darebbe l'animo di farne ancora de' maggiori: e che avessero qualche singolarità sopra gli altri. Quando mai la Maestà Sua volesse restare servita, questo Artefice è capace di effettuarlo assai bene. Ne ha fatti quì alcuni per il Sig[no]r Cardinale Davia in misura ordinaria, ma si vede da questi la di lui capacità singolare." Francesco Bianchini an Giovanni Battista Carbone (Rom, 12. 7. 1727). BVR, S.82, fol. 103v–104r.

344 Kardinal d'Estrées hatte zuvor die zwei Globen von 1,75 Metern Durchmesser gesehen, die Coronelli 1678 für Ranuccio Farnese, den Herzog von Parma, konstruiert hatte. Daraufhin beauftragte er Coronelli, zwei noch größere Globen für Ludwig XIV. zu bauen. Vgl. dazu Pelletier 1998, S. 90–97 sowie Bònoli 1999, S. 139–145.

ein Geschenk für Ludwig XIV. und besitzen einschließlich der Horizontkreise jeweils einen Gesamtdurchmesser von 4,87 Metern, wobei die Kugeln allein 3,87 Meter messen.[345] Die prachtvollen Instrumente dienten vor allem der Machtzelebration – die Sterne des Himmelsglobus sind genau in der Position dargestellt, in der sie sich im „gloriosen Moment der Geburt Ludwigs XIV." am Himmel befanden, so die erläuternde Inschrift.[346]

Bianchinis Vorschlag musste beim portugiesischen König auf fruchtbaren Boden fallen, bot er ihm doch die Möglichkeit, sein großes Vorbild Ludwig XIV. noch zu übertrumpfen. Schon einen Monat später konnte Carbone das Einverständnis Johanns V. vermelden:[347] Bianchini solle nicht zögern, die Globen in Auftrag zu geben, allerdings unter der Voraussetzung, dass Mazza tatsächlich der beste Künstler sei, den Bianchini auch unter den anderen Nationen kenne; der König wünsche, dass die Globen vom besten Künstler Europas angefertigt werden. Neben den zwei großen Globen für die Königliche Bibliothek bestelle er außerdem eine ebenfalls für die Bibliothek bestimmte Armillarsphäre sowie zwei kleinere handliche Globen. In einem weiteren Brief betonte Carbone, es sei notwendig, dass die Globen in Perfektion ausgeführt seien, da der König sie nicht nur für den eigenen Gebrauch nutzen möchte, sondern als Schmuck für seine Bibliothek.[348] Auch die Armillarsphäre müsse eine der größten bisher konstruierten werden und ebenso perfekt wie die Globen, da sie für denselben Zweck gedacht sei. Die zwei kleinen Globen würden zunächst noch nicht in Auftrag gegeben werden, da sie nicht zusammen mit den beiden großen

345 Im Jahre 1703 wurden die zwei Globen zum Schloss Marly gebracht, wo sie bis 1715 in den zwei Pavillons standen, die ursprünglich für die Unterbringung von Gästen bestimmt waren. 1722 wurden sie in die Königliche Bibliothek verlegt und dort ab 1782 in einem extra Raum ausgestellt. Vgl. Pelletier 1998, S. 93–97.

346 Vgl. Olmi 1999, S. 87.

347 „[...] non si dubita di commettergli, purche V[ostra] S[ignoria] Ill[ustrissi]ma stia certa, che questo sia il miglior Artefice di quanti ne hà conosciuti per fama anche di altre Nazioni; poiche il genio, e desiderio di S[ua] M[aest]à è che siano assai esatti e perfetti, e per ciò desiderava, che si facessero dal miglior Artefice d'Europa. [...] Oltre questi due Globi grandi, e magnifici per la libraria di S[ua] M[aest]à, s'hà da fare una sfera armillare proporzionata, per l'istessa libreria; e di più due globi più piccoli, e trattabili di circa due palmi romani." Giovanni Battista Carbone an Francesco Bianchini (Lissabon, ohne Datum; ca. September 1727). BVR, U.24, fol. 141r/v.

348 „Comunque si sia è necessario che siano miniati con tutta perfezione; desiderandoli S[ua] M[aest]à non solo per l'uso proprio a cui sono per se ordinati, mà ancora perche servano d'ornamento alla Sua Libreria. [...] La sfera armillare dovrà essere altresì delle più grandi, che sin ora si sono lavorate, e perfetta del suo genere a proporzione de' globi, dovendo servire all'istesso intento. [...] I due globi più piccoli non si commettono per ora, sì perche non è necessario che vengano insieme coi grandi, come ancora, perche i grandi colla sfera ricercano per se bastante tempo." Giovanni Battista Carbone an Francesco Bianchini (Lissabon, 9.9.1727). BVR, U.16, fol. 400r/v.

kommen müssten und für die großen Globen samt Armillarsphäre schon genug Zeit beansprucht werden würde.

Angesichts des Bestimmungsortes der Globen äußerte Bianchini jedoch Einwände bezüglich ihrer gewünschten Größe:[349] Obgleich Mazza noch keine Globen in der Größe geschaffen habe wie jene von zwölf Fuß Durchmesser, die Ludwig XIV. von Coronelli hatte bauen lassen, zweifele er nicht daran, dass er noch größere konstruieren könnte. Doch in Anbetracht der Tatsache, dass der König die Globen zum Schmuck seiner Bibliothek nutzen möchte, habe er Zweifel, dass man sie in dieser Größe anfertigen lassen könne, die für jede Bibliothek unverhältnismäßig wäre. Der französische König bewahre jene Globen einzeln und jeweils in einem extra zu diesem Zwecke errichteten Raum auf. Auch unabhängig von der Größe der Bibliothek glaube er kaum, dass Globen eines solchen Ausmaßes, die doch etwas Kolossales an sich hätten, gut proportioniert wirkten. Falls der König die Konstruktion der Globen nicht in dem Umfang jener von Marly wünsche, aber doch in einer Größe, die die übliche übertreffe, könnte man anstreben, sie mit einem Durchmesser von sechs Fuß herzustellen, was einer der größten wäre, die er in den Bibliotheken Italiens, Frankreichs, Hollands und Englands bislang gesehen hätte.

Die Armillarsphäre könnte dagegen in Bronze in einem Durchmesser von vier Fuß oder mehr im kopernikanischen oder tychonischen System angefertigt werden – je nachdem wie es gewünscht sei –, wobei Lusverg die Ausführung übernehmen könne, der für seine Exaktheit in der Konstruktion mathematischer Instrumente nicht nur in Rom, sondern in ganz Europa bekannt sei; als Beispiel für eine Arbeit Lusvergs werde der König die Venusarmillarsphäre sehen, die Bianchini für ihn anfertigen lasse.[350]

349 „Questo Artefice Bolognese Pellegrino Mazza [...] benchè non abbia egli stesso fatti quelli che il defonto Rè Cristianissimo Ludovico XIV fece lavorare al Padre Maestro Coronelli [...], avendo piedi 12 [...]; nondimeno penso non diffida di poterne lavorare de' maggiori [...]. Ma considerando poi ciò che aggiunge, cioè di volerli la Maestà Sua collocare per ornamento della sua Libreria, dubito se possa ricercarli di quella grandezza, che per ogni Libreria sarebbe eccessiva. Il Rè di Francia tiene ognuno di que' globi separatamente in una camera fatta apposta [...]. E veramente per vasto che fosse una Libreria, stento a credere, che così fatti globi, che si può dire abbiano del Colosso, vi riuscissero proporzionati. In caso dunque, che la intenzione di cotesto Monarca fosse di farli formare non della vasta mole di quelli di Marly, ma di grandezza, che superi le costumate in ogni grande Libreria, converrebbe intendere, che facessero in diametro sei piedi in circa di Parigi, misura delle più grandi, che io sappia, ò abbia vedute sinora in qualunque Libreria d'Italia, di Francia, d'Olanda, e d'Inghilterra." Francesco Bianchini an Giovanni Battista Carbone (Albano, 1. 11. 1727). BVR, S.82, fol. 115v–119r.

350 „Quando poi la Maestà Sua volesse una sfera armillare, che [...] sia dal consueto lavoro in bronzo con il sistema Copernicano, o Ticonico nel modo che vorrà, potrà lavorarlo di quattro piedi in diametro, e di più lunga misura ancora questo Lusverg celebre per i lavori degli stromenti matematici, non solamente quì in Roma ove si

Anfang November 1727 teilte Bianchini Carbone mit, dass Mazza – den er als einzigen in Italien für fähig halte, diese Art von Instrumenten zu konstruieren – schwer erkrankt sei.[351] Außerdem berichtete er, dass er in der Bibliothek des Konvents S. Maria sopra Minerva die dortigen Globen und die Armillarsphäre vermessen habe, um deren Maße mit den anzufertigenden Instrumenten vergleichen zu können. Ferner habe er einen Schüler der Malerschule Carlo Marattas beauftragt, als Arbeitsprobe das Sternbild Jungfrau in Miniatur in derselben Größe zu malen wie es im Sternatlas Bayers ausgeführt sei; er werde das Blatt Carbone zuschicken, damit es dem König vorgelegt werden könne. Diese Zeichnung legte Bianchini im Sommer 1728 in die Kiste 2 seiner großen Lieferung an den portugiesischen König.

Ende November 1727 musste Bianchini jedoch zu seinem großen Bedauern vermelden, dass Mazza am 9. des Monats verstorben war.[352] Obgleich er diesen im vorigen Brief noch als unersetzlich bezeichnet hatte, schlug er Carbone umgehend einen Ersatzmann vor, von dem er gehört habe, dass er in der Lage sei, diese Arbeit zu vollenden – es handele sich um einen Schüler Pater Francesco Eschinardis (1623–1703), der am Collegium Romanum Mathematik gelehrt hatte; eine Arbeitsprobe lege er dem Brief bei. Carbone antwortete Bianchini, er sei betrübt über die Nachricht vom Tode Mazzas, jedoch getröstet durch die

trattiene, ma ancora in tutta Europa per l'esattezza delle divisione, e pulizia del lavoro. Vedrà la Maestà Sua di lavoro del Lusverg la macchina di metallo che io gli faccio fare […].“ Francesco Bianchini an Giovanni Battista Carbone (Rom, 7. 11. 1727). BVR, S.82, fol. 132v.

351 „Il Medico dice, che il male è grande; ma non è fuori di speranza di vivere, com'era ne' giorni passati. […] Sono stato questa mattina alla Libreria de' Domenicani di Santa Maria Sopra Minerva per misurare i Globi, e la sfera armillare. […] Se sopravive questo Mazza, che io credo l'unico quì in Italia capace di far bene macchine di quella sorte. […] Tratanto io hò ordinato ad uno che è della Scuola del Cavaliere Carlo Maratti Pittore, che faccia una prova di formare di miniatura la costellazione della Vergine, ricopiandola dal Bayero della medesima grandezza di cui è quella Stampa Bayeriana. La manderò a V[ostro] P[adre] M[olto] R[everendo], acciochè possa farla presentare sotto gl'occhi di Sua Maestà […].“ Francesco Bianchini an Giovanni Battista Carbone (Rom, 7. 11. 1727). BVR, S.82, fol. 131r–132r.

352 „Con quanto rammarico io stavo per scriverle l'ordinario antecedente la morte seguita di quell'Artefice Bolognese, che si era esibito di fare i Globi per la Maestà del Re, che finalmente lo ridusse all'estremo di sua vita li 9 del corrente. […] mi è riuscito felicemente di rinvenire soggetto […] di cui mi fu detto che sarebbe capace e di perfezionare quel lavoro, e di farne ancora de' maggiori. Egli è allievo del P[adre] Eschinardi, che fu lettore di Matematica del Collegio Romano, ed un mio grande amico, ed oltre alla Teorica, ho inteso che in pratica ancora abbia dato gran saggio di se nel lavoro de' Globi Terrestre, e Celeste, ed in Carte di Geografica. […] Trattanto, per assicurarci della di lui abilità, servirà di pruova questo foglio […].“ Francesco Bianchini an Giovanni Battista Carbone (Rom, 22. 11. 1727). BVR, S.82, fol. 137r–138r.

Nachricht, dass bereits ein fähiger Ersatz gefunden worden sei.[353] Allerdings werde der Auftrag dem neuen Künstler erst dann offiziell erteilt, wenn sich auch der König von dessen Fähigkeiten habe überzeugen können.

Johann V. war von der Arbeitsprobe offenbar angetan, denn im März 1728 informierte Bianchini den portugiesischen Botschafter in Rom, André de Mello, dass die Arbeit an den Globen mit großer Freude fortgesetzt werde in der Hoffnung, den König nicht nur in dem Maße zufriedenstellen zu können, wie es Mazza getan hätte, sondern auf noch bessere Weise.[354] Doch zeitgleich eskalierte eine diplomatische Krise zwischen Portugal und dem Kirchenstaat, aufgrund derer sich die Fertigstellung der zwei Globen und der Armillarsphäre zunächst verzögerte.

### Patronage trotz diplomatischer Krise

Im Frühjahr 1728 kam es zum offiziellen Abbruch der diplomatischen Beziehungen zwischen Portugal und Rom.[355] Dies geschah vor dem Hintergrund eines jahrelangen Streits über eine Personalfrage: So wie die in Paris, Madrid und Wien tätigen Nuntien traditionell zu Kardinälen ernannt worden waren, wollte Johann V. dies 1719 auch für Vincenzo Bichi (1688–1750) erreichen, der seit 1710 Nuntius in Lissabon war. Doch Papst Clemens XI. berief Bichi wegen schlechter Amtsführung offiziell zurück nach Rom und ernannte stattdessen Giuseppe Firrao (1669–1744) zu Bichis Nachfolger. Daraufhin verweigerte der König Firrao die Einreise nach Portugal und wies Bichi an, die Nuntiatur in Lissabon erst dann zu verlassen, wenn ihm die Kardinalswürde verliehen worden sei. Johanns Forderung wurde jedoch sowohl von Clemens XI. als auch von dessen Nachfolger, Innozenz XIII., abgelehnt, woraufhin der portugiesische König bereits 1721 mit dem Abbruch der diplomatischen Beziehungen drohte.

353 „[...] m'hà recato gran dispiacere colla notizia della morte del Sig[no]r Mazza Bolognese, così mi há consolato coll'altra dell'aver trovato soggetto abile a supplir la di lui mancanza, ed effetuar l'opera de' Globi, che S[ua] M[aest]à desiderava. Essendo però, che V[ostra] S[ignoria] Ill[ustrissi]ma vuol prima sperimentar la di lui abilità, e doppo farne avvisato l'Ecc[ellentissi]mo Sig[no]r Ambasciadore, come ancora fare a me l'onore di communicarmi l'istessa notizia, per questo non si manda per ora ordine alcuno per effettuarsi l'opera per mezzo di questo nuovo artefice, aspettandosi prima il sudetto avviso." Giovanni Battista Carbone an Francesco Bianchini (Lissabon, 20. 1. 1728). BVR, U.24, fol. 148r.

354 „Oltre a questi io ero venuto per significare alla Ecc[ellen]za V[ost]ra, che si proseguiva il lavoro de' Globi con molta felicità, di modo che io spero, che la Maestà del Re possa restare servita non solo egualmente di quello che averebbe fatto il Mazza, ma ancora in miglior forma." Francesco Bianchini an André de Mello (Rom, 27. 3. 1728). BVR, S.82, fol. 258r.

355 Vgl. Vasco Rocca/Borghini 1995, S. 486–488.

Die Päpste weigerten sich in dieser Frage dabei wohl weniger aus dem Grund, dass sie Bichi tatsächlich des Amtes nicht für würdig befanden, sondern vielmehr aus taktischen Gründen. Die automatische Verleihung der Kardinalswürde an die Nuntien war ein Privileg, das neben dem Kirchenstaat den großen europäischen Monarchien Frankreich, Spanien und dem deutschen Kaiserreich vorbehalten bleiben sollte. Schließlich willigte jedoch Papst Benedikt XIII. im Jahr 1725 schriftlich ein, Bichi zum Kardinal zu ernennen. Diese eventuell seiner politischen Unerfahrenheit geschuldete Entscheidung führte allerdings umgehend zu derart heftigen Protesten im Kardinalskollegium, dass der Papst sein Angebot gegenüber Johann V. wieder zurücknahm.[356]

Als der Konflikt bereits knapp zehn Jahre andauerte, kam es im Frühjahr 1728 zum nunmehr unvermeidlich gewordenen Abbruch der diplomatischen Beziehungen. Johann V. schloss die Nuntiatur in Lissabon, wies alle seine Untertanen an, Rom zu verlassen, und verbot der portugiesischen Nation, Beziehungen mit dem päpstlichen Hof zu unterhalten. Diese Blockadesituation wurde erst durch Papst Clemens XII. gelöst, der in einer politisch isolierten Lage, die durch das chronische Defizit der päpstlichen Finanzen noch erschwert wurde, der Forderung des portugiesischen Königs schließlich nachkam.[357] Bichi wurde 1730 zum Kardinal ernannt und nach seiner Rückkehr nach Rom mit zahlreichen Ämtern bedacht.

Nachdem der portugiesische Botschafter André de Mello der Anweisung Johanns V. Folge geleistet und Rom im März 1728 verlassen hatte,[358] verfügte Bianchini über keinen direkten Ansprechpartner mehr, mit dem er die Arbeit an den Globen in Rom hätte besprechen können. Auch Carbone musste seinen Briefverkehr mit Bianchini offiziell einstellen. Schließlich gelang es ihm jedoch, Bianchini die neuen Anweisungen bezüglich der Globen, über die er sich mit dem Botschafter in Lissabon beraten hatte, über einen Kurier namens Pier Francesco Tambini in Genua zukommen zu lassen:[359] Er sei sich, so Carbone im Novem-

356 Vgl. ebd., S. 500f.

357 Vgl. Lattanzi 1995, S. 477.

358 „[...] non avendo avuta la sorte di ritrovarla nel suo Palazzo i giorni avanti la sua partenza da Roma [...]; mi appiglio al mezzo che solo mi resta di rinovarle con la presente lettera il mio profondo rispetto [...].“ Francesco Bianchini an André de Mello (Rom, 27. 3. 1728). BVR, S.82, fol. 258r.

359 „Nonostanti i raggionevoli motivi dell'interruzzione da me fatta di scrivere a V[ostra] S[ignoria] Ill[ustrissi]ma, che ancora sono in piedi, stimo incaminarle questa per la via di Genova inclusa al P[adre] Pier Franc[esc]o Tambini. E serve per significarle, che avendo consultato col Sig[no]r D[om] Andrea di Mello Conte das Galveas, che fú costì Ambasciadore, circa i due consaputi Globi, commessi per S[ua] M[aes]tà, fummo d'accordo, che sarebbe stata a proposito farli V[ostra] S[ignoria] Ill[ustrissi]ma terminare come cosa sua, senza dichiarare, che sia questa raccomandazione fatta da Lisbona. [...] Proposi quest'istesso al Ré; e allegandogli quelle raggioni, che mi parvero convenienti per indurlo à dar la permissione, finalm[en]te la

ber 1728, mit dem Botschafter de Mello darüber einig geworden, dass Bianchini die beiden Globen auf seinen eigenen Namen fertigstellen lassen solle, ohne jedoch anzugeben, dass diese Empfehlung aus Lissabon komme – auch der König habe dem Vorschlag zugestimmt. Diese Erlaubnis betreffe gleichermaßen auch die Armillarsphäre nach tychonischem System, die Bianchini bei Lusverg in Auftrag geben könne.

Offenbar verschärfte sich die Krise jedoch erneut, denn knapp zwei Wochen später ließ Carbone Bianchini über den Kurier Tambini die Nachricht zukommen, dass Johann V. die Globen nun doch nicht mehr haben wolle, die Arbeiten abgebrochen und die Künstler für die bereits erbrachten Dienste und Ausgaben entlohnt werden sollten.[360] Carbone empfahl Bianchini allerdings, die Globen irgendwo aufzubewahren – falls die Krise irgendwann beendet sein sollte, könnte man sie vollenden, sobald der König wieder daran interessiert sei. Nachdem Tambini die Nachricht Carbones in seinem Brief zitiert hatte, gab er selbst noch zu bedenken, Bianchini möge sich genau überlegen, was er mit den Globen mache, denn soweit er wüsste, nähmen die Verstimmungen zwischen dem Papsthof und Portugal keine gute Entwicklung.

Mitten in dieser Krisenstimmung erhielt Johann V. im Dezember 1728 jedoch die Lieferung mit Instrumenten und Drucken – darunter den Venusglobus und die Venusarmillarsphäre. Möglicherweise waren es diese Geschenke Bianchinis, die ihn wieder umstimmten. Schon im Januar 1729 waren die Arbeiten für die Gradeinteilung der Globen erneut im Gange, und Bianchini wartete auf eine Entscheidung bezüglich der zwei möglichen Varianten einer Koloration

diede. […] soggiungo, che per l'istessa permissione fatta, potrà commettere al Sig[no]r Lusvergo la sfera armillare secondo il systema Ticoniano, che mi fece commettere S[ua] M[aes]tà nell'occasione de globi ecc." Giovanni Battista Carbone an Francesco Bianchini (Lissabon, 8. 11. 1728). BVR, U.16, fol. 404r–405r.

360 „[…] qui un Paragrafo à Lei appartenente, scrittomi con quest'ultimo Corriere dà Lisbona dal P[adre] Gio[vanni] Batt[ist]a Carbone, ed è il seguente: ‚Non potendo io scriver lettera à Monsig[no]r Bianchini, mi par bene, che gli scriva V[ostro] R[everendo] […]. Nella mia gli avea scritto, che per causa de' sopraggiunti dissapori non volea più il Rè i detti Globi, e che facesse desistere gl'artefici dal lavoro, sodisfacendo ai medesimi quel che sin all'ora potrebbe importare la fatica, e spesa già fatta. […] gli faccia conservare in qualche parte; […] e servirà, perché, in caso, che col tempo il Sig[no]re si degnasse por termine à questi disturbi, si possano l'istessi Globi perfezionare, quando S[ua] M[aest]à s'induca à volerli di nuovo […].' Atteso il contenuto nel sopradetto Paragrafo ben vede V[ostra] S[ignoria] Ill[ustrissi]ma che conviene far alto in ciò che appartiene alli detti Globi, sin che Dio vorrà, poiche, per le notizie che hò, li Dissapori che vertono trà cotesta Corte, e la di Portogallo non prendono buona piega." Pier Francesco Tambini an Francesco Bianchini mitsamt einer Nachricht von Giovanni Battista Carbone (Genua, 20. 11. 1728). BVR, U.24, fol. 308r/v. (Bei Celani 1889 wird das Jahr fälschlicherweise mit 1718 angegeben.)

der Sternbilder.[361] Auf Anweisung aus Lissabon schickte der Kurier Tambini im Februar 1729 gut 2000 Scudi an Bianchini – zusätzlich zu den bereits gezahlten 150 Scudi für die Kosten der Globen und der Armillarsphäre.[362] Dem Brief Tambinis ist nicht eindeutig zu entnehmen, ob sich auch die 2000 Scudi auf Bianchinis Ausgaben für die Globen und die Armillarsphäre beziehen. Es ist denkbar, dass dies der Lohn für das inzwischen gedruckte Traktat *Hesperi et Phosphori* war sowie insgesamt eine Anerkennung Johanns V. für seine Bemühungen der vergangenen Jahre.

Da Bianchini das Traktat tatsächlich am 23. Dezember 1728 und damit noch vor Jahresende veröffentlichen konnte, erübrigte sich eine Sorge Carbones. Dieser hatte Bianchini noch im November 1728 dazu angehalten, niemandem gegenüber zu äußern, dass er Briefe aus Portugal erhalten habe, und die beiden begonnenen Globen zu vollenden, ohne zu verbreiten, dass diese für den portugiesischen König bestimmt seien.[363] Zudem möge er aufgrund der bestehenden diplomatischen Krise und des Handelsverbotes auf dem Frontispiz des Traktats, das mit der Widmung an den König erscheinen würde, unbedingt das laufende Jahr 1728 angeben und nicht schon 1729, denn so könne man annehmen, dass es noch vor dem Inkrafttreten des Verbots publiziert worden sei. Das Traktat erschien wie gewünscht mit der Jahreszahl MDCCXXVIII (vgl. Bild 37); für niemanden war ersichtlich, dass es erst im Dezember und damit neun Monate nach

361 „Si proseguisce il lavoro per la divisione de' Globi ne' suoi circoli, e gradi, e subito che V[ostro] P[adre] M[olto] R[everendo] mi favorirà di scrivere qual delle due maniere di colorire gli Asterismi […] sia di maggior gradimento, si metterà mano al disegno, e colorito di questi ancora." Francesco Bianchini an Giovanni Battista Carbone (Rom, 22. 1. 1729). BVR, S.82, fol. 162r.

362 „[…] secondo l'ordine, che me ne diede dà Lisbona il nostro P[adre] Gio[vanni] Batt[ist]a Carbone, le feci rimmessa in trè lettere di cambio di Scudi 2013:17, Moneta dà Giulij dieci per Scudo, non avendo potuto truovare l'appunto delli Scudi 2000, quanti portava l'ordine ch'ebbi. […] Per li Scudi 13, e Baiocchi 17, che vi sono di sopra più, V[ostra] S[ignoria] Ill[ustrissi]ma se ne potrà dar debito in consorzio delli Scudi 150, che già le rimmisi in due volte per le spese de' Globi, e della Sfera Armillare." Pier Francesco Tambini an Francesco Bianchini (Genua, 5. 2. 1729). BVR, U.18, fol. 1687r.

363 „Scrissi nell'ultima mia a V[ostra] S[ignoria] Ill[ustrissi]ma, che ben potea mandar a perfezzionare i due globi cominciati, senza spacciare, che servano per S[ua] M[aest]à, mà più tosto come cosa sua propria […]. P.S. Supposte le circostanze de' consaputi disturbi trà queste due Corti, e le proibizioni di commercio; mi par raggionevole, che V[ostra] S[ignoria] Ill[ustrissi]ma non communichi a veruno d'aver ricevute lettere da questa Corte; conforme altresì, che il libro che deve stampare colla dedicatoria a S[ua] M[aest]à, porti nel frontispizio l'anno corrente di 1728, non già del 29, perche così potrà supporsi stampato prima di d[et]te proibizioni." (Lissabon, ohne Datum; muss kurz nach dem 8.11.1728 verfasst worden sein). BVR, U.16, fol. 152v–153r.

dem offiziellen Abbruch der diplomatischen Beziehungen im März 1728 gedruckt worden war.

Noch vor dem Erscheinen des Venustraktats bemühte sich Bianchini bereits intensiv um die Förderung seines nächsten zu publizierendes Werkes über die Ausgrabungen des Palazzo de' Cesari. Der Instrumentenlieferung des Juli 1728 hatte er auch einige Stiche für das neue Buch beigelegt, welches er gedachte, den „königlichen Brautpaaren" zu widmen.[364] Bianchini bezieht sich auf die Doppelhochzeit zwischen dem portugiesischen und dem spanischen Königshaus: Die älteste Tochter Johanns V., Infantin Maria Barbara (1711–1758), heiratete Ferdinand (1713–1759), den vierten Sohn Philipps V. von Spanien und dessen erster Gemahlin Maria Luisa von Savoyen, der 1746 als Ferdinand VI. König von Spanien wurde. Am selben Tag wurde Maria Barbaras Bruder José (1714–1777), der seinem Vater 1750 als José I. auf den portugiesischen Thron folgte, mit Ferdinands Halbschwester, der ältesten Tochter Philipps V. mit seiner zweiten Gemahlin Elisabetta Farnese, der zu diesem Zeitpunkt erst elfjährigen spanischen Infantin Maria Anna Victoria von Bourbon (1718–1781), vermählt.

Bezüglich des Datums der Doppelhochzeit ergibt sich aus Bianchinis Korrespondenz ein Widerspruch zur Forschungsliteratur, in der die Hochzeit stets auf den 19. Januar 1729 datiert wird.[365] Carbone berichtete Bianchini bereits am 20. Januar 1728 direkt im Anschluss an die Feierlichkeiten, es seien aus diesem Anlass auch zahlreiche Ausländer in Lissabon, die nie zuvor an einem Hof eine vergleichbare Pracht gesehen hätten.[366] Somit müsste die Hochzeit schon ein Jahr früher am 19. Januar 1728 stattgefunden haben. Die Vermutung, dass sich Carbone bei der Datierung seines Briefes verschrieben haben könnte, wie es leicht am Anfang eines neuen Jahres geschieht, kann zudem widerlegt werden: In demselben Brief vom 20. Januar 1728, in dem er von der Hochzeit schreibt, bedauert er zuvor den Tod Mazzas, von dem ihm Bianchini berichtet hatte.[367] Wie zuvor bereits dargelegt, geht aus weiteren Briefen hervor, dass Mazza im November 1727 erkrankt und verstorben war.[368]

Folglich ergibt sich aus Bianchinis Korrespondenz eine Chronologie, derzufolge die portugiesisch-spanische Doppelhochzeit auf den 20. Januar 1728

364 Siehe Anm. 336.

365 Vgl. u. a. in der Grande Enciclopédia Portuguesa e Brasileira, Vol. XIV, S. 319.

366 „[...] doppo le solennissime Feste fatte per i Maritaggi tanto di questo Serenissimo Principe del Brasile coll'Infante di Castiglia D[onna] Maria Anna Vittoria, come del Sereniss[i]mo Principe d'Asturia con questa Infanta di Portogallo D[onna] M[ari]a [Barbara]. [...] Basti dire, che quanti forastieri si sono qui trovati han confessato di non aver mai veduta simigliante pompa, nè simigliante splendore in Corte veruna." Giovanni Battista Carbone an Francesco Bianchini (Lissabon, 20. 1. 1728). BVR, U.24, fol. 148r/v.

367 Siehe Anm. 353.

368 Siehe Anm. 351 und 352.

datiert werden müsste. Andererseits teilte Carbone Bianchini im Dezember 1728 mit, dass sich der König über die Stiche mit dem Grundriss, der Struktur und den Ornamenten des Palazzo de' Cesari gefreut habe und er ihm dazu rate, das Traktat nicht den neuen königlichen Brautpaaren, sondern dem König selbst zu widmen, da ihm dies angemessener erscheine.[369] Dieser Brief legt somit wiederum die Vermutung nahe, dass die Doppelhochzeit erst kurz bevorstand und das Datum in der Literatur korrekt ist.

Schon im Februar 1729 erhielt Bianchini die Erlaubnis, dem portugiesischen König weitere Werke und insbesondere jenes über den Palazzo de' Cesari zu widmen, für das der größte Teil der Kupferstiche schon fertig vorlag.[370] In einem direkt an Johann V. gerichteten Brief vom 12. Februar 1729 schrieb Bianchini seinem Patron, er sei zwar seit drei Wochen lebensbedrohlich erkrankt, aber an dem Tag, als ihn der königliche Dank erreicht habe, seien seine Beschwerden sofort abgeklungen.[371] Offensichtlich bezieht sich Bianchini auf die am 5. Februar vom Kurier Tambini an ihn gesendeten 2000 Scudi. Doch die Zeit sollte nicht mehr für eine rechtzeitige Veröffentlichung des Traktats über den Palazzo de' Cesari ausreichen: Francesco Bianchini verstarb am 2. März 1729.

König Johann V. setzte seine Patronage der Familie Bianchini jedoch auch nach dem Tod Francescos fort. Auch dessen Neffe, Giuseppe Bianchini, bemühte sich um die Förderung durch den portugiesischen König und konnte ihm noch im Jahre 1749 – d. h. ein Jahr vor Johanns Tod – seine Edition des

369 „Non fú piccola altresì la sodisfazzione, che mostrò in vedere le Carte inviate colla pianta, struttura, e ornam[en]ti del Palazzo antico de' Cesari, ultimam[en]te discoperto. [...] mi par bene, ch'ella la dedichi all'istesso Sig[nor]e, non già alli nuovi sposi reali; quantunque non dubito, che sarebbe stato ancor questo di gusto del Rè; mà mi par meglio, e più opportuno dedicarlo a S[ua] M[aest]à." Giovanni Battista Carbone an Francesco Bianchini (Lissabon, 14. 12. 1728). BVR, U.16, fol. 415r/v.

370 „Il secondo capo che mi conforta al segno maggiore, la permissione di dedicare altre mie Opere, e particolarmente quella del Palazzo degli Antichi Cesari al nome Augusto della M[aestà] Sua [...] e non mancherò di prevalermi ben tosto di una tanta fortuna, avendo già pronti la maggior parte de' rami intagliati, che debbono accompagnare quell'Opera." Francesco Bianchini an Giovanni Battista Carbone (Rom, 12. 2. 1729). BVR, S.82, fol. 169v.

371 „In quel modo che mi permette una infermità, che da trè settimane mi ha tenuto in qualche pericolo di vita, vengo ad umiliare alla M[aestà] V[ostra] i miei profondissimi inchini, e ringraziamenti, ed insieme la notizia, che nel dì appunto in cui mi pervennero le Reali sue grazie, cominciò il male a dileguarsi. Prendo questo per auspicio felice per contrasegno, che il Signore Dio voglia lasciarmi ancora tanto di vita, che io possa impiegarla a supplicare la Divina beneficenza per le prosperità sempre maggiori della M[aestà] V[ostra], e di tutta la Reale Casa, e dare quei contrasegni che posso di gloriarmi dell'alta sua protezione nelle tenui opere che mi restano a publicare sotto il glorioso nome di M[aestà] V[ostra] ad esempio di quella che con la presente le hò presentato [...]." Francesco Bianchini an Johann V. (Rom, 12. 2. 1729). BVR, S.82, fol. 171r/v.

*Evangeliarium quadruplex* widmen, für die er erwartungsgemäß auch eine finanzielle Zuwendung erhielt.[372] Außerdem gewährte der König dem älteren Bruder Giuseppes, Gaspare Bianchini, seit 1731 eine jährliche Pension von zweihundert römischen Scudi.[373]

Das Traktat über den Cäsarenpalast erschien 1738 in Verona als posthumes Werk Francesco Bianchinis unter dem Titel *Del Palazzo de' Cesari*; die von Giuseppe Bianchini dem Text vorangestellte Widmung richtet sich an den französischen König Ludwig XV. Giuseppe hatte sich zuvor neun Jahre intensiv um die Förderung des Werkes seines Onkels bemüht. Schon im Juli 1729 hatte ihm Kardinal Melchior de Polignac (1661–1741), der französische Botschafter in Rom und zu Lebzeiten Francesco Bianchinis einer von dessen wichtigsten Förderern,[374] mitgeteilt, er zweifle nicht daran, dass Ludwig XV. die Widmung der Forschungen eines so berühmten Autors, dessen Name in Paris und Europa noch immer bekannt sei, mit Freude annehmen werde.[375]

Wenige Monate später stimmte auch Kardinal André-Hercule de Fleury (1653–1743) einer Herausgabe des Werkes prinzipiell zu.[376] Polignac bemühte sich in der Folge bei Fleury um dreitausend Gulden für den Druck,[377] doch lange Zeit bestand keine Sicherheit bezüglich einer Unterstützung.[378] Der französische Hof wollte zunächst jeden Zweifel ausräumen, dass an dem Traktat etwas zu beanstanden sein könnte. Bevor eine Bezahlung erfolgen könne, müsse Polignac das Buch noch einmal durchsehen, um zu überprüfen, ob in der Widmung,

372 Vgl. Barchiesi 1964, S. 152–159.

373 „Può senza dubbio V[ostra] S[ignoria] Ill[ustrissi]ma credere infinito il piacere, che m'hà recato la notizia dà lei partecipatami della Croce, di cui è stato decorato dal Rè di Portugallo il Sig[no]r Gaspare suo Fratello maggiore con un'annua pensione di sc. 200 romani." Melchior de Polignac an Giuseppe Bianchini (Rom, 30. 6. 1731). BVR, U.43, fol. 44r.

374 Vgl. Bianchini 1996, S. 21. Zu Kardinal Polignac vgl. auch Polignac 2005, S. 172f.

375 „Attendo frà breve le risposte della Corte in ordine alla stampa dell'Opera postuma del defonto Monsig[no]r Bianchini suo zio, non dubbitando, che la Maestà del Rè mio Sig[no]re non sia per gradire la dedica delle virtuose fatiche d'un così illustre letterato, il di cui nome sarà sempre celebre in Parigi, ed in tutta l'Europa [...]." Melchior de Polignac an Giuseppe Bianchini (Rom, 2. 7. 1729). BVR, U.43, fol. 17r.

376 „Hò sentito con mio infinito godim[en]to, che l'Em[inentissim]o di Fleury habbia accordata l'edizione dell'opera postuma di Mons[igno]r Bianchini col nome del Rè mio Sig[no]re." Melchior de Polignac an Giuseppe Bianchini (Rom, 19. 11. 1729). BVR, U.43, fol. 30r.

377 „Adempirò le mie parti presso l'Em[inentissim]o di Fleury per sollecitare l'assegnamento dei trè mila fiorini [...]." Melchior de Polignac an Giuseppe Bianchini (Rom, 4. 2. 1730). BVR, U.43, fol. 37r.

378 „Venendo poi al particolare dell'opera del Palazzo de' Cesari, già le scrissi le speranze che da Parigi erano state date; mà benche in Conclave io ne abbia parlato con premura al Sig[no]r Card[inal]e di Roano, non hò potuto ricavarne alcuna sicurezza." Melchior de Polignac an Giuseppe Bianchini (Rom, 5. 8. 1730). BVR, U.43, fol. 40r.

dem Vorwort oder dem restlichen Werk etwas zu finden sei, das der Zensur bedürfe; anschließend möge Giuseppe Bianchini die für den Druck veranschlagten Kosten beziffern.[379] Zehn Monate später, im August 1731, hatte Polignac die Lektüre des Traktats noch nicht abgeschlossen.[380] Erst 1738 wurde es schließlich samt der Widmung Giuseppes an Ludwig XV. als das letzte große Werk Francesco Bianchinis publiziert.

Es ist nicht zu klären, weshalb das Traktat nicht wie ursprünglich geplant mit einer Widmung an Johann V. erschien. Offenbar verfügte Giuseppe nicht über die richtigen Kontaktmänner – wie sie hingegen sein Onkel Francesco mit Carbone und den Botschaftern Abrantes und de Mello gefunden hatte –, um schnell in eine Patronagebeziehung mit dem portugiesischen König treten zu können. Stattdessen hatte er durch seinen engen Kontakt zu Kardinal Polignac eine direkte Verbindung zum französischen Hof, dank derer eine Publikation unter der Patronage Ludwigs XV. wohl aussichtsreicher schien – trotz der zu Lebzeiten Francescos gemachten Zusage Johanns V. Der portugiesische König Johann V. starb am 31. Juli 1750 – und spätestens nach dem verheerenden Erdbeben von Lissabon im Jahre 1755 war endgültig klar, dass dessen Nachfolger José I. andere Prioritäten zu verfolgen hatte als die Unterstützung eines Wissenschaftlers im fernen Rom.

379 „Avendo rappresentate all'Em[inentissim]o di Fleury le nuove istanze di V[ostra] S[ignoria] Ill[ustrissi]ma per l'assegnamento accordatole à fine di facilitare la publicazione dell'Opera postuma del fù Mons[igno]r Bianchini suo zio, mi risponde appunto con quest'ultimo Corriere, che prima d'ordinare l'assegnam[en]to sud[dett]o si desidera dal Rè mio Sig[no]re, ch'io mi prenda la cura di rivedere tutta l'Opera, che deve darsi alle stampe per riconoscere se nella Dedica, ò nella prefazione, ò nel Corpo dell'Opera medesima si trovi qualche cosa, che sia degna di Censura. [...] affinche doppo averne fatta l'osservazione, che mi viene ordinata, possa renderne conto alla Corte; e nello stesso tempo avrà ancora la bontà d'accennarmi à qual somma possa ascendere la spesa tanto della stampa, che dei rami, perch'io abbia luogo di poterla servire nella forma più congrua, come desidero." Melchior de Polignac an Giuseppe Bianchini (Rom, 14. 10. 1730). BVR, U.43, fol. 41r.

380 „Non hò potuto finora terminare la lettura dell'altra Opera postuma del Palazzo de' Cesari; mà profitterò del prim'ozio, che mi sarà conceduto, (benche lo prevegga molto difficile), dall'assidue occupazioni del Ministero [...]." Melchior de Polignac an Giuseppe Bianchini (Rom, 11. 8. 1731). BVR, U.43, fol. 45r.

## 3. Die Nomenklatur der Venusflecken

### Die Tradition der Selenographie

Bianchini führte in seiner Nomenklatur der Venusflecken eine Tradition fort, die ihren Ursprung in der Selenographie hatte, der Kartierung des Mondes. Entsprechend den dunklen Gebieten auf der Oberfläche des Mondes, die Meere genannt werden,[381] übernahm Bianchini diese Bezeichnung für die von ihm entdeckten Flecken auf der Venus.

Die erste bekannte, auf einer Teleskopbeobachtung beruhende Skizze des Mondes fertigte Thomas Harriot (1560–1621) am 5. August 1609 an; sie entstand bereits vier Monate vor der ersten Observation Galileo Galileis, wurde jedoch erst posthum veröffentlicht.[382] Im Jahre 1610 publizierte Galilei in seinem *Sidereus Nuncius* erstmals teleskopbasierte Zeichnungen und Beschreibungen der Mondoberfläche. Ausgehend von den Gesetzen von Licht und Schatten erkannte er, dass die großen dunklen Flecken auf dem Mond tiefer gelegen sein müssen als die helleren Gebiete und bezeichnete die entdeckten Formationen als Berge, Täler und Krater.

Mit der stetig größer werdenden Anzahl an beobachteten Oberflächenphänomenen erschien die Bezeichnung durch Buchstaben oder Zahlen wie noch bei Harriot zunehmend ungeeignet. Daher entwickelten Michael van Langren, Johannes Hevelius und Giambattista Riccioli in der Mitte des 17. Jahrhunderts jeweils eine umfangreiche Nomenklatur, die den Bergen, Tälern und Kratern unterschiedliche Namen zuwies.[383] Van Langren verwandte in seinem *Plenilunium* ein breit angelegtes Benennungsschema aus Königen, Kardinälen, Wissenschaftlern, Entdeckern, Heiligen, geographischen Namen sowie sogar menschlichen Eigenschaften. Auch Hevelius hatte zunächst mit dem Gedanken gespielt, die Oberflächenstrukturen des Mondes in seiner *Selenographia* nach Mathematikern der Vergangenheit und Gegenwart zu benennen; da er jedoch Neid und Missgunst unter den Mathematikern befürchtete, die keine Erwähnung fänden oder vermeintlich unbedeutenden Formationen zugeordnet würden, entschied er sich vorwiegend für geographische Namen. Riccioli orientierte sich in seinem Traktat *Almagestum Novum*, das zwei neue von Francesco Grimaldi (1618–1663) gestochene Mondkarten enthielt, zwar grundsätzlich am Schema Van Langrens, verzichtete allerdings auf die Namen von geistlichen

381 Vgl. Herrmann 1993, S. 202.

382 Vgl. Whitaker 1999, S. 17f. sowie Bredekamp 2007, Galilei, S. 92.

383 Michael Van Langren (1598–1675) publizierte 1645 mit seinem *Plenilunium* die erste Mondkarte mit Namenseinträgen. Johannes Hevelius (1611–1687) veröffentlichte 1647 die *Selenographia* und Giambattista Riccioli (1598–1671) im Jahre 1651 den Mondatlas *Almagestum Novum*. Vgl. zum Folgenden Whitaker 1999, S. 37–68.

und weltlichen Fürsten und beschränkte sich auf antike sowie zeitgenössische Personen, die eine Verbindung zur Astronomie hatten. Darunter finden sich auch Kopernikus, Kepler und Galilei, wobei der nach Galilei benannte Krater ein besonders strahlender Punkt auf der Mondkarte ist. Whitaker zufolge verdeutliche Ricciolis Visualisierung der Mondoberfläche im Zusammenspiel mit der angewandten Nomenklatur, dass dieser von der Richtigkeit des kopernikanischen Weltbildes überzeugt war, auch wenn er dies nicht zuzugeben wagte und als Jesuit offiziell das tychonische Weltbild vertrat.[384]

Vor dem Hintergrund der Tradition der Selenographie und der berühmten Mondkarten des 17. Jahrhunderts wird es für Francesco Bianchini eine selbstverständliche Entscheidung gewesen sein, die neu entdeckten Flecken auf der Venus nicht nur mit Buchstaben zu bezeichnen, wie z. B. noch auf der Tafel II des Traktats (vgl. Bild 44), sondern ein eigenes ausgeklügeltes Namensystem zu entwickeln.

### Der Entwurf einer Nomenklatur

Unter den in der Biblioteca Capitolare in Verona aufbewahrten Dokumenten Bianchinis befinden sich auch mehrere Fassungen seines Traktats *Hesperi et Phosphori* – angefangen von ersten Rohentwürfen bis hin zur ausgefeilten Endfassung als Vorlage für den Druck. So ist die Überschrift in der vermutlich ersten Rohfassung des Anfangs des ersten Kapitels zwar schon sorgfältig in Trapezform angeordnet, aber im Text finden sich noch zahlreiche Durchstreichungen und Korrekturen (Bild 63). Auch die hastig wirkende Handschrift entspricht dem Entwurfscharakter des Textes. Im Gegensatz dazu ist die endgültige Fassung in Schönschrift und mit geschwungenen Initialen ausgeführt (Bild 64). Der Text stimmt exakt mit dem Anfang des ersten Kapitels im gedruckten Traktat überein (vgl. Bild 52).

Auch die Nomenklatur der Venusflecken stand nicht von Beginn an fest, sondern durchlief einen längeren Entwicklungsprozess. Bianchini benannte das Meer A zunächst nach Marco Polo (Bild 65). Offenbar hielt er an dieser Wahl längere Zeit fest, denn sie findet sich auch in einer in Schönschrift angefertigten späteren Fassung (Bild 66). Das Meer B trägt in diesem Entwurf den Namen des Seefahrers Alvise Cadamosto. Während Cadamosto in der endgültigen Nomenklatur gar nicht mehr auftaucht, bezeichnet Marco Polo schließlich den Fleck am Nordpol der Venus. Das Meer A hingegen sollte als Mare Regium den Namen Johanns V. tragen (Bild 67).

384 Vgl. ebd., S. 65 sowie Dinis 2002.

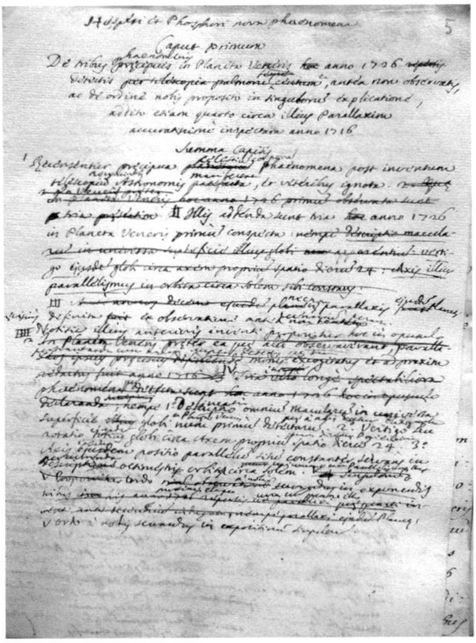

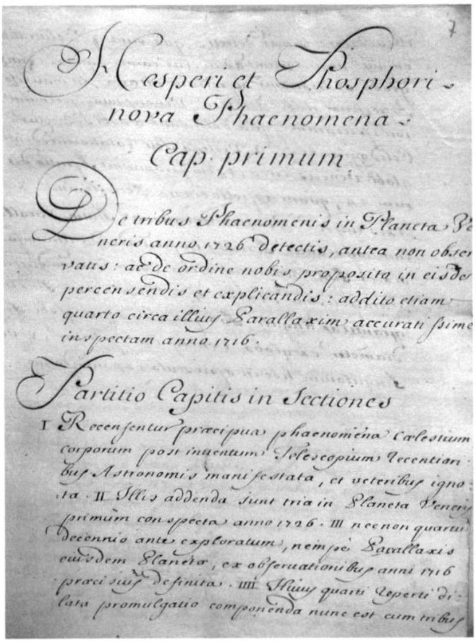

Hesperi et Phosphori nova Phaenomena.

Cap. primum

De tribus Phaenomenis in Planeta Veneris anno 1726 detectis, antea non observatis: ac de ordine nobis proposito in eisdem percensendis et explicandis: addito etiam quarto circa illius Parallaxim accuratissime inspectam anno 1716.

Partitio Capitis in Sectiones

I Recensentur praecipua phaenomena Caelestium Corporum post inventum Telescopium recentioribus Astronomis manifestata, et veteribus ignota. II Illis addenda sunt tria in Planeta Veneris primum conspecta anno 1726. III necnon quartum decennio ante exploratum, nempe Parallaxis eiusdem Planetae, ex observationibus anni 1716 praecisius definita. IIII Huius quarti Reperti dilata promulgatio componenda nunc est cum tribus

Bild 63 Francesco Bianchini, Textentwurf Hesperi et Phosphori, Kapitel 1, BCV, cod. CCCCXXXIV, fol. 5r.

Bild 64 Francesco Bianchini, Reinschrift Hesperi et Phosphori, Kapitel 1, BCV, cod. CCCCXXXIV, fol. 7r.

Beinahe alle Benennungen durchliefen Änderungen im Prozess der Entwicklung. Dass Bianchini nicht nur die ursprünglich geplante Nomenklatur überarbeitete, sondern sich auch bezüglich der exakten Form der Venusflecken unsicher war, wird in eindrucksvoller Weise anhand eines doppelseitigen Blattes aus seinem Nachlass deutlich (Bild 68). In einem rasterartig unterteilten Koordinatensystem des aufgefalteten Venusglobus zeichnete Bianchini mit Bleistift, Feder und Pinsel die entdeckten Venusflecken ein. Dabei stimmt deren Gestalt in ihren Grundzügen bereits mit der endgültigen Fassung überein: Zwischen den zwei Flecken am Nord- und Südpol gruppieren sich zwei Dreierformationen und ein solitär stehendes Meer um den Venusäquator. Doch der Ver-

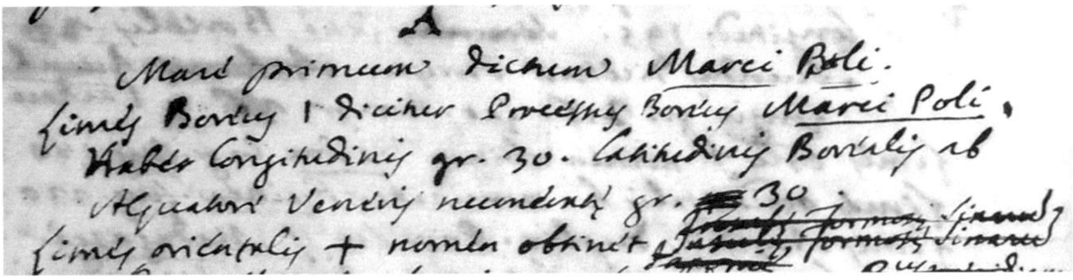

Mare primum dictum Marci Poli.

Bild 65 Francesco Bianchini, Textentwurf Hesperi et Phosphori, Mare primum dictum Marci Poli, BCV, cod. CCCCXXXIV, fol. 64r.

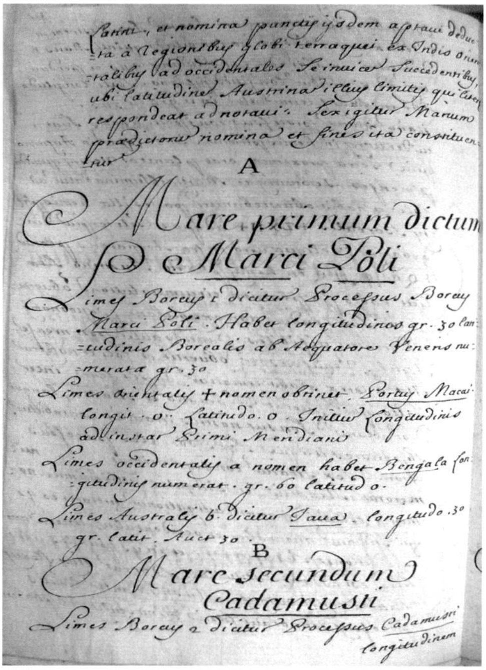
Patriae, et nomina punctis iisdem appraui deduc-
ta à regionibus globi terraquei ex Indiis orien-
talibus ad occidentales se invicem succedentibus
ubi latitudine Australi ad eius limites quae res-
pondeat adnotaui. Sex igitur Marium
praedictorum nomina et fines ita constituen-
tur
A
Mare primum dictum
Marci Poli
Limes Borealis 1 dicitur Processus Borealis
Marci Poli. Habet longitudinis gr. 30 lati-
tudinis Borealis ab Aequatore Veneris nu-
merata gr. 30
Limes orientalis + nomen obtinet Portus Macai
longit. 0 latitudo 0 Initium longitudinis
ad instar Primi Meridiani
Limes occidentalis a nomen habet Bengala lon-
gitudinis numerat. gr. 60 latitud. 0.
Limes Australis b dicitur Iava longitudo 30
gr. latit. Aust. 30
B
Mare secundum
Cadamusti
Limes Borealis 2 dicitur Processus Cadamusti
longitudinem

Bild 66 Francesco Bianchini, Reinschrift Hesperi et Phosphori, Mare primum dictum Marci Poli, BCV, cod. CCCCXXXIV, fol. 169v.

lauf der Umrisslinien ist alles andere als klar definiert. Während Bianchini beim Meer A vor allem dessen Größe korrigierte, veränderte er bei den anderen Meeren auch die Form der Ausbuchtungen. Mit gestrichelten und durchgezogenen Linien sowie einigen angedeuteten Schraffuren versuchte er, die korrekte Form der Flecken zu visualisieren.

An den Rändern sowie unterhalb der Zeichnung notierte Bianchini die Messergebnisse seiner astronomischen Beobachtungen und hielt die entwickelte Nomenklatur der Flecken fest. Doch die im unteren Drittel des Blattes vermerkten Namen wurden schließlich zu einem großen Teil wieder durchgestrichen und durch andere ersetzt. Das erste Meer A sollte – wie bereits erwähnt – nicht

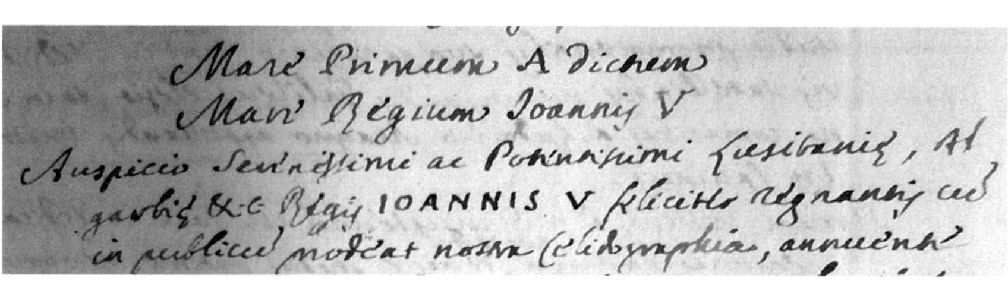
Mare Primum A dictum
Mare Regium Joannis V
Auspicio Serenissimi ac Potentissimi Lusitaniae, Al-
garbiae &c. Regis IOANNIS V feliciter regnantis cum
in publicum prodeat nostra Coelidographia, annuente

Bild 67 Francesco Bianchini, Textentwurf Hesperi et Phosphori, Mare primum A dictum Mare Regium Joannis V, BCV, cod. CCCCXXXIV, fol. 69v.

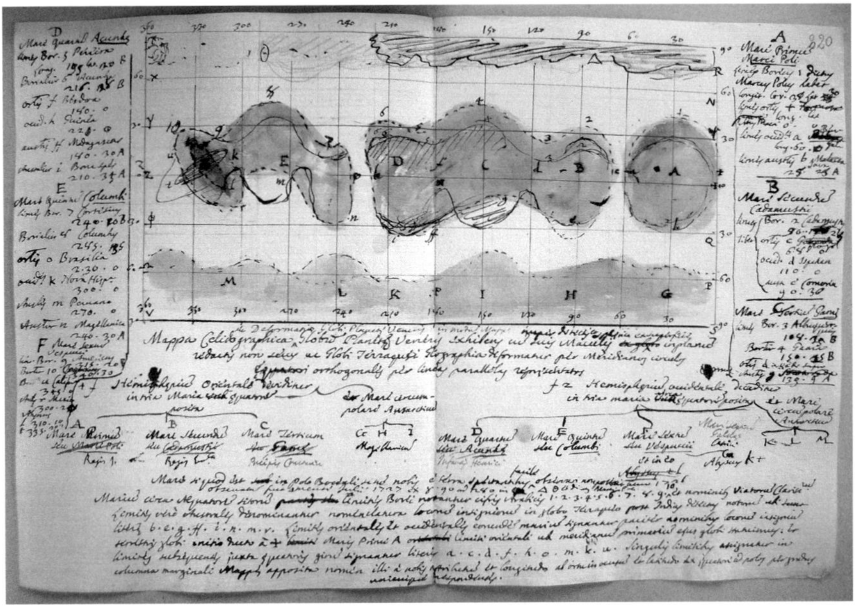

Bild 68 Francesco Bianchini, Entwurfszeichnung der Venusflecken und Nomenklatur, BCV, cod. CCCCXXXIV, fol. 219v/220r.

mehr nach Marco Polo, sondern nach König Johann V. benannt werden. Am zweiten Meer B strich Bianchini den Namen Cadamosto durch und ersetzte ihn durch König Emanuel von Portugal, während er das dritte Meer C statt nach Vasco da Gama nunmehr nach Prinz Constantin zu benennen plante. Am vierten Meer D machte da Cunha dem Infanten Heinrich Platz. Bezüglich der Benennungen des zweiten bis vierten Meeres kam es in der endgültigen Fassung abermals zu einem Austausch der neuen Namen untereinander. Unverändert ließ Bianchini auf dem Entwurfsblatt dagegen sowohl das Meer am Südpol namens Magellan als auch die Meere E, F und G, die nach Columbus, Vespucci und Galilei benannt sind.

Bianchinis Entwurf stammt vermutlich aus dem Jahr 1727. In einem Brief des Juli 1727 berichtete er Carbone, er habe den Venusflecken Namen gegeben, so wie es schon Riccioli mit denen des Mondes gemacht hatte.[385] Während

385 „Già le scrissi d'avere dato il nome a queste prime macchie come già fece il P[adre] Riccioli a quelle della Luna […]. Il P[adre] Riccioli prese i nomi da' Astronomi, e Filosofi. A me pare proprio di prenderli dagl'illustri scopritori dell'Indie i Orientali, ed Occidentali, che sono Portughesi, o Italiani. […] Alla seconda di queste hò dato il nome del Rè Emmanuele di Portogallo […]. Avanti questa stà situata l'altra, che è quasi rotonda, e che fu la prima che io vidi. Vorrei dare l'onore a questa macchia di portare il nome della Sac[ra] Real Maestà di Giovanni V. […]. Ma non ardi-

Riccioli die Namen von Astronomen und Philosophen verwendet hätte, plane er dagegen, die Namen berühmter portugiesischer oder italienischer Entdecker Ost- und Westindiens zu übernehmen. Dem zweiten Fleck habe er den Namen König Emanuels von Portugal gegeben. Den daneben liegenden, fast runden Fleck, welcher der erste gewesen sei, den er entdeckt habe, würde er gern nach König Johann V. benennen, allerdings wage er dies nicht ohne die Erlaubnis Seiner Majestät. Schon im August erhielt Bianchini von Carbone bezüglich dieser Frage die positive Einschätzung, er solle dem Meer A ruhig ohne Skrupel den Namen Johanns V. geben, denn dies werde dem König sicher nicht unrecht sein.[386]

## Die Endfassung

Die Buchstaben, die in Bianchinis Traktat *Hesperi et Phosphori* noch in den Tafeln II, III und VI auftauchen (vgl. Bild 44, 45, 48) wurden in der endgültigen Fassung der Nomenklatur für den Venusglobus durch römische Ziffern ersetzt (vgl. Bild 38). Außerdem unterschied Bianchini neben den einzelnen Meeren auch verschiedene Meerengen und Kaps:

> „Ich habe beschlossen, diese schattierten Gebiete, die denen des Mondes sehr ähneln, ‚maria' oder Meere zu nennen [...]. Dort wo sich die Flecken treffen und miteinander verbinden, habe ich vier Meerengen benannt. [...] Die nördlichen und südlichen Ränder der Meerengen werde ich als Kaps bezeichnen, denn ich habe mich dazu entschieden, diese Begriffe von den Geographen zu übernehmen."[387]

Da der portugiesische König dem Wunsch Bianchinis zugestimmt hatte, konnte das Meer I auch in der Endfassung der Nomenklatur den Namen Johanns V. tragen (Bild 69). Es hebt sich von den anderen Meeren nicht nur aufgrund seiner solitären Position ab, sondern auch durch die besondere Gestaltung mit einer Kartusche, die den Venusfleck ausfüllt. Bianchinis Widmungsinschrift verweist auf seine Verwendung von Fernrohren mit einer Tubuslänge von 100 und 150 Palmi.

sco farlo senza permissione di Sua Maestà." Francesco Bianchini an Giovanni Battista Carbone (Rom, 12. 7. 1727). BVR, S.82, fol. 102v–103r.

386 „In quanto al nome, che V[ostra] S[ignoria] Ill[ustrissi]ma vuol mettere nella macchia, A, di Mare Regium, sive Regis JOANNIS V, lo metta pure senza scrupolo, che non sarà ingrato a S[ua] M[aest]à." Giovanni Battista Carbone an Francesco Bianchini (Lissabon, ohne Datum; ca. September 1727). BVR, U.24, fol. 140v.

387 Bianchini 1996, S. 84f.

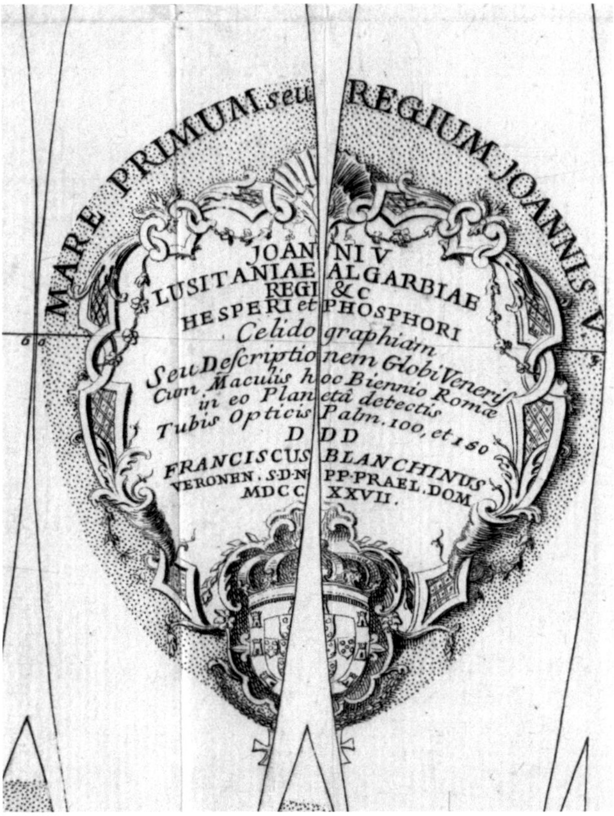


Bild 69 Mare Regium, Detail aus Bild 38.

JOANNI V
LUSITANIAE ALGARBIAE
REGI & C
HESPERI et PHOSPHORI
Celidographiam
Seu Descriptionem Globi Veneris
Cum Maculis hoc Biennio Romae
in eo Planeta detectis
Tubis Opticis Palm. 100, et 150
D D D
FRANCISCUS BLANCHINUS
VERONEN. S-D-N-PP-PRAEL. DOM
MDCCXXVII.

Bezüglich der Nomenklatur der Meere II bis IV hat Bianchini geringfügige Änderungen im Vergleich zur Entwurfsskizze vorgenommen (vgl. Bild 38, 68). So ist das Meer II nicht mehr nach König Emanuel bezeichnet, sondern nach dem Infanten Heinrich,[388] genannt „der Seefahrer", der im Entwurf noch für das vierte Meer vorgesehen war. Dadurch verschieben sich auch die Namensgebungen der zwei folgenden Meere. Das Meer III trägt nun den Namen König Emanuels I.[389] (statt Prinz Constantins) und das Meer IV den Namen Prinz Constantins von Braganza[390] (statt Heinrichs).

Da Bianchini auch die verschiedenen Meerengen und Kaps mit Namen versah, konnten auch jene Personen untergebracht werden, die durch die Korrekturen auf dem Entwurfsblatt zunächst weggefallen waren. So findet sich Vasco da Gama,[391] der in der Entwurfsskizze das dritte Meer bezeichnet hatte, nunmehr als Meerenge zwischen dem dritten und vierten Meer wieder; das nördliche Kap ist nach Duarte Pacheco Pereira[392] benannt, das südliche nach João de Castro.[393] Die Meerenge zwischen dem zweiten und dritten Meer trägt den

388 Prinz Heinrich (1394–1460) war der vierte Sohn des portugiesischen Königs Johann I. Die von ihm initiierten und finanzierten Entdeckungsfahrten entlang der Küste Westafrikas markierten den Beginn der europäischen Expansion und begründeten Portugals Entwicklung zur See- und Kolonialmacht. Vgl. Pemsel 2003, S. 182f.; Wheeler 2002, S. 85f.; Salentiny 1995, S. 128f.

389 Der portugiesische König Emanuel I. (1469–1521) finanzierte die erste Indienreise Vasco da Gamas (von 1497–1499). Unter der Herrschaft Emanuels gelang die Entdeckung des Seeweges nach Indien; Portugal stieg dank der durch die Kontrolle der Gewürzroute erworbenen Reichtümer zur Weltmacht auf. Seine Regierungszeit wird auch das manuelinische goldene Zeitalter genannt. Vgl. Wheeler 2002, S. 104f.

390 Constantin von Braganza (1528–1575) war der Großneffe Emanuels I. und von 1558 bis 1561 Gouverneur und siebter Vizekönig von Portugiesisch-Indien. Der Vizekönig (oder Generalgouverneur), der Oberhaupt von Militär und Zivilregierung war, unterstand direkt dem König in Portugal. Der ihm zur Seite stehende Rat hatte nur eine informelle Funktion. Goa wies als Hauptstadt von Portugiesisch-Indien die differenzierteste Verwaltungsstruktur auf. Vgl. hierzu Feldbauer 2005, S. 89.

391 Der Seefahrer Vasco da Gama (1469–1524) war Oberbefehlshaber der portugiesischen Flotte und entdeckte 1498 den seit den Tagen Heinrichs des Seefahrers gesuchten Seeweg nach Indien um Afrika herum. Ziel war die abschließende Erkundung der Gewürzroute nach Indien und somit die Ausschaltung des arabischen, türkischen bzw. venezianischen Gewürz-Zwischenhandels, der die Produkte in Europa verteuerte. Da Gama war ab 1524 dritter Vizekönig von Portugiesisch-Indien.

392 Der Geograph und Seefahrer Duarte Pacheco Pereira (um 1469–1533) war Kommandant unter Afonso de Albuquerque auf der Reise nach Indien und später Oberbefehlshaber der portugiesischen Truppen in Indien.

393 João de Castro (1500–1560) wurde 1545 Gouverneur und 1548 vierter Vizekönig von Portugiesisch-Indien.

Namen Afonso de Albuquerques,[394] das dazugehörige nördliche Kap den Namen Francisco de Almeidas;[395] das südliche Kap ist nach Nuno da Cunha[396] benannt, der in der Entwurfsskizze zunächst dem vierten Meer seinen Namen geliehen hatte.

Wie schon in der Entwurfsskizze geplant, benannte Bianchini das Meer V nach Christoph Columbus[397] und das Meer VI nach Amerigo Vespucci.[398] Der Meerenge zwischen den beiden Meeren lieh Hernán Cortés[399] seinen Namen; das nördliche Kap der Meerenge ist nach Francisco Pizarro[400] benannt und das südliche nach Pedro Álvares Cabral.[401] Dem am Nordpol der Venus gelegenen

394 Afonso de Albuquerque (um 1460–1515) gilt als der Begründer der portugiesischen Herrschaft in Ostindien. 1503 wurde er von König Emanuel I. nach Ostindien gesandt und entdeckte auf dem Weg dorthin die Insel Sansibar. 1509 wurde er zweiter Vizekönig von Portugiesisch-Indien. Im März 1510 eroberte er die Halbinsel Goa, die zum Hauptort der portugiesischen Besitzungen in Ostindien wurde; damit sicherte er Portugal für lange Zeit das Gewürzmonopol. 1511 okkupierte er den wichtigen Handelsstützpunkt Malakka, um den Seehandel zu den Molukken und nach China zu kontrollieren. Vgl. Pemsel 2003, S. 17f; Wheeler 2002, S. 2; Salentiny 1995, S. 29–31; Ruhl 1993, S. 179.

395 Francisco de Almeida (1450–1510) legte durch die Eroberung der Seeherrschaft im Indischen Ozean den Grundstein für das portugiesische Kolonialreich in Ostindien. 1505 wurde er von König Emanuel I. zum ersten portugiesischen Vizekönig in Indien ernannt. Vgl. Pemsel 2003, S. 20; Wheeler 2002, S. 6; Ruhl 1993, S. 179.

396 Der portugiesische Seefahrer Nuno da Cunha (1487–1539) wurde 1528 von König Johann III. zum neunten Gouverneur von Indien ernannt (bis 1538).

397 Der in spanischen Diensten stehende Genueser Seefahrer Christoph Columbus (ca. 1451–1506) galt bekanntermaßen für Jahrhunderte als der Entdecker Amerikas; 1492 erreichte er die dem amerikanischen Kontinent vorgelagerten Karibischen Inseln.

398 Der Florentiner Kaufmann und Seefahrer Amerigo Vespucci (1451–1512) erforschte einen Teil der Ostküste Südamerikas und erkannte, dass die „neue Welt" ein eigener Kontinent war; er wurde zum Namensgeber Amerikas. 1501 erkundete er in portugiesischen Diensten die brasilianische Küste. Vgl. Ruhl 1993, S. 179.

399 Der spanische Seefahrer Hernán Cortés (1485–1547) eroberte 1519 für die spanische Krone Mexiko, wodurch Spaniens Herrschaft über Mittelamerika begründet wurde. Dank der Einnahmen aus den mittelamerikanischen Gold- und Silberminen wurde Spanien in der ersten Hälfte des 16. Jahrhunderts zur reichsten Nation der Welt. Vgl. Salentiny 1995, S. 91–93.

400 Der Spanier Francisco Pizarro (1475–1541) erhielt 1529 die Erlaubnis des spanischen Königs, das an Edelmetallen reiche Peru zu erobern und ihm den Namen „Neu-Kastilien" zu geben. Er landete 1531 und gründete eine spanische Kolonie, 1535 war Peru vollständig unterworfen. Die Eroberung Perus rettete die spanische Staatskasse durch die reichen Gold- und Silbervorkommen vor dem bevorstehenden Bankrott. Vgl. Salentiny 1995, S. 206–208.

401 Der portugiesische Seefahrer Pedro Álvares Cabral (1467–1520) erhielt von Emanuel I. den Auftrag, die Küste von Malabar (Südwestindien) zu erobern. Nach 30-tägiger Odyssee auf dem Atlantik landete er jedoch in Brasilien und nahm die brasilianische Küste im April 1500 offiziell für Portugal als „Terra de Vera Cruz" in Besitz. Vgl. Wheeler 2002, S. 21; Salentiny 1995, S. 72f.; Ruhl 1993, S. 179f.

Meer gab Bianchini den Namen Marco Polos,[402] der in der Entwurfsskizze zunächst das erste Meer bezeichnet hatte; das Meer am Südpol ist hingegen nach Ferdinand Magellan[403] benannt.

Im Vergleich zu dem Entwurfsblatt fehlt in der endgültigen Nomenklatur nur der Name des venezianischen Seefahrers Alvise Cadamosto, der ursprünglich an prominenter Stelle das zweite Meer bezeichnen sollte.[404] Warum Cadamosto nicht mehr auftaucht, ist nicht zu klären. Zweifellos hatte Bianchini seine Nomenklatur der Venusflecken, die ausführlich im Traktat beschrieben wird, gründlich durchdacht.[405] Über die Aufnahme von Francisco Pizarro, dem Eroberer Perus, war sich Bianchini beispielsweise zunächst unsicher:

> „Während die früheren Taten Franciscos durch kein einziges Verbrechen beschädigt waren, verleitete ihn später unersättliche Habgier dazu, sich dem unglückseligen König Atabaliva gegenüber grausam zu verhalten [...]. Ich war sehr im Zweifel, ob die Erinnerung an solch einen bösartigen Menschen unter all den anderen berühmten Expeditionsführern nach Indien gepflegt werden sollte. Um jedoch bei der Benennung der Flecken eine derartige Lücke in der Geschichte zu vermeiden, wenn der Eroberer Perus keine Erwähnung gefunden hätte, habe ich ein Zugeständnis an die Notwendigkeit einer vollständigen Geschichte gemacht [...].“[406]

402 Der venezianische Kaufmann Marco Polo (1254–1324) unternahm 1271 eine Reise in den Fernen Osten mit seinem Vater und seinem Onkel. Nach 17-jährigem Aufenthalt in China reiste er auf dem Land- und Seeweg zurück und erreichte 1295 Venedig. Sein Reisebericht enthält wertvolle Angaben über die politischen, sozialen und wirtschaftlichen Verhältnisse in Asien zu dieser Zeit. Vgl. Pemsel 2003, S. 335; Salentiny 1995, S. 208–210.

403 Der portugiesische Seefahrer Fernão de Magalhães (dt. Ferdinand Magellan) (um 1480–1521) war am Hof Johanns II. aufgewachsen und an der Eroberung von Malakka im Jahre 1511 beteiligt. Nach einer missglückten Expedition nach Marokko fiel Magellan bei König Emanuel I. in Ungnade und ging 1517 nach Spanien, wo er 1518 dem spanischen König Karl I. (dem späteren deutschen Kaiser Karl V.) den Plan unterbreitete, Südamerika zu umfahren und den Pazifik mit seinen vielen Inselstützpunkten für Spanien zu gewinnen. Er entdeckte die nach ihm benannte Magellan-Straße. Magellan brachte den Nachweis, dass Amerika ein eigener Kontinent ist. Er umrundete in zwei Etappen die Erdkugel und kann daher als erster Erdumsegler bezeichnet werden. Durch die Erdumseglung war die Kugelgestalt der Erde bewiesen.

404 Alvise Cadamosto (1432–1483) unternahm im Dienste des portugiesischen Infanten Heinrichs des Seefahrers Entdeckungsreisen entlang der atlantischen Küste Afrikas und entdeckte mehrere Inseln der Kapverden. Er veröffentlichte den Reisebericht Navigatio ad terras ignotas Aloysii Cadamusti, in: Simon Grynaeus und Johann Huttich (Hg.): Novus orbis regionum ac insularum veteribus incognitarum, Basel 1532, S. 1–89.

405 Zur Nomenklatur der Meere, Meerengen und Kaps vgl. Bianchini 1996, S. 88–102.

406 Ebd., S. 98f.

Bianchini würdigt in seiner Namensgebung der Meere I bis VI neben den Königen des Hauses Braganza somit vor allem portugiesische, aber auch spanische und italienische Seefahrer und Eroberer des 14. bis 16. Jahrhunderts, die – so Bianchini – die europäische Kultur und den christlichen Glauben in der ganzen Welt verbreitet hätten.[407] Doch Bianchini durchbricht sein Nomenklatursystem der Eroberer am Meer VII:

> „Das siebte Meer mit seiner Meerenge und den zwei in die Meerenge hineinragenden Kaps habe ich für berühmte Astronomen reserviert, deren Beobachtungen einen großen Beitrag zu den Seefahrten auf der Erde leisten, die unser geographisches Wissen täglich mehren und deren neue Entdeckungen uns und unseren Nachfahren das Planetensystem nahegebracht haben. Der Princeps unter all diesen ist Galileo Galilei, der berühmte Florentiner, der unser Wissen in Mathematik und Physik mit so vielen neuen Entdeckungen über die Gesetze der Bewegung, über den Widerstand von in Flüssigkeit schwimmenden Festkörpern, die Pendelschwingung und ähnliche Dinge vergrößert hat. Durch die Erfindung des Teleskops brachte er die Himmelskörper näher zur Erde und entdeckte die Sonnenflecken und die Satelliten des Jupiter, dessen Eklipsen und Verfinsterungen uns geholfen haben, den Erdglobus genauer zu zeichnen und jenen [Seefahrern], sicherer zu reisen. Außerdem war er der erste, der verkündet oder zumindest gezeigt hat, dass die Venus ähnliche Phasen hat wie der Mond. […] An Giovanni Domenico Cassini wird hier zu Recht erinnert, da der erste Hinweis auf einen oder zwei Flecken auf der Venus aus einem Brief von ihm stammt […]. Der Arbeit Cassinis ist es auch zu verdanken, dass die Tafeln über die Bewegung der Jupitersatelliten mit einem Höchstmaß an Genauigkeit entwickelt wurden, so dass diese alle anderen Methoden übertrafen, die eine sichere Navigation und ein umfassendes geographisches Wissen gewährleisten sollten."[408]

407 Vgl. ebd., S. 89, 91, 94, 97.

408 „Mare septimum cum adjuncto Freto, ac duobus Promontoriis in Fretum excurrentibus reservavi Viris illustribus in Astronomia, quorum observata plurimum contulerunt & conferunt ad easdem navigationes Terrestris globi & Geographiam ipsam in dies perficiendam; & in Planetario systemate nova reperta nobis ac posteris aperuerunt. Est omnium Princeps Galilaeus Galilaei nobilis Florentinus, qui Mathematicas, & Physicas disciplinas tot demonstrationibus auxit circa rationes motûs, resistentiam solidorum innatantia in fluidis, pendulorum oscillationes, aliaque hujusmodi: qui Coelestia corpora Terrae admovit invento Telescopio, monstratis in Sole maculis, in Jove Satellitibus, quorum Eclipses & emersiones Terraquei Globi exactè describendi, ac tuto circumeundi praecipua sunt adjumenta: qui demum Planetae Veneris phases Lunaribus similes nunciavit primus, aut illustravit. […] Jo. Dominici Cassini memoriam jure hic recensui; cum prima notio unius & alterius maculae in Planeta Veneris ex ejusdem epistola profecta sit […]. Ipsius

Bianchini benennt in seinem Traktat die Vorbilder für seine Nomenklatur. Während Riccioli die Flecken auf dem Mond nur nach berühmten Mathematikern und Astronomen benannt habe, seien in anderen Fällen die Phänomene nach den Fürsten bezeichnet worden, die diese Forschungen durch ihre Patronage gefördert hatten:[409] So habe Galilei die Jupitersatelliten nach den Medici benannt und Cassini die Satelliten des Saturn nach Ludwig XIV. Bianchini selbst sei dem Beispiel letzterer gefolgt, um nicht nur an die Astronomen zu erinnern, sondern auch das Andenken der Fürsten zu ehren, die durch die Förderung der Astronomie auch den Nationen jenseits der Ozeane enormen Nutzen gebracht hätten. In seinem Namensystem vereint Bianchini die beiden Gruppen – die Mathematiker bzw. Astronomen in den Personen Galileis und Cassinis auf der einen Seite, die Fürsten des Hauses Braganza auf der anderen Seite. Mit den Seefahrern nimmt er zudem eine dritte Gruppe in die Nomenklatur auf.

Die Cassini-Meerenge zwischen dem Meer VI und dem nach Galilei benannten Meer VII unterscheidet sich von allen anderen Meerengen dadurch, dass sie nach einem Astronomen und nicht nach einem Seefahrer benannt ist. Auch die zugehörigen Kaps nehmen eine Sonderrolle ein:

> „Die Entdeckungen berühmter Mathematiker haben die Gründung verschiedener Akademien für den Fortschritt der Wissenschaften durch große Herrscher angeregt. Zwei davon sind aufgrund ihrer originären Verbindungen mit Galilei und Cassini besonders relevant; und aus diesem Grund hielt ich es für angemessen, die zwei Kaps, die die Meerenge Cassinis und das Meer Galileis flankieren, nach ihnen zu benennen und deren Verdienste so mit ihnen zu verbinden. Die erste dieser zwei Akademien ist die Königliche Akademie der Wissenschaften, die Ludwig der Große in Paris gegründet hat. Dieser bedeutende Patron der Wissenschaften holte Cassini dorthin, um dessen italienischen Genius mit den besten französischen Köpfen zu vereinen. Die andere Akademie wurde in Bologna von Papst Clemens XI. gegründet, einem großen Liebhaber der bildenden Künste, dessen großzügige Unterstützung die Bemühungen der hervorragendsten Edelmänner, Senatoren und anderen Herren von Rang gefördert hat. Das sogenannte Institut der Wissenschaften und Künste rechtfertigt die alte Lobpreisung seines Vaterlandes als Wiege der Wissenschaften."[410]

etiam Cassini cura Jovialium Satellitum Theoria & Tabulae ad illam certitudinem redactae sunt, ut navigationis usui & Geographiae perfectioni nihil opportunius ac tutius adhibeatur." Bianchini 1728, S. 53f. Vgl. Bianchini 1996, S. 99f.

409 Bianchini 1996, S. 87.

410 „Horum illustrium Mathematicorum inventa complures promovent coetus ad scientias excolendas a Magnis Principibus instituti. Duo tamen arctius cohaerent

Bianchini verweist auf originäre Verbindungen, die zwischen den beiden Institutionen und den Astronomen Galilei und Cassini bestanden hätten. Tatsächlich sind die Beziehungen zwischen Cassini und den Instituten in Bologna und Paris offensichtlich: Als Professor für Astronomie hatte Cassini in Bologna mit seinen Forschungen die Tradition der zweitgrößten Stadt des Kirchenstaates als Zentrum astronomischer Forschung fortgeführt. In der Bologneser Kathedrale S. Petronio hatte er 1655 eine Meridianlinie konstruiert, die das von Ignazio Danti 1575 an gleicher Stelle geschaffene Exemplar ersetzte und an Genauigkeit und Größe weit übertraf.[411] Im Jahre 1669 warben ihn Ludwig XIV. und dessen Minister Colbert jedoch nach Frankreich ab – Cassini wurde Direktor des neu gegründeten Pariser Observatoriums. Trotzdem blieb er zeitlebens in engem Kontakt mit den Bologneser Wissenschaftlern und dem 1710 gegründeten Institut der Wissenschaften.[412]

Ebenso originäre Verbindungen hätten Bianchini zufolge auch zwischen Galilei und den genannten Institutionen bestanden. Doch die Akademie, die mit der wissenschaftlichen Karriere Galileis in direktem Zusammenhang stand, war die Accademia dei Lincei in Rom.[413] Galileis Förderer waren Papst Urban VIII. und die Medicifürsten Leopoldo und Francesco; zum Zeitpunkt der Gründung der Pariser Akademie und des Bologneser Instituts war Galilei längst verstorben. Bianchini kann folglich keine persönliche, direkte Verbindung meinen, sondern vielmehr eine ideelle, und zwar den auch nach seinem Tod fortwirkenden Einfluss Galileis aufgrund seiner bahnbrechenden Entdeckungen, die zur Gründung dieser Akademien angeregt hätten, wie Bianchini zuvor formulierte.

Bianchinis Nomenklatur ist durch vier Charakteristika gekennzeichnet: Erstens stellt er sich selbst explizit in die Tradition Galileis und Cassinis, der

jure originis aut Societatis Galilaeo, & Cassino. Quare ex eorum nomine appellanda censuimus, eorumque meritis inscribenda duo Promontoria, Cassianum Fretum, & Galilaei Mare attingentia. Prior ex duobus illis coetibus est Regia Scientiarum Academia per Ludovicum Magnum Parisiis instituta, in qua Cassinus a tanto Maecenate adletus Gallicorum ingeniorum praestantiae Italicorum laudem sociavit. Alter vero coetus Bononiae constitutus a Clemente XI. Pontifice Bonarum Artium amantissimo, cujus munificentia nobilissimos quosque ex Patriciis ac Senatoribus, & ordinum ceterorum illius civitatis excitavit ad optime de litteris merendum, dicitur Institutum Scientiarum, ac Bonarum Artium, & confirmat Patriae suae veterem laudem Matris studiorum." Bianchini 1728, S. 54. Vgl. Bianchini 1996, S. 100.

411 Zu Cassini vgl. De Ferrari 1978, S. 484–487; zur Meridiana in S. Petronio siehe Heilbron 2001, S. 89–101.

412 Vgl. Johns 2005, S. 52. Zur 1711 von Marsigli beim Maler Donato Creti in Auftrag gegebenen Gemäldeserie „Astronomische Beobachtungen", die er Papst Clemens XI. zum Geschenk machte, um ihn von der Wichtigkeit eines Observatoriums zu überzeugen, vgl. Johns 1992. Zum Bologneser Institut siehe oben S. 136f.

413 Zur Accademia dei Lincei vgl. Herklotz 1999, S. 29–31; Freedberg 2002 sowie Baldriga 2002.

beiden berühmtesten italienischen Astronomen. Zweitens erzielt er durch die Benennung der Venusflecken mit Mitgliedern des portugiesischen Königshauses einen Effekt, den Schaffer – bezogen auf ein anderes Beispiel – treffend als den „politisierte[n] Himmel"[414] bezeichnet hat. Drittens verweist Bianchini auf die direkte Verbindung zwischen Astronomie und Seefahrt, indem er sowohl Namen von Astronomen als auch Seefahrern verwendet. Und viertens ist er trotz der Widmung des Traktats an den König von Portugal sehr wohl darum bedacht, auch den Ruhm der eigenen italienischen Nation angemessen zu zelebrieren.[415]

Der direkte Zusammenhang zwischen der Astronomie und der Seefahrt ist offensichtlich. Seit den Zeiten der Chaldäer hatte man den Sternenhimmel vor allem deshalb beobachtet, um sich mit dessen Hilfe auf irdischen Reisen orientieren zu können. In der Frühen Neuzeit avancierte das präzise Wissen über den Himmel jedoch „zu einem entscheidenden Instrument der Macht der Europäer, mithin zu einem Zeichen ihrer Rechtmäßigkeit und zu einem Grundprinzip ihrer Ausübung".[416] Erst die Verknüpfung von navigatorischen Fähigkeiten mit astronomischen Kenntnissen konnte zu den erfolgreichen Entdeckungsreisen und somit zur Veränderung der Weltkarte führen. Daher war die Astronomie die erste der experimentellen Wissenschaften, die eine starke institutionelle Unterstützung genoss. Die Observatorien wurden gegründet, um eine wirkungsvolle Hilfeleistung für die Seefahrt zu erbringen. Aus diesem Grund sind in allen Observatorien auch zahlreiche Zeugen dieser Aktivität zu finden, darunter Seekarten, Uhren, Sternenkataloge sowie mathematische Instrumente.[417]

Schon Francis Bacon hatte in seiner 1620 publizierten Abhandlung *Novum Organum* auf die Verbindung zwischen Astronomie und Seefahrt hingewiesen: Mit Hilfe des von Galilei entwickelten Teleskops sei es möglich – ebenso wie mit Booten oder Schiffen – eine engere Verbindung zwischen uns und den Himmelskörpern herzustellen.[418] Wie zuvor Columbus und Magellan auf ihren Entdeckungsfahrten, sah Galilei durch sein Fernrohr Dinge, die nie zuvor ein menschliches Auge erblickt hatte. Der Vergleich zwischen den großen

414 Schaffer 2007, S. 46. Schaffer bezieht sich mit seiner Formulierung auf den Himmelsglobus Coronellis, der die Sternenkonstellation zum Zeitpunkt der Geburt Ludwigs XIV. visualisierte.

415 So bezeichnet Bianchini die Namensgeber der Meere V bis VII – Columbus, Vespucci und Galilei – auch als „Triumvirat hervorragender Entdecker italienischer Abstammung". Bianchini 1996, S. 92.

416 Schaffer 2007, S. 42.

417 Vgl. Bònoli 1997, S. 291f.

418 „[...] the telescope, discovered by the wonderful exertions of Galileo; by the assistance of which a nearer intercourse may be opened (as by boats or vessels) between ourselves and the heavenly objects." Bacon 1901, S. 214.

Überseefahrten und den Entdeckungen mit Hilfe des Teleskops wurde im 17. Jahrhundert zu einem literarischen Topos – so wurde Galilei auch „Columbus des Himmels" genannt.[419] Dass die Verbindung von Astronomie und Seefahrt gleichermaßen in der bildenden Kunst reflektiert wurde, zeigt sich beispielsweise anhand des zuvor beschriebenen Deckenfreskos im Meridiansaal des Palazzo Pitti, in dem ebenfalls sowohl Galilei als auch Vespucci auftauchen (vgl. Bild 32).[420] Für Bianchini ist jedoch die Hierarchie klar: Galilei habe durch seine Beobachtungen der Jupitersatelliten für die exakte Bestimmung der Längengrade der Erde wahrscheinlich mehr zur geographischen Korrektheit beigetragen, als es die Reisen der Seefahrer getan hätten.[421]

# III. Die Evidenz der astronomischen Visualisierungen

## 1. Bianchinis Strategien der Evidenzerzeugung[422]

### Technischer Vorsprung durch Instrumente

Francesco Bianchini verwendete schon lange vor seinen Observationen der Venus Fernrohre des Teleskopkonstrukteurs Giuseppe Campani.[423] Aus einem Brief an Manfredi von 1701 geht zudem hervor, dass Campani auch Instrumente nach Entwurfszeichnungen Bianchinis anfertigte.[424] Folglich ließ sich Bianchini auf seine konkreten Bedürfnisse zugeschnittene Fernrohre bauen und konnte zudem – wie bereits erwähnt – nach dem Tod Campanis die Riesenteleskope aus dessen Laboratorium nutzen.[425] Da die Tubusfernrohre schwer manövrierbar waren, entwickelte Christiaan Huygens (1629–1695) eine Variante ohne Tubus, die Cassini später zu verbessern suchte; doch Bianchini bevorzugte zunächst die Tubusfernrohre, denn mit diesen seien die Himmelskörper deutlicher und schärfer zu erkennen.[426]

419 Vgl. Rossi 2007, S. 29.
420 Siehe oben S. 62–66.
421 Bianchini 1996, S. 93.
422 Vgl. hierzu auch Feist 2013, Strategies of Evidence.
423 „Abbiamo adoperati due cannocchiali del Sig[no]r Campani. L'uno di diecisette e l'altro di cinquanta palmi." Francesco Bianchini an Eustachio Manfredi (Rom, 2. 9. 1702). BVR, U.20, fol. 30r.
424 „[...] le quali potrò prendere subito che il Sig[no]r Campani abbia terminato l'istrumento da mè disegnato." Francesco Bianchini an Eustachio Manfredi (Rom, 17. 12. 1701). BVR, U.20, fol. 17r.
425 Siehe oben S. 106.
426 Vgl. Monaco 1983, S. 428.

„Jene Erfindung des Herrn Cassini, die uns Herr Maraldi vorgeführt hat, ist stabiler als der Vorschlag des Herrn Huygens [...]. Allerdings wird für diese Erfindung die gleiche Huygenssche Vorrichtung benötigt, und zwar ein Turm mit jemandem, der das Objektiv betreut. Im Pariser Observatorium hat Ludwig XIV. anstelle von Türmen Holzkonstruktionen aus Balken anbringen lassen, auf die jemand hochsteigt, um die Objektivgläser anzubringen und sie wie benötigt nach unten und oben zu verstellen. Aber bei all diesen Erfindungen gibt es neben der Erforderlichkeit der oben genannten Hilfskonstruktionen auch einen großen Verlust bezüglich des deutlichen Sehens, da es fast unmöglich ist, fremde Lichtstrahlen derartig auszuschließen, dass das Bild des Hauptglases nicht gestört wird. Herr Campani hat seine Objektivgläser gleicher Größe mit dem Tubus ausprobiert und mit der Erfindung [ohne Tubus] verglichen, und er stellte einen unglaublichen Unterschied fest. Man kann den Vorteil, die Gläser mit Tubus zu verwenden, niemandem glauben, der dies nicht selbst ausprobiert und mit der anderen Erfindung ohne Tubus vergleicht. Der Tubus hat zudem den Vorteil, dass er keine Türme und Stützkonstruktionen benötigt. Es genügt eine Ebene, auf der man einen Pfahl in der von Herrn Campani beschriebenen Weise errichtet."[427]

Trotzdem begann auch Bianchini, nach einer Alternative für die kaum zu transportierenden Riesenfernrohre zu suchen. In seinem Nachlass befindet sich eine Zeichnung, auf der er den Versuchsaufbau des von ihm entwickelten tubuslosen Fernrohrs skizziert hat (Bild 70). Seine Berechnungen brachten ihn schließlich zu der auf dem unteren Teil des Blattes dargestellten Lösung mit zwei auf Dreibeinstativen befestigten Linsen, die durch ein Seil miteinander verbunden sind,

427 „Quella invenzione del Sig[nor] Cassini che ci ha dimostrata il Sig[nor] Maraldi è più stabile della proposta da M[onsieur] Huguens [...]. Questa invenzione però ha bisogno dello stesso apparato della Hugueniana cioè di una torre, con uno che assista all'oggettivo. Nell'osservatorio di Parigi in luogo di torri ha fatto il Re Christ[ianissi]mo trasportare castelli di legno fatti di travi sopra de' quali ascende uno a collocare, abbassare, e alzare i vetri oggettivi come fà di mestieri. Ma in tutte queste invenzioni oltre al ricercarsi i suddetti apparati si perde molto per quello che appartiene al vedere distintamente perché non è quasi pratticabile l'escludere in modo i raggi forastieri, che non resti turbata molto l'immagine del vetro principale. Il Sig[nor] Campani ha paragonati suoi vetri di egual misura con il tubo, e per questa invenzione [senza tubo] e ritrova differenza incredibile. Il vantaggio di adoperare i vetri con il tubo non si può credere da chi non lo sperimenta e paragona con l'altra invenzione senza tubo. Il tubo ha questo commodo ancora che non ricerca torri e castelli. Basta un piano sopra del quale si erge un'antenna nel modo descritto dal Sig[nor] Campani." Einschätzung Francesco Bianchinis als Beigabe zu einem Brief Giuseppe Campanis an Luigi Ferdinando Marsigli (Rom, 29. 4. 1702). Rom, Museo Astronomico e Copernicano, cart. XI. Zit. nach Monaco 1983, S. 429f.

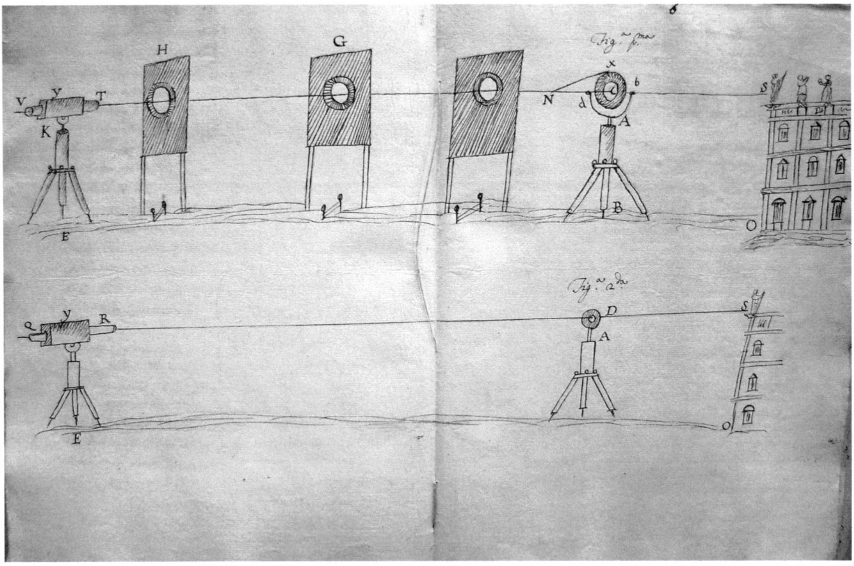

Bild 70 Francesco Bianchini, Skizze des Teleskops ohne Tubus, BCV, cod. CCCCXX, fol. 5v/6r.

das zu einem Gebäude führt. Der größere Teleskopständer konnte dabei bis auf eine Höhe von zehn Metern gebracht werden.[428] Die Fernrohre ohne stabilisierenden Tubus konnten zwar unter Umständen Probleme hinsichtlich der Schärfe aufweisen, sie hatten jedoch andererseits den Vorteil, dass das gesamte Instrumentarium für eine Observation in zwei Kisten passte, die ein Mann alleine transportieren konnte.

Diese neue Hilfsvorrichtung stellte Bianchini im Jahre 1713 auch der Pariser Académie des sciences vor.[429] Ohne diese Erfindung hätte er beispielsweise seine Beobachtungen für die geplante Meridianlinie, die ihn mehrmals in bergige Regionen Italiens führten, gar nicht durchführen können. Eine Zeichnung Pier Leone Ghezzis (1674–1755) zeigt Bianchini beim Ausrichten eines solchen handlichen Fernrohrs ohne Tubus, das nur durch ein leichtes Stativ gestützt wird (Bild 71).[430]

Bianchini war stets darauf bedacht, seine Observationen mit Hilfe der jeweils am geeignetsten erscheinenden Instrumente durchzuführen. Und wenn es das passende Instrument noch nicht gab, ließ er es sich nach seinen Vorstellungen anfertigen oder entwickelte eigene Konstruktionen. Den Erfolg der Ent-

428 Vgl. Heilbron 2005, Bianchini, S. 63f.
429 Vgl. Rotta 1968, S. 193.
430 Vgl. Piazzi 1994, S. 220 sowie Tinazzi 2003, S. 392–396.

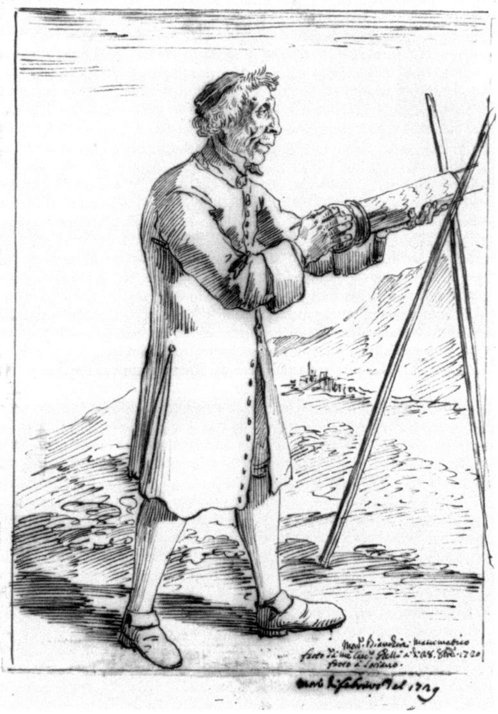

Bild 71 Pier Leone Ghezzi, Francesco Bianchini als mattematico in Soriano am 28. September 1720, Federzeichnung, Rom, Biblioteca Apostolica Vaticana, Ottoboni Lat. 3113, fol. 106.

deckung der Venusflecken schrieb er folgerichtig auch dem Fortschritt der Technik und der damit einhergehenden Überlegenheit seiner Instrumente zu, wobei er sich in diesem Fall auf Campanis Linsenfernrohre bezog: Dass er mehr gesehen habe als Cassini im Jahre 1666, liege auch in der Tatsache begründet, dass er bessere und längere Fernrohre benutzen konnte.[431] Die Beobachtungen Cassinis werden an späterer Stelle noch ausführlicher analysiert. Festzuhalten ist zunächst, dass für Bianchini in der exzellenten Qualität der für die Observationen verwendeten Instrumente eines der entscheidenden Argumente lag, das die Richtigkeit seiner Entdeckung und der neuen Erkenntnisse über die Venus untermauern sollte.

431 Bianchini 1996, S. 106f.

## Nachweis der Fähigkeiten im Sehen und Zeichnen

Dass Bianchinis astronomische Beobachtungen von Beginn an mit einer parallel laufenden oder nachträglichen Visualisierung verbunden waren, haben bereits seine frühen Zeichnungen der Sternbilder gezeigt (vgl. Bild 53, 54). Doch die Visualisierungen beschränkten sich nicht nur auf die Astronomie. Vielmehr hatte Bianchini seine künstlerischen Fähigkeiten zunächst in anderen Bereichen geschult. Während seines Theologiestudiums in Padua besuchte er auch Vorlesungen in Anatomie, aus denen Mitschriften mit mehreren detaillierten anatomischen Zeichnungen erhalten sind (Bild 72).[432] Außerdem fertigte Bianchini im Rahmen einer Arbeit über die Festung von Guastalla[433] einige Festungsstudien an (Bild 73). Damit folgte er einer großen Künstlertradition von Albrecht Dürer über Leonardo bis hin zu Michelangelo.[434] Besonders wichtig war für ihn jedoch vermutlich, dass auch Galileo Galilei über den Festungsbau gearbeitet und zahlreiche Festungsstudien geschaffen hatte.[435] Bianchinis Sternbilderdarstellungen, anatomische Skizzen und Festungsstudien können sich zweifellos mit den frühen Zeichnungen Galileis messen lassen (Bild 74).[436] Während der von Galilei skizzierte Kopf eines Esels (Bild 75) etwas unbeholfen wirkt, offenbart der von Bianchini gezeichnete Pferdekopf des Sternbildes Pegasus dessen künstlerische Bravour (Bild 76).

Wie ernsthaft sich Bianchini mit der Malerei und Zeichenkunst auseinandersetzte, zeigt die Tatsache, dass er ein „Traktat über die Farben" verfasste, das in seinem Nachlass aufbewahrt wird.[437] In insgesamt 105 Kapiteln beschreibt er die einzelnen Farben und deren Anwendung in der Koloration verschiedener Objekte sowie die unterschiedlichen Malweisen in der Öl-, Gouache-, Miniatur- und Chiaroscuro-Malerei. Zudem erläutert er die malerische Umsetzung der verschiedensten Phänomene, darunter die Visualisierung des Regens, eines Sonnenaufgangs oder -untergangs am heiteren bzw. wolkigen Himmel sowie die Darstellung von Meeren (Bild 77).

Mazzoleni berichtet in seiner Biographie, Bianchini hätte es im Zeichnen so weit gebracht, dass er in der Lage gewesen sei, Guido Renis Gemälde eines Engels zu kopieren.[438] Bianchini sei derart angetan gewesen von den Regeln der

432 BCV, cod. CCCCIX, fol. 11r. Vgl. Piazzi 1994, S. 219.

433 Francesco Bianchini: Relazione sulla fortezza di Guastalla presentata alla Serenissima Repubblica veneta nel 1686 per nozze Bevilacqua-Di Canossa, Verona 1885.

434 Vgl. hierzu Marani 2009 sowie Bredekamp 2009, Belagerung.

435 Vgl. Bredekamp 2007, Galilei, S. 70–82.

436 Vgl. ebd., S. 29–33.

437 Trattato de' Colori. BCV, cod. CCCCXXX, Teil III.

438 „Con lo studio delle scienze congiunse gli esercizj di qualche nobil'arte, che ivi si coltiva, e prescelse il disegno, e 'l suono, e ne profittò abbastanza per quel fine, che ei si propose, giunto fino a formare da se coi colori un'immagine, o copia di cert'

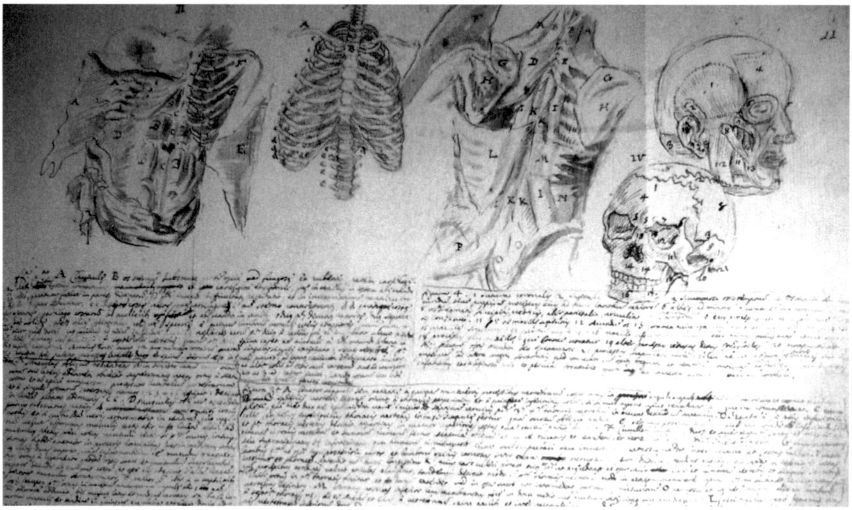

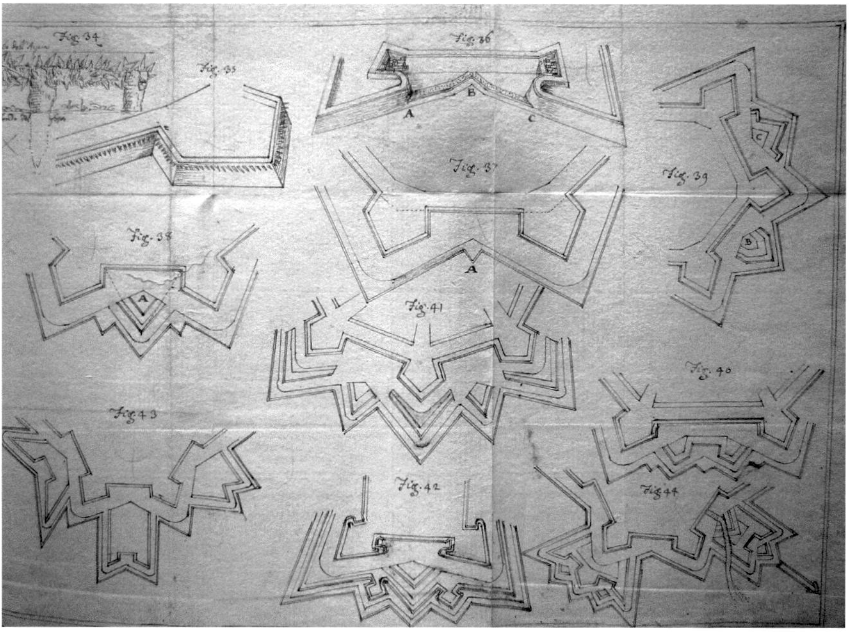

Bild 72 Francesco Bianchini, Anatomische Studie, 1684, BCV, cod. CCCCIX, fol. 11r.

Bild 73 Francesco Bianchini, Festungsstudie, BCV, cod. CCCCXVI, fol. 21r.

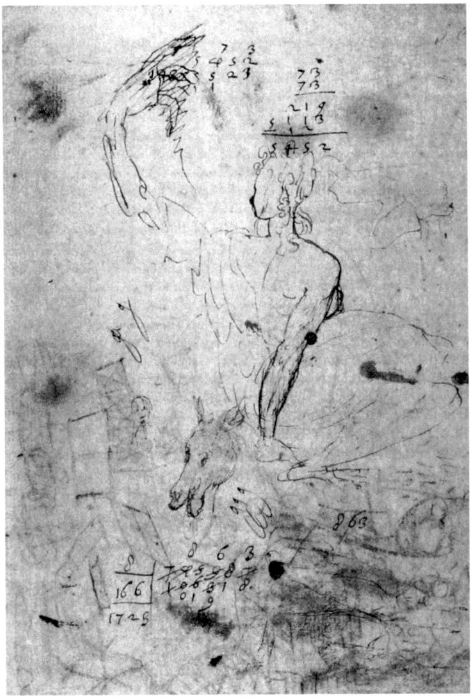

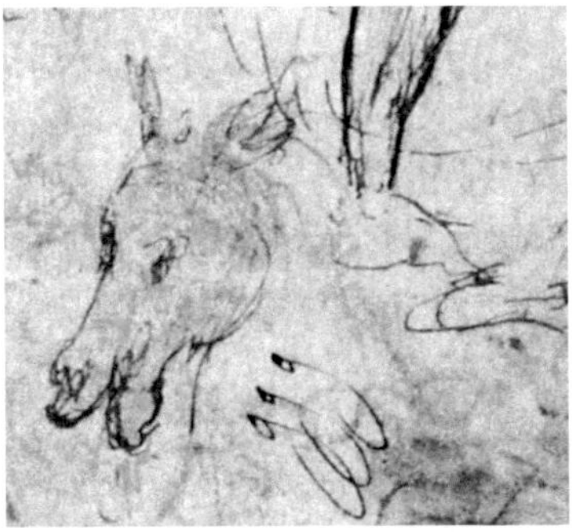

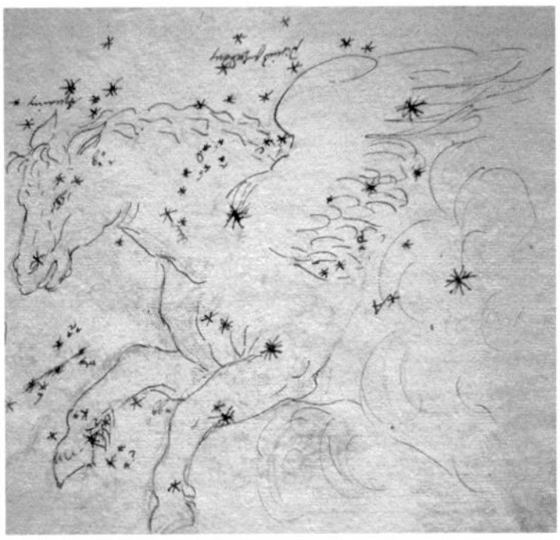

Bild 74 Galileo Galilei, Skizzenblatt, Feder und Rötel auf Papier, um 1584, Biblioteca Nazionale Centrale, Florenz, Gal. 46, fol. 56r.

Bild 75 Kopf eines Esels, Detail aus Bild 74.

Bild 76 Francesco Bianchini, Sternbild Pegasus, um 1680, Ausschnitt, BCV, cod. CCCLXXXVII, fol. 248.

Zeichenkunst und der Möglichkeit, seine Gedanken schnell skizzieren zu können, dass er oft geäußert habe, er fühle sich nach der Schreibfeder vor allem dem Pinsel verpflichtet. Daher könnte in gewisser Hinsicht auch vom Künstler Bianchini gesprochen werden – analog zum Buchtitel *Galilei der Künstler*.[439]

Für seine astronomischen Studien wählte Bianchini – wie die meisten Astronomen – zunächst den Mond als Übungsobjekt, da dieser Himmelskörper auch mit dem bloßen Auge sichtbar ist und die auf der Oberfläche erkennbaren Strukturen am einfachsten zu überprüfen sind. Die beiden ersten Abbildungen, die er dem Text seines Traktats über die Venus beifügte, sind folgerichtig keine

Angelo di Guido Reni. Così poi contento delle regole del disegno, e di potere sbozzare con prestezza il suo pensiero, era solito dire, dopo la penna di aver le sue maggiori obbligazioni al pennello […]." Mazzoleni 1735, S. 3.

439 Bredekamp 2007, Galilei.

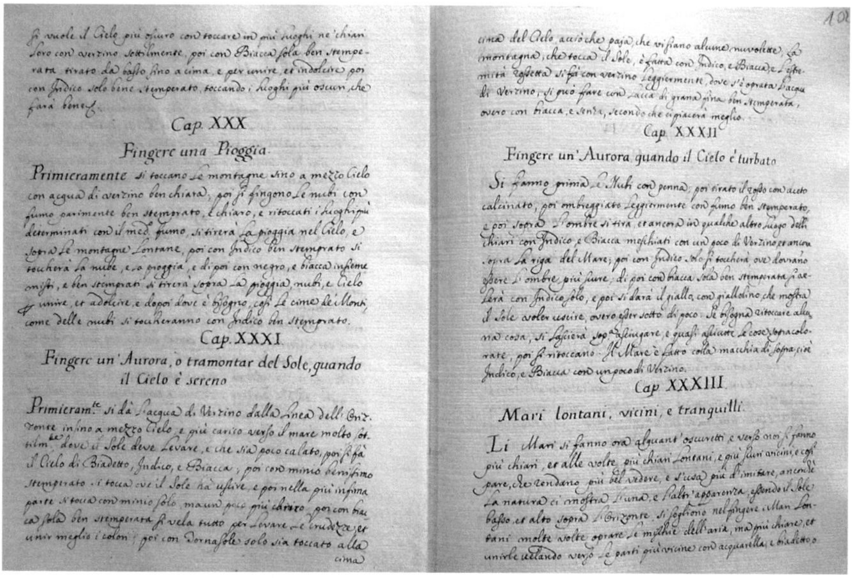
Cap. XXX
Fingere una Pioggia
Cap. XXXI
Fingere un'Aurora, o tramontar del Sole, quando il Cielo è sereno
Cap. XXXII
Fingere un'Aurora quando il Cielo è turbato
Cap. XXXIII
Mari lontani, vicini, e tranquilli

Bild 77 Doppelseite aus dem Trattato de' Colori, BCV, cod. CCCCXXX, fol. 101v/102r.

Visualisierungen der Venus, sondern Darstellungen der Mondoberfläche. Zum einen handelt es sich um eine in Mezzotinto-Technik ausgeführte Detailstudie des Mondkraters Platon, den Bianchini am 16. August 1725 eineinhalb Stunden nach Sonnenuntergang vom römischen Palatinhügel aus durch ein 150 Palmi (33,30 Meter) langes Riesenfernrohr Campanis beobachtet hatte (Bild 78).[440]

Der zweite Kupferstich zeigt einen größeren Ausschnitt der Mondoberfläche, beruhend auf zwei am 23. August sowie 22. September 1727 mit Campani-Teleskopen von 94 bzw. 150 Palmi Länge durchgeführten Observationen (Bild 79).[441] Hevelius hatte die dargestellten Formationen in seinem Mondatlas u. a. als Lacus Niger Major, Lacus Niger Minor und Mons Serrorum bezeichnet.[442] Bianchini hielt sich jedoch an die Nomenklatur Ricciolis, die den gezeigten Kratern die Namen Aristoteles (A), Eudoxos (B) und Platon (C) zugewiesen hatte. Zwischen den Kratern A, B, C und D[443] verläuft die zerklüftete Bergkette der Mondalpen, die im unteren Drittel zwischen den Ziffern 1 und 2 von dem scharfen Schnitt eines Tals durchzogen wird.

440 Vgl. Bianchini 1728, S. 5 bzw. Bianchini 1996, S. 23. Bianchinis Stich mit handschriftlicher Beschriftung in BCV, cod. CCCXCVI, fol. 4r.
441 Vgl. Bianchini 1996, S. 24–27.
442 Vgl. Whitaker 1999, S. 80–82.
443 Dieser Krater ist heute als Krater Cassini bekannt. Vgl. Bianchini 1996, S. 25, Anm. 7.

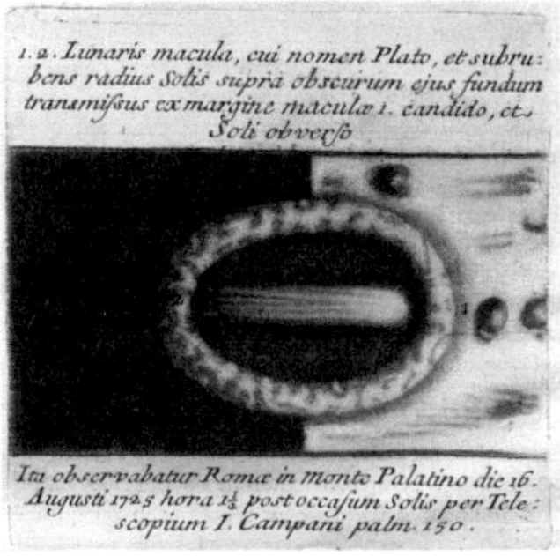


Bild 78 Francesco Bianchini, Mondkrater Platon, 1725, Kupferstich in Mezzotinto, in: Francesco Bianchini, Hesperi et Phosphori, Rom 1728, S. 5.

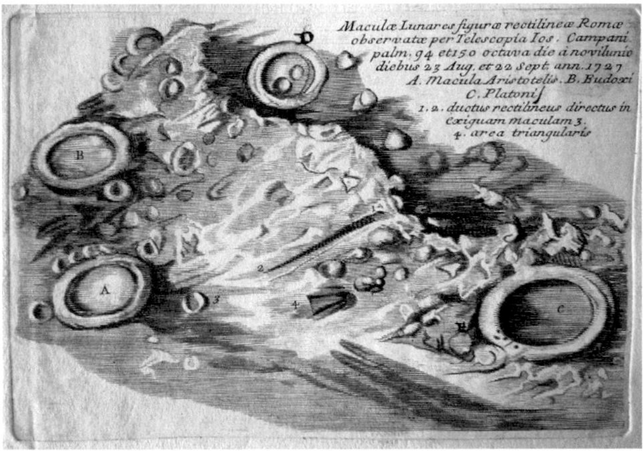


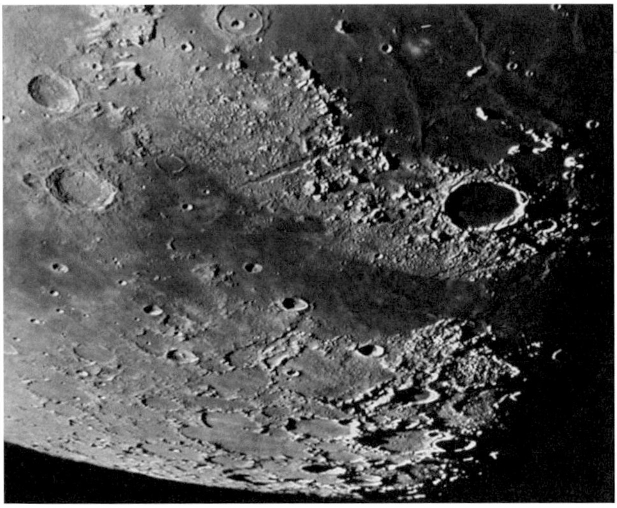

Bild 79 Francesco Bianchini, Mondalpen, 1727, Kupferstich, in: Francesco Bianchini, Hesperi et Phosphori, Rom 1728, S. 6.

Bild 80 Foto der Mondoberfläche, um 180 Grad gedreht.

Bianchini stellte voller Überraschung fest, dass dieses Alpental auf der großen Mondkarte Cassinis von 1679 gar nicht auftaucht – tatsächlich war er der erste, der dieses beeindruckendste der Mondtäler visualisierte.[444] Die Zeichnung Bianchinis gilt als die zu jener Zeit genaueste existierende Detailstudie der Mondoberfläche.[445] Das erstaunlich hohe Maß an Exaktheit zeigt sich im direkten Vergleich mit einer modernen Fotografie, auf der die Lage der einzelnen Krater, der Verlauf des Gebirgszuges sowie das Alpental in präziser Übereinstimmung erkennbar sind (Bild 80).

In Bianchinis Nachlass sind mehrere Vorstudien für den späteren Kupferstich zu finden, darunter eine lockere Bleistiftzeichnung, die die Hauptcharakteristika der beobachteten Mondlandschaft visualisiert (Bild 81). Auf der linken Seite sind die Krater Aristoteles und Eudoxos skizziert, auf der rechten Seite ist der auf dem Kupferstich mit dem Buchstaben D bezeichnete Krater mit seinen zwei kreisrunden Erhebungen im Inneren erkennbar (vgl. Bild 79). Unterhalb des Kraters D ist ein Teil der Mondalpen dargestellt. Mit geschwungenen Linien, die zum Teil heller, zum Teil dunkler werden, skizzierte Bianchini die zerklüftete Bergkette mit ihren Erhebungen und Vertiefungen; die sanfte Schattenschraffur am rechten Rand verstärkt den plastischen Eindruck. Durch energisch gezeichnete dunkle Striche wird der tiefe Einschnitt des Alpentals, das Bianchini entdeckt hatte, besonders betont.

Eine weitere Zeichnung – ausgeführt mit Bleistift und Feder – zeigt den gesamten Ausschnitt der Mondoberfläche des späteren Kupferstichs (Bild 82). Südlich des mit schwarzer Tinte eingezeichneten Alpentals setzt sich der Gebirgszug fort, an dessen unterem Ende der große Krater Platon dargestellt ist. Dass Bianchini diese Observation am 23. August 1727 durchgeführt hat, ist auf dem Blatt ebenso vermerkt wie auf dem späteren gedruckten Kupferstich im Traktat.

Bianchini hatte sein Fernrohr allerdings schon viele Jahre zuvor auf die Oberfläche des Mondes gerichtet, um anschließend das Gesehene zeichnerisch wiederzugeben. Seine früheste erhaltene Mondstudie stammt vom 26. November 1713 (Bild 83). Zunächst skizzierte Bianchini die beobachteten Strukturen mit dem Bleistift, um anschließend zu schwarzer Feder sowie Pinsel zu greifen und einzelne Details in Grau- und Brauntönen zu kolorieren. In der Mitte des Blattes sind drei Krater mit den Buchstaben a, b und c in Rötel markiert; an anderen Stellen sind Krater namentlich gekennzeichnet. In der unteren rechten Ecke ist bereits die Formation erkennbar, die Bianchini später als Detailstudie in seinem Traktat publizieren sollte.

444 Vgl. Ashworth 1990, S. 11 und Whitaker 1999, S. 83.
445 Vgl. Dal Prete 2003, S. 12.

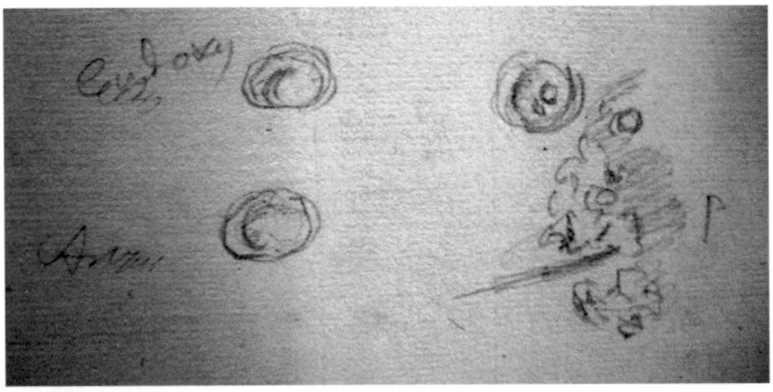

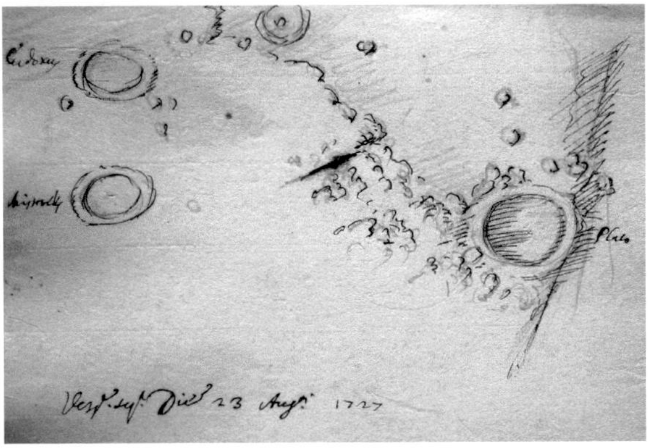

Bild 81 Francesco Bianchini, Mondkrater und Mondalpen, Bleistiftskizze, 1727, BCV, cod. CCCCXXXIV, fol. 212r.

Bild 82 Francesco Bianchini, Mondkrater und Mondalpen, Bleistift und Tinte auf Papier, 1727, BCV, cod. CCCCXXXIV, fol. 221r.

Die zwei in Kupfer gestochenen Darstellungen der Mondoberfläche, die Bianchini dem ersten Kapitel seines Venustraktats beifügte (vgl. Bild 78, 79), sind das Ergebnis der Bemühungen, die Topographie von Himmelskörpern aus den unterschiedlichen Schattierungen abzuleiten. Obwohl sich Bianchini über die exakte Beschaffenheit der Venusflecken in seinem Traktat nicht explizit äußerte, kann zweifellos davon ausgegangen werden, dass er sie als feste Oberflächenstrukturen begriff. Denn wenn er von „schattierten Gebiete[n], die denen des Mondes sehr ähneln“[446] schreibt, wird offensichtlich, dass seine Seherfahrung durch die Beobachtungen Galileis geprägt war, der mit seinem künstlerisch geschulten Blick erkannt hatte, dass dunkle Flecken als Schatten zu deuten sind und folglich als tiefer liegende Gebiete verstanden werden müssen.[447]

446 Bianchini 1996, S. 84.
447 Zum Einfluss Galileis auf Bianchinis Forschungen vgl. Feist 2012.

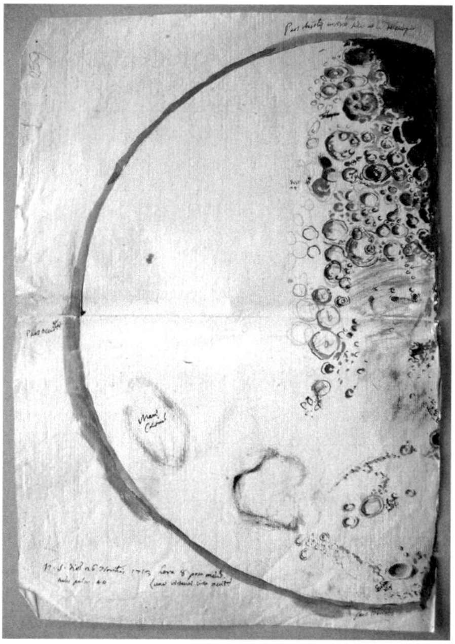

Bild 83 Francesco Bianchini, Mond, Bleistift, Tinte, Rötel und Tusche auf Papier, 1713, BCV, cod. CCCCXXXIII, fol. 259r.

Auch Bianchinis Tuschzeichnung des Mondes von 1713 steht – allein schon aufgrund des gewählten Ausschnitts des Himmelskörpers – in der Tradition der Mondphasenzeichnungen Galileis (Bild 84) sowie der Monddarstellungen Claude Mellans (Bild 85). Bezüglich der im Venustraktat publizierten Kupferstiche ist augenfällig, dass unterschiedliche Drucktechniken zur Anwendung gekommen sind: Im Unterschied zu den anderen Bildern sind die Detailstudie des Mondkraters Platon (vgl. Bild 78) sowie die Venusdarstellungen der Tafel I (vgl. Bild 43) in Mezzotinto-Technik ausgeführt.[448] Das besondere Druckverfahren des Mezzotinto zielte nicht auf die Wiedergabe der Linie, sondern auf eine Körperhaftigkeit, die durch chromatische und malerische Mittel erreicht wird; aufgrund ihrer Imitation des weichen Pinselstrichs fand diese Technik daher vor allem in der graphischen Gemäldereproduktion ihre Anwendung.[449]

Im Gegensatz dazu beruht die Monddarstellung Claude Mellans ganz auf dem Gebrauch der Linie (vgl. Bild 85).[450] Mittels der dicht nebeneinander verlaufenden Linien sowie der leichten Abweichungen von der strengen Parallelität erscheint das Relief der Mondoberfläche auf dem Kupferstich in frappie-

448 Siehe oben S. 99f. und S. 176.
449 Vgl. Leonhard/Felfe 2006, S. 41–56.
450 Vgl. Bredekamp 2007, Galilei, S. 314–316; Leonhard/Felfe 2006, S. 113–115 sowie zuletzt Zittel 2012.

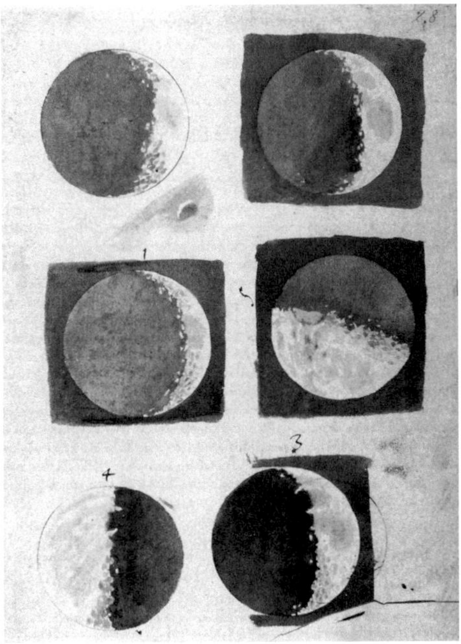


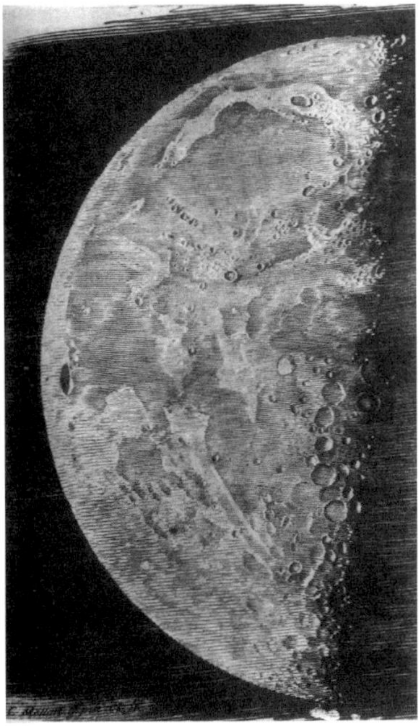

Bild 84 Galileo Galilei, Mondphasen, Tuschzeichnung, 1610, Biblioteca Nazionale Centrale, Florenz, Gal. 48, fol. 28r.

Bild 85 Claude Mellan, Darstellung des Mondes im letzten Viertel, Kupferstich, 1636/37.

render Plastizität. Zwar äußerte Galilei über Mellans Mondbilder, dass sie augenscheinlich von jemandem gezeichnet worden seien, der noch nie das Antlitz des Mondes gesehen habe, doch wurden sie gemeinhin als besonders veristische Darstellungen angesehen.[451] Bianchinis zweite Darstellung des Mondes (vgl. Bild 79) bedient sich ebenfalls parallel verlaufender Linien, um eine beeindruckend plastische Wirkung der Krater und Berge zu erreichen. Im Vergleich dazu wirken die auf der Tafel I in Mezzotinto ausgeführten Venusflecken schematisch vereinfacht (vgl. Bild 43) – eine Feststellung, die automatisch zu der Frage führt, was Bianchini durch sein Fernrohr tatsächlich genau gesehen hat.

Im Verlauf seiner Venusobservationen kam Bianchini zu dem Ergebnis, die Venusflecken seien mit Hilfe eines 90 oder 100 Palmi langen Teleskops ungefähr genauso deutlich erkennbar, wie die Flecken des Mondes mit bloßem Auge bei normalem Sehvermögen.[452] Die Präzisierung hinsichtlich des Sehvermögens ist ein expliziter Verweis auf den antiken Autor Plutarch: Wenn er im Zusammenhang mit den Mondflecken von normaler Sehkraft spreche, so Bian-

451 Vgl. Bredekamp 2007, Galilei, S. 316.
452 Vgl. Bianchini 1996, S. 46.

chini, dann beziehe er sich auf Plutarchs Werk über das Antlitz des Mondes *De facie in orbe lunae*, in dem ebenfalls darauf hingewiesen werde, dass die wie Gesichter aussehenden Mondflecken von Menschen mit schwacher Sehkraft gar nicht wahrgenommen würden.[453]

Aus diesem Grund rate Bianchini jedem, der Observationen der Venusflecken durchzuführen plant, zunächst den Mond zu beobachten, wenn der im ersten Viertel stehe.[454] Im Anschluss könnte der Beobachter einen fähigen Zeichner, der jedoch bislang keine Erfahrungen mit schon publizierten Mondzeichnungen haben sollte, darum bitten, ohne Hilfe des Teleskops eine Skizze der mit dem bloßen Auge erkennbaren Mondflecken anzufertigen. Diese Skizze sei dann mit Zeichnungen zu vergleichen, die von fähigen Beobachtern unter Verwendung des Teleskops angefertigt wurden. Bei diesem Vergleich werde der Beobachter feststellen, wie unpräzise selbst die Umrisse der größeren Flecken des Künstlers ohne Teleskop geraten. Zudem könne man nicht davon ausgehen, dass sehr kleine Flecken mit bloßem Auge erkennbar seien. Dies zeige zum einen die Richtigkeit von Plutarchs Hinweis, dass Menschen mit schwacher Sehkraft die großen Flecken gar nicht sehen könnten, während jene mit normaler Sehkraft sie hingegen erkennen würden, und zum anderen, dass aufgrund der Entfernung zum Mond die Konturen der Flecken mit bloßem Auge nur sehr vage wahrgenommen werden könnten.[455]

Bianchini verknüpft hier verschiedene Argumente. Erstens betont er die Notwendigkeit von leistungsstarken Fernrohren, ohne die es nicht möglich sei, die Venusflecken zu erkennen. Zweitens formuliert er die Einschränkung, dass nicht jeder Beobachter über ein ausreichendes Sehvermögen verfüge. Wie intensiv sich Bianchini mit dem Sehorgan beschäftigte, zeigt auch die Tatsache, dass sich in seinem Nachlass die Zeichnung eines Auges befindet (Bild 86) und er in einer Akademiesitzung die einzelnen Teile sowie die Funktionsweise des Sehorgans an einem Modell vorgeführt und erläutert hatte.[456] Drittens unter-

453 Ebd.

454 Ebd., S. 143f.

455 Ebd., S. 144.

456 „Francesco Bianchini portò nell'Accademia tenutasi Giovedì li 6 Sett[embr]e un'occhio artificiale formato con le sue parti in modo che potessero rappresentare le tuniche, e gli umori dell'occhio naturale e si potessero in quello vedere di grandezza competente li immagini delli obietti esterni luminosi, o illuminati. [...] Si servì del medesimo occhio artificiale per far osservare il modo, onde si misura il triangolo formato da gli obietti e dalle linee visuali ad essi prolungata [...]. Dalla soluzione di questi triangoli dimostrò il modo di calcolare l'acutezza dell'angolo e la menema estensione della imagine d'un'obietto [...]. Proseguì questa ricerca inoltrandosi a definire quante di quelle sottilissime parti stiano in tutta la superficie dell'emisfero interiore del bulbo dell'occhio o sia della retina ò vogliano dire tunica interiore ove si forma la visita." Osservazione dell'Occhio. BCV, cod. CCCCXXXIII, fol. 17r–18r.

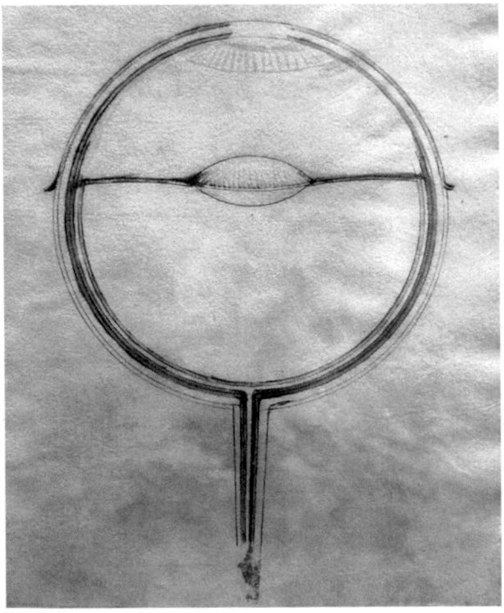

Bild 86 Francesco Bianchini, Zeichnung eines Auges, Bleistift und Tinte auf Papier, BCV, cod. CCCCXXXIII, fol. 23r.

streicht Bianchini die Evidenzqualität der Visualisierung in Zeichnungen sowie viertens – damit einhergehend – die wissenschaftliche Bedeutung des vergleichenden Sehens. Indem er Plutarch hinzuzieht, bedient er sich fünftens eines Autoritätsarguments („argumentum ab auctoritate"), d. h. eines Verweises auf eine unanfechtbare Autorität in Person eines antiken Autors.[457]

Bianchinis Bestreben, zwischen seinen überaus erfolgreichen Mondobservationen und seiner Entdeckung der Venusflecken einen stringenten Zusammenhang im Sinne einer Erfolgslinie herzustellen, zeigt sich besonders eindrucksvoll an einem Blatt aus dem Jahr 1726 (Bild 87). Es handelt sich um die offenbar einzige Zeichnung Bianchinis, auf der er sowohl den Mond als auch die Venus visualisierte. Die Besonderheit des Blattes wird bereits dadurch deutlich, dass beide Himmelskörper vor einem hellblau getuschten quadratischen Hintergrund dargestellt sind – ein zusätzlicher Arbeitsschritt, den er bei anderen Zeichnungen nicht durchführte. Wie die Überschrift erläutert, beobachtete Bianchini die Venus am 25. Mai 1726 mit einem 94 Palmi (20,87 Meter) langen Teleskop Campanis. Dieses Datum lag in dem Zeitraum, in dem Bianchini seine wenige Monate zuvor im Februar 1726 gelungene Entdeckung der Venusflecken durch weitere Observationen überprüfen wollte.

Das Ergebnis seiner Beobachtung visualisierte Bianchini in der Zeichnung in der oberen Hälfte des Blattes. Der verschattete Teil der Venus ist mit schwarzer Tusche ausgefüllt, während im beleuchteten Bereich mit brauner Feder

457 Zum Konzept des ‚Vertrauens', welches in der antiken und spätmittelalterlichen Autoritäts- und Testimoniumslehre gründet, vgl. De Angelis 2008, S. 220–225 sowie De Angelis 2010, S. 219–223.

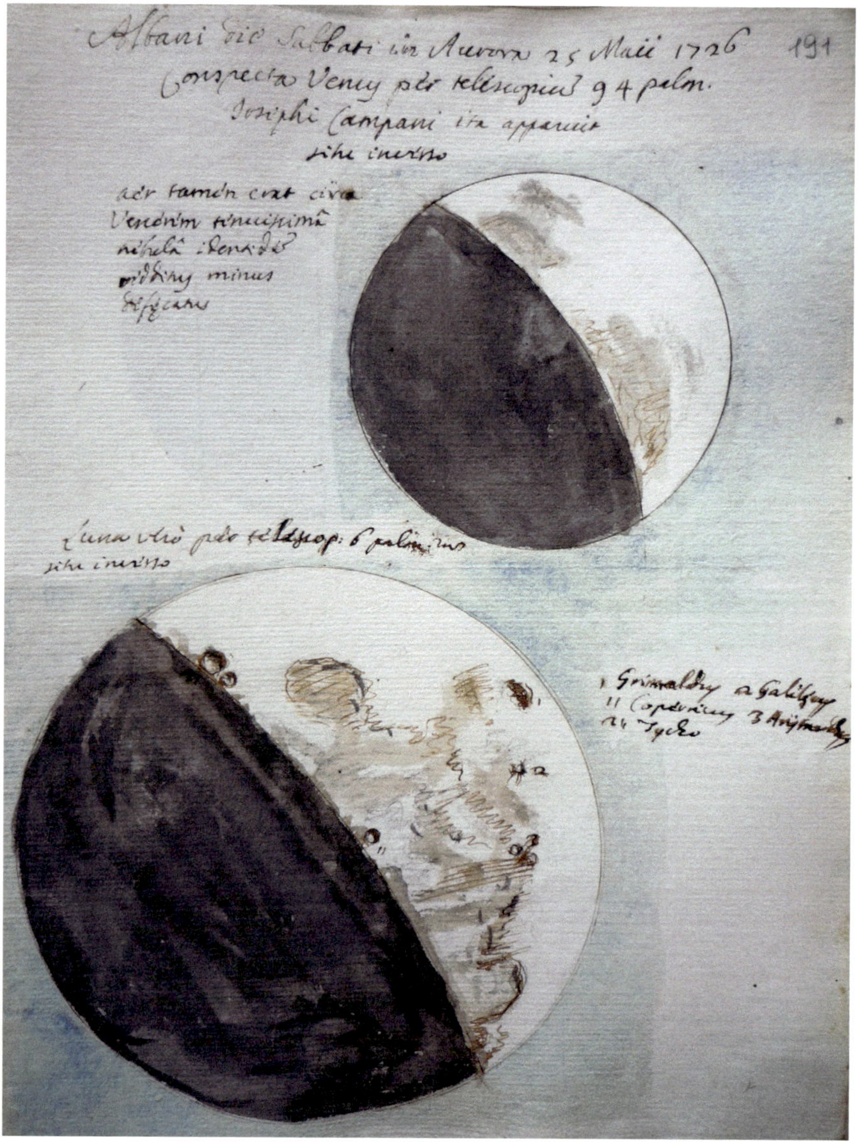


Bild 87 Francesco Bianchini, Venus und Mond, Tuschzeichnung, 1726, BCV, cod. CCCCXXXIV, fol. 191r.

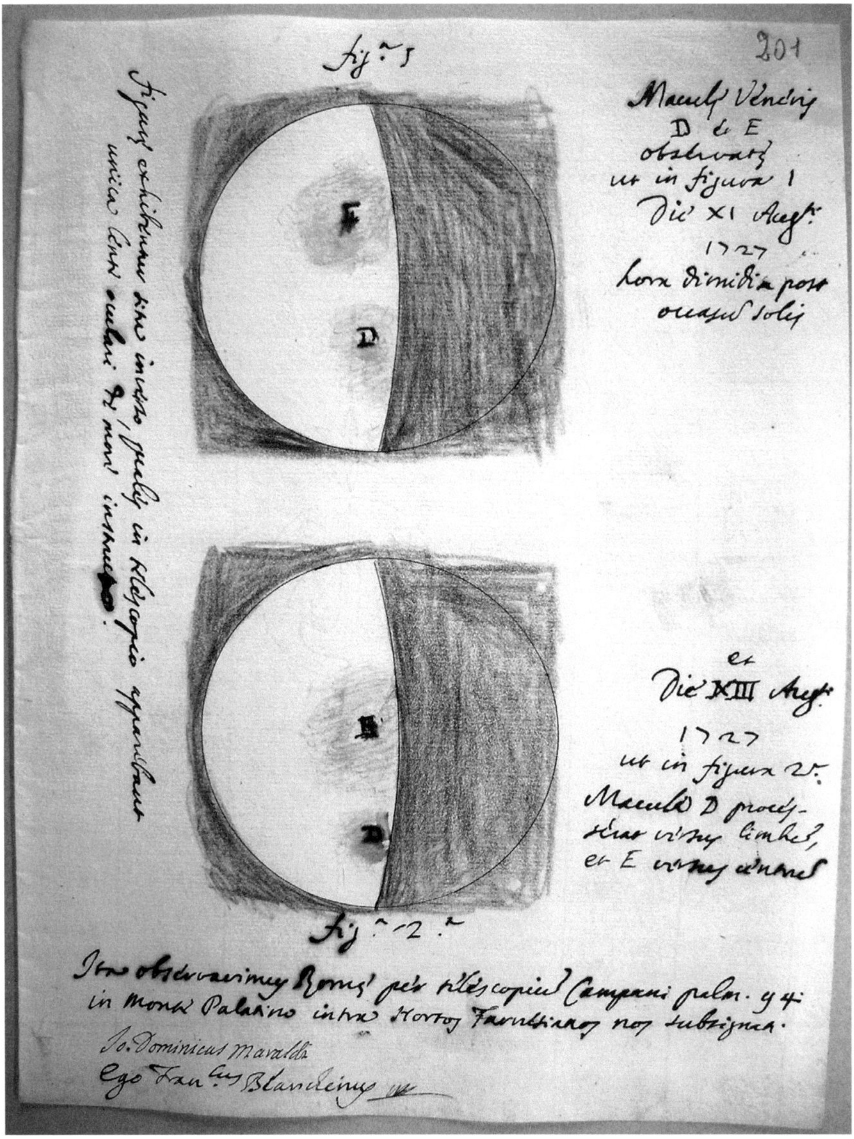


Bild 88 Francesco Bianchini, Venuszeichnungen mit Beglaubigung, 1727, BCV, cod. CCCCXXXIV, fol. 201r.

gekritzelte und mit hellgrauer Farbe übermalte Flecken erscheinen, deren Umrisslinien jedoch nicht klar definiert sind. Doch dies sollte keinesfalls den Eindruck erwecken, er sei sich bezüglich der genauen Form der Flecken unsicher, was Bianchini mittels der zweiten Zeichnung des Blattes zu unterstreichen versuchte.

In der unteren Hälfte des Blattes ist der Mond dargestellt, den Bianchini durch ein sechs Palmi (1,33 Meter) langes Teleskop beobachtet hatte. Analog zur Venusdarstellung ist die verschattete Seite des Mondes schwarz ausgemalt. Die Mondflecken sind – ähnlich den Venusflecken – mit brauner und schwarzer Feder auf das Papier gekritzelt und teilweise mit hellbrauner Tusche übermalt. Dass sein hastig wirkender Zeichenstil keineswegs ein Anzeichen für eine flüchtige Arbeitsweise oder Unsicherheit war, unterstrich Bianchini durch das Eintragen verschiedener geographischer Details der Mondoberfläche. Er versah insgesamt fünf Oberflächenmerkmale mit Ziffern, die in der Legende neben der Zeichnung erklärt werden. Es handelt sich um die Mondkrater Grimaldi (1), Galilei (2), Aristoteles (3), Kopernikus (11) sowie Tycho (24), deren Namen Bianchini erneut aus dem Mondatlas Ricciolis übernahm. Die Entscheidung, genau diese Krater zu skizzieren, traf er sicherlich aufgrund des hohen Symbolwerts dieser berühmten Namen.

Indem Bianchini die durch ein wesentlich längeres Fernrohr observierte Venus und den Mond gemeinsam auf einem Blatt darstellte, untermauerte er in einem Akt der Selbstvergewisserung die Richtigkeit seiner neuen Entdeckung. Wenn er auf dem Mond derartig genaue Details erkannt hatte, dann konnten die Erkenntnisse über die Venus kaum angezweifelt werden. In dem Zusammenhang erklärt sich möglicherweise auch, weshalb die Tafel I des Traktats in Mezzotinto-Technik gestochen wurde: In dieser Medientechnik „verschränken sich auf paradoxe Weise Strategien der Evidenzerzeugung – im Sinne der korrekten, richtigen Darstellung".[458]

Es ist denkbar, dass Bianchini von einigen Bildern seines Venustraktats eigenhändig Kupferstiche angefertigt hat.[459] Dass er dazu sowohl in künstlerischer als auch technischer Hinsicht in der Lage war, hatte er zuvor bereits bewiesen: So berichtet sein Biograph Mazzoleni, Bianchini hätte einen Großteil der Abbildungen seines 1697 publizierten Traktats *La Istoria Universale* selbst in Kupfer gestochen.[460] Davon ausgenommen sind einige großformatige Tafeln, die von verschiedenen Künstlern signiert sind. Dies gilt ebenso für das Venustraktat *Hesperi et Phosphori*, dessen Frontispiz von den Gebrüdern Pozzi gezeich-

458 Leonhard/Felfe 2006, S. 14.

459 Ivano Dal Prete hat diese Möglichkeit in Betracht gezogen. Vgl. Dal Prete 2005, S. 130. Auch hierin folgte Bianchini eventuell Galilei. Vgl. dazu Bredekamp 2007, Galilei, S. 189–208.

460 „Ci sono molte figure, molte delle quali ne incise l'istesso Autore." Mazzoleni 1735, S. 20.

net und gestochen wurde; auch die Tafel VII ist von einem Kupferstecher mit den Initialen P. B. signiert worden.[461] Doch die anderen Abbildungen des Venustraktats, die technisch weniger anspruchsvoll waren, könnten durchaus nicht nur von Bianchini gezeichnet, sondern auch eigenhändig gestochen worden sein. Dafür spricht nicht zuletzt Bianchinis Bestreben, die einzelnen Zwischenschritte zwischen seinem Blick durch das Teleskop und dem Auge des Lesers so weit wie möglich zu reduzieren.

### Zeugenschaft vor Ort

Nachdem Bianchini am 9. Februar 1726 erstmals Flecken auf der Venus beobachtet hatte, führte er die neue Entdeckung in den kommenden Wochen umgehend mehreren Zeugen am Fernrohr vor, u. a. einem schottischen Edelmann namens Hope, der ein Jahr an der Akademie des Herzogs von Lothringen verbracht und deren Mitglieder mit seinen astronomischen Studien beeindruckt hatte, sowie dem Herzog von Jubenati, Bruder des Kardinals Giudice, der als Botschafter des spanischen Königs am Hofe Ludwigs XIV. tätig gewesen war.[462] Als Bianchini im Sommer 1727 weitere Beobachtungen durchführte, um seine Erkenntnisse des Vorjahres zu überprüfen und zu komplettieren, zog er erneut Augenzeugen hinzu. Am 6. August 1727 gelang ihm eine überaus erfolgreiche Observation, wie er Manfredi berichtete:

> „Heute habe ich die Beobachtungen der Venusflecken fortgesetzt und sie dem Herrn Porta und Pater Compagno von der Kongregation des Heiligen Offiziums vorgeführt, die in den Farnese-Gärten waren, um frische Luft zu atmen […]. Es war mir eine große Genugtuung, dass auch jene zwei Herren, die keine Astronomen sind, an diesem Abend die Flecken erkannt haben, von denen ich in ihrer Anwesenheit eine Zeichnung angefertigt habe, und sie mir gesagt haben, dass sie diese tatsächlich so gesehen haben. Nun kann ich sagen, dass das Werk vollendet ist.“ [463]

Bianchini unterschied die teilnehmenden Zeugen anhand ihrer Qualifikation. Zum einen legte er großen Wert auf die Bestätigung seiner Ergebnisse durch

461 Siehe oben S. 96f. und S. 106f.

462 Vgl. Bianchini 1996, S. 27.

463 „Oggi hò proseguite le osservazioni delle macchie di Venere e le hà fatte riconoscere al Sig[no]r Co. Porta e al P[adre] Compagno del Comissario del S[anto] Offizio che erano a prendere aria a gli orti farnesiani […]. Ma hò molto goduto che ancora quelli due signori che non sono astronomi questa sera abbiano riconosciute le macchie delle quali loro presenti hò fatta la delineaz[ion]e e mi hanno detto che tali appunto essi le vedevano. Ora posso dire che l'opera sia compita.“ Francesco Bianchini an Eustachio Manfredi (Rom, 6. 8. 1727). BVR, U.20, fol. 210r/v.

Fachkollegen, die als geübte Astronomen über die nötigen Seh- und Observationserfahrungen verfügten. Zum anderen zog Bianchini mit den genannten Mitgliedern der Indexkongregation Zeugen hinzu, die aufgrund ihrer Tätigkeit als besonders vertrauenswürdig und integer gelten konnten. Auf diesem Wege vergewisserte sich Bianchini bereits vor der Publikation seines Traktats der Zustimmung und Wohlgesonnenheit der römischen Zensurbehörde.

Der Bericht von der Observation in den Farnese-Gärten verdeutlicht zudem erneut, dass die Visualisierung des Gesehenen eine der Beobachtung ebenbürtige Rolle spielte. Es genügte Bianchini nicht, von den Zeugen nach dem Blick durch das Teleskop die Versicherung zu erhalten, dass sie auf der Venusoberfläche ebenfalls Flecken wahrgenommen hätten. Er legte vielmehr besonderen Wert auf die Bestätigung, sie hätten die Flecken genau in der Form gesehen, wie er sie in der noch in ihrem Beisein angefertigten Zeichnung wiedergegeben hatte.

Dass sich Bianchini diese Bezeugungen nach Möglichkeit auch schriftlich geben ließ, zeigt ein Blatt mit Zeichnungen, das ebenfalls auf Beobachtungen vom August 1727 beruht (Bild 88). Wie aus den Erläuterungen am Rand des Blattes ersichtlich wird, beobachtete Bianchini am 11. und 13. August 1727 mit einem 94 Palmi (20,87 Meter) langen Campani-Teleskop, das er in den Farnese-Gärten auf dem Palatinhügel aufgebaut hatte, die auf der Venus sichtbaren Flecken D und E. Die zwei Venuszeichnungen werden jeweils von einem mit Bleistift ausgemalten Quadrat hinterfangen; die verschattete Seite des Planeten ist ebenfalls mit kräftigen Bleistiftstrichen ausgefüllt. Die Venusflecken, die Bianchini durch Buchstaben in Tinte markiert hat, sind hingegen nur leicht mit dem Bleistift angedeutet. Die Umrisslinien lassen sich zwar erahnen, jedoch nicht eindeutig definieren.

Am unteren Rand des Blattes sind zwei Unterschriften zu erkennen: „Jo. Dominicus Maraldi" sowie „Ego Fran.cus Blanchinus". Zunächst bestätigte der Neffe Giacomo Filippo Maraldis, Giovanni Domenico Maraldi, der ebenfalls Astronom war und Bianchini bei den beiden Observationen im August 1727 assistiert hatte, mit seiner Signatur auf dem Blatt, dass die zwei Zeichnungen das durch das Teleskop Gesehene exakt wiedergeben. Darunter unterzeichnete Bianchini das Blatt auch selbst.

Obwohl Bianchini seine Erforschung der Venusflecken im August 1727 als abgeschlossen betrachtete, da er der festen Überzeugung war, die Positionen aller Venusflecken genau bestimmt zu haben,[464] richtete er sein Fernrohr auch in den kommenden Monaten auf die Venus. Aus seinen posthum von Eustachio Manfredi veröffentlichten Aufzeichnungen astronomischer Beobachtungen geht hervor, dass Bianchini die Venus am 7. Januar 1728 bei klarem Himmel mit

464 Vgl. Bianchini 1996, S. 44.

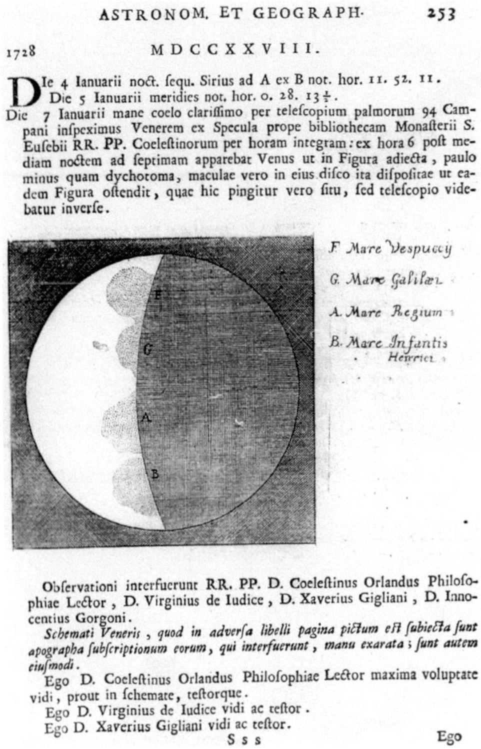

ASTRONOM. ET GEOGRAPH. 253

1728 MDCCXXVIII.

Die 4 Ianuarii noct. sequ. Sirius ad A ex B not. hor. 11. 52. 11.
Die 5 Ianuarii meridies not. hor. 0. 28. 13½.
Die 7 Ianuarii mane coelo clarissimo per telescopium palmorum 94 Campani inspeximus Venerem ex Specula prope bibliothecam Monasterii S. Eusebii RR. PP. Coelestinorum per horam integram: ex hora 6 post mediam noctem ad septimam apparebat Venus ut in Figura adiecta, paulo minus quam dychotoma, maculae vero in eius disco ita dispositae ut eadem Figura ostendit, quae hic pingitur vero situ, sed telescopio videbatur inverse.



Observationi interfuerunt RR. PP. D. Coelestinus Orlandus Philosophiae Lector, D. Virginius de Iudice, D. Xaverius Gigliani, D. Innocentius Gorgoni.

*Schemati Veneris, quod in adversa libelli pagina pictum est subiecta sunt apographa subscriptionum eorum, qui interfuerunt, manu exarata; sunt autem eiusmodi.*

Ego D. Coelestinus Orlandus Philosophiae Lector maxima voluptate vidi, prout in schemate, testorque.

Ego D. Virginius de Iudice vidi ac testor.

Ego D. Xaverius Gigliani vidi ac testor.

S s s Ego

Bild 89 Venus am 7. Januar 1728, in: Eustachio Manfredi, Francisci Blanchini Veronensis. Astronomicae, ac Geographicae observationes selectae, Verona 1737.

einem 94 Palmi langen Campani-Teleskop observiert hatte (Bild 89).[465] Die Beobachtung wurde vom Observatorium des Klosters S. Eusebio aus durchgeführt, und mehrere Pater des Coelestinerordens waren dabei anwesend. Erwartungsgemäß fertigte Bianchini auch eine Zeichnung der auf der Venus beobachteten Flecken an und ließ sich deren Korrektheit von den anwesenden Zeugen, den vier Ordensbrüdern Coelestin Orlando, Virginio de Iudice, Xaver Gigliani und Innocenzo Gorgoni, beglaubigen. Die Pater gaben alle zu Protokoll: „vidi ac testor" – „Ich sah und bezeuge".

Neben der Beglaubigung seiner eigenen Beobachtungen und Zeichnungen bat Bianchini die Personen, die bei den astronomischen Observationen zugegen waren, unter Umständen auch darum, das Gesehene selbst zu skizzieren,

465 Vgl. Manfredi 1737, S. 253f. Bianchinis handgeschriebener Text mit Kupferstich in BCV, cod. CCCLXXII, fol. 413r.

wovon zwei Blätter in Bianchinis Nachlass zeugen. Wie Bianchini am oberen Rand des ersten Blattes erläutert (Bild 90), beobachtete er gemeinsam mit Domenico Franceschini – dessen Name in Bianchinis Dokumenten sonst nicht auftaucht – am 19. Januar 1728 mit bloßem Auge („nudis oculis") den Mond. Bianchini hatte auf dem Papier offenbar bereits zwei Kreise in Vorbereitung der Observation gezogen, die durch Diagonalen geteilt sind – der Mond befand sich folglich in der Halbphase. In den oberen Kreis zeichnete Franceschini mit zarten, unsicher wirkenden Bleistiftstrichen drei schattierte Flächen ein; unter die Skizze setzte er seine Unterschrift. Der untere Kreis blieb leer – möglicherweise aufgrund der mangelnden Fähigkeiten, das Gesehene auf das Papier zu bringen.

Einen Tag darauf, am 20. Januar 1728, wurde die Mondbeobachtung mit bloßem Auge von Vincenzo Franceschini, offenbar einem Verwandten Domenicos, wiederholt (Bild 91). Dieser führte den Bleistift wesentlich energischer über das Papier und zeichnete die auf der Mondoberfläche beobachteten Schattierungen in beiden Kreisen mit deutlich definierten Umrissen ein. Neben seinen Zeichnungen notierte er die jeweilige Uhrzeit der Observation. Vincenzo setzte zwar keine Unterschrift auf das Blatt, aber Bianchini vermerkte in Tinte am unteren Rand: „observiert und gezeichnet von Vincenzo Franceschini". Vor dem Hintergrund der Empfehlung Bianchinis, dass vor einer Observation der Venusflecken zunächst die individuelle Sehkraft anhand einer mit dem bloßen Auge durchgeführten Mondbeobachtung überprüft werden sollte, kann vermutet werden, dass er mit Domenico und Vincenzo Franceschini solch einen Test ihres Sehvermögens durchführte bzw. sie in Vorbereitung weiterer Beobachtungen zum ‚richtigen' Sehen anzuleiten versuchte.

Das Hinzuziehen von Augenzeugen war keine Erfindung Bianchinis, sondern eine verbreitete wissenschaftliche Methode, die vor ihm u. a. bereits Johannes Kepler und Galilei angewandt hatten.[466] So ließ sich Kepler beispielsweise im Mai 1607 sein Experiment zur Sonnenbeobachtung durch den Rektor der Prager Universität bezeugen.[467] Galilei hatte bei seiner Suche nach Zeugen dagegen weniger Erfolg: Wie Giovanni Antonio Magini in einem an Kepler gerichteten Brief vom 26. Mai 1610 berichtet, hatte Galilei bei einer gemeinsamen Observation „mehr als 20 der gelehrtesten Männer" von der Existenz der Jupitermonde zu überzeugen versucht, jedoch „sah keiner die neuen Planeten vollständig".[468]

466 Vgl. Van Helden 1994, S. 11–13.

467 „Ich, M. Martin Bachazek, der bei dieser Observation zugegen war, bezeuge, die Sache so (gesehen) zu haben." Zit. nach Bredekamp 2009, Augen, S. 78.

468 Zit. nach Bredekamp 2007, Galilei, S. 214, Anm. 60. Diese Beobachtung fiel in eine Zeit, in der Galilei den zuvor sprachlich und zeichnerisch stark betonten sogenannten Riesenkrater des Mondes zu korrigieren begann und diesen in späteren Zeich-

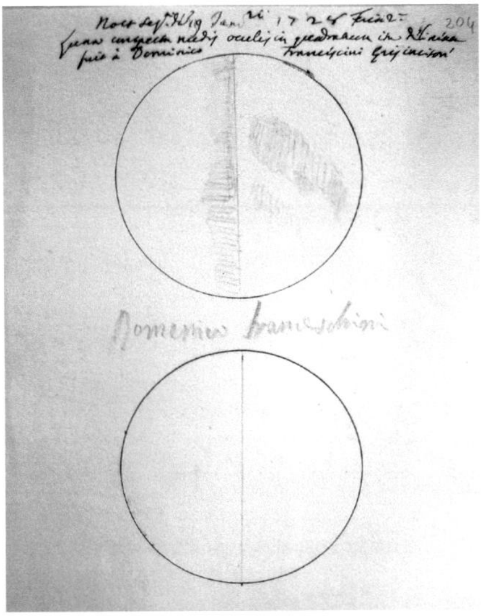


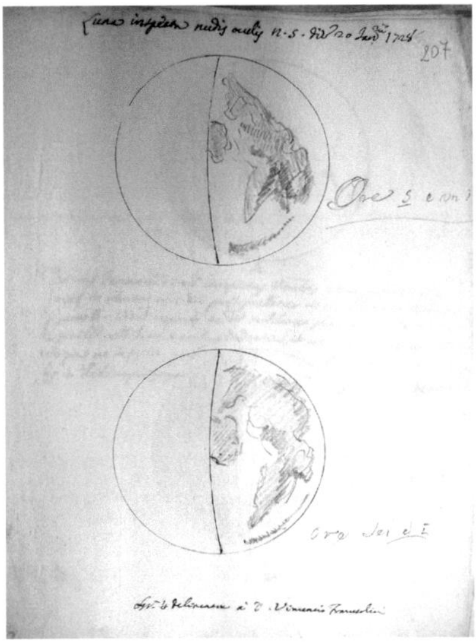

Bild 90 Francesco Bianchini und Domenico Franceschini, Venus 19. Januar 1728, BCV, cod. CCCCXXXIV, fol. 204r.

Bild 91 Francesco Bianchini und D. Vincenzo Franceschini, Venus am 20. Januar 1728, BCV, cod. CCCCXXXIV, fol. 207r.

Galilei war der erste, der das Fernrohr in den Himmel richtete und „das Unsichtbare sichtbar" machte, aber sich damit gleichzeitig auch „dem Risiko der Sichtbarkeit als der letzten Instanz der Wahrheit" auslieferte.[469] Diese Sichtbarkeit war jedoch auf Instrumente angewiesen und somit indirekt vermittelt, was unweigerlich auch zu Zweifeln an der Evidenz führen musste. Galilei beklagte sich oft über jene Personen, die entweder urteilen wollen, ohne gesehen zu haben, oder aber gesehen haben, ohne erkennen zu wollen. Doch bevor überhaupt der Wille zur Erkenntnis benötigt wurde, kam es auf das Sehen an. Galilei argumentierte gegenüber den Zweiflern an seinen Observationsergebnissen, dass sowohl seine Experimente als auch seine Augen – und somit seine Sehfähigkeiten – denen seiner Konkurrenten überlegen seien;[470] eine Äußerung, die in dieser Formulierung auch von Francesco Bianchini stammen könnte, der offenbar bewusst Galileis Argumentationsweise übernommen hatte.

nungen nicht mehr darstellte – ihn folglich als einen Irrtum erkannte. Vgl. ebd., S. 211–214.

469 Vgl. zum Folgenden Blumenberg 1980, S. 23.

470 Vgl. Van Helden 1994, S. 15.

## Austausch im Netzwerk

Aufgrund seiner Tätigkeit als Hofastronom Johanns V. war Giovanni Battista Carbone ab 1722 der wahrscheinlich wichtigste Korrespondent Bianchinis.[471] In allen Fragen bezüglich der geplanten Widmung des Traktats oder der Instrumentenlieferungen wandte sich Bianchini zunächst an Carbone, um von diesem eine erste Einschätzung zu erhalten, ehe er anschließend gegebenenfalls auch an den Botschafter oder den König persönlich schrieb. Carbone war jedoch nicht nur in seiner Rolle als Kontaktmann zum portugiesischen König ein wichtiger Briefpartner, sondern auch als Fachkollege, mit dem er Observationsergebnisse diskutieren konnte.[472] Einen ebenso intensiven Briefwechsel führte Bianchini mit Manfredi in Bologna sowie mit Maraldi in Paris.

Eustachio Manfredi (1674–1739), der erste Direktor des Observatoriums und Instituts der Wissenschaften in Bologna, war der Korrespondent, mit dem sich Bianchini über den längsten Zeitraum regelmäßig über astronomische Beobachtungen austauschte.[473] In der Biblioteca Vallicelliana in Rom werden insgesamt 131 Briefe Manfredis an Bianchini sowie 144 Briefe Bianchinis an Manfredi aufbewahrt, die aus den Jahren 1701 bis 1729 stammen.[474] Aus den Verweisen und inhaltlichen Bezügen in den überlieferten Briefen geht hervor, dass eine weitere nicht zu beziffernde Anzahl an Briefen fehlen muss. Trotz dieser Verluste ermöglicht die erhaltene Korrespondenz zwischen Bianchini und Manfredi jedoch über einen Zeitraum von fast dreißig Jahren Einblicke in die drängenden astronomischen Fragen, neugewonnenen Erkenntnisse sowie Prinzipien des wissenschaftlichen Arbeitens zweier der berühmtesten Astronomen des frühen 18. Jahrhunderts.

Nachdem sich Bianchini im Zusammenhang mit der Konstruktion seiner Meridianlinie in S. Maria degli Angeli bereits mit Giandomenico Cassini ausgetauscht hatte,[475] wurde nach Cassinis Tod dessen Neffe, Giacomo Filippo

471 Siehe oben S. 128f.

472 Die Briefe Carbones an Bianchini befinden sich in BVR, U.16 sowie U.24, die Briefkopien Bianchinis an Carbone in BVR, U.23 sowie S.82.

473 Zu Eustachio Manfredi vgl. Baldini 2007. Manfredi wurde 1726 Mitglied der Académie des sciences und 1728 der Royal Society. Vgl. ebd., S. 672.

474 Die Briefe Manfredis an Bianchini befinden sich in BVR, U.17, fol. 851r–1157r, die Briefe Bianchinis an Manfredi in BVR, U.20, fol. 9r–240r. Bei Bianchinis Briefen handelt es sich um die von Giuseppe Bianchini angefertigten Kopien. In der Biblioteca Comunale dell'Archiginnasio in Bologna werden 97 Originalbriefe Bianchinis an Manfredi in BCAB, Autografi VIII, no. 2343–2446 aufbewahrt; weitere sechs Briefe befinden sich in Bologna im Archivio della Specola, busta 36. Die zahlenmäßige Differenz zu den Briefkopien zeigt, dass mindestens 41 Originalbriefe verloren gegangen sind. Vgl. Baldini 1984, S. 529f. Vgl. zuletzt Baldini 2010.

475 Siehe oben S. 121f.

Maraldi (1665–1729), zu einem wichtigen Korrespondenten Bianchinis. Maraldi war 1687 von Cassini nach Paris berufen worden und arbeitete fortan als dessen Assistent am Observatorium.[476] Im Jahre 1701 assistierte Maraldi Bianchini zeitweilig bei den Vermessungen und Berechnungen für die „Linea Clementina",[477] während wiederum Maraldis Neffe, Giovanni Domenico Maraldi (1709–1788), im Jahre 1727 als Assistent und Zeuge an Bianchinis Venusobservationen teilnahm (vgl. Bild 88).[478]

Durch den regen Briefaustausch mit Carbone, Manfredi und Maraldi verfügte Bianchini über ein Netz von Fachkollegen, die seine astronomischen Beobachtungen an den Observatorien von Lissabon, Bologna und Paris nachvollziehen und ihre Ergebnisse anschließend mit denen Bianchinis vergleichen konnten.[479] Aus der erhaltenen Korrespondenz wird deutlich, dass Bianchini durchaus gewillt war, diese Möglichkeit eines Korrektivs zu nutzen. Obwohl er die Venusflecken nach der Entdeckung im Februar 1726 einen Monat intensiv beobachtet und visualisiert hatte, schien es ihm dennoch angeraten, vor einer Publikation der Ergebnisse weitere Observationen durchzuführen. Manfredi bestärkte Bianchini im Mai 1727 in diesem Vorhaben und plädierte dafür, die wissenschaftliche Exaktheit nicht zugunsten einer schnellen Veröffentlichung aufs Spiel zu setzen:

> „Mit ebenso großer Freude werde ich – wenn es soweit ist – die geplante Beschreibung der von Euch auf dem Planeten Venus beobachteten Erscheinungen und Flecken lesen; und ich bin mir sicher, dass die Verzögerung der Publikation um einige Monate dem Werk nur zum Vorteil gereichen kann, denn es ist wünschenswert, dass die ersten Entdeckungen verifiziert werden und durch die neuen Beobachtungen über jeden Zweifel erhaben sind."[480]

Bianchini konnte sich bezüglich seiner Ergebnisse zudem durch die Nachricht bestärkt fühlen, dass es offenbar im Sommer 1727 auch einem astronomischen

476 Maraldi bestimmte u. a. die Rotation des Mars und nahm an den Vermessungen zur Gradbestimmung teil. Vgl. Herrmann 1993, S. 202 sowie Tinazzi 2004, S. 414.

477 Siehe Anm. 258. Vgl. zu Maraldi auch Dal Prete 2005, S. 100–108, 117–120.

478 Siehe oben S. 188.

479 Der Austausch fand nicht nur mit Bianchini statt, sondern zum Teil auch zwischen den anderen Personen des Netzwerks. So verglich Carbone seine Ergebnisse z. B. mit denen Maraldis. Vgl. Mariette 2003, S. 65.

480 „Colla medesima soddisfazione leggerò a suo tempo l'intenta definizione de' fenomeni osservati da V[ostra] S[ignoria] Ill[ustrissi]ma in Venere, e delle macchie di questo Pianeta, e son certo che il ritardo di qualche mese a pubblicarle non tornerà che in vantaggio della opera, essendo appunto desiderabile che le prime scoperte vengano autenticate e poste fuori di dubbio delle nuove osservazioni [...]." Eustachio Manfredi an Francesco Bianchini (Bologna, 14. 5. 1727). BVR, U.17, fol. 1101r/v.

Beobachter in England gelungen war, Flecken auf der Venus zu observieren, wie aus einem Brief Manfredis an Bianchini hervorgeht:

> „Es freut mich außerordentlich, dass Eure wunderbaren Beobachtungen auf der Venus durch jene bestätigt werden, die in England der Korrespondent des Herrn Derham[481] gemacht hat und die – auch wenn sie nicht ausreichend sind, um eine genaue Beschreibung der Oberfläche des Planeten zu liefern – doch dazu dienen, die Exaktheit Eurer Entdeckung zu bestätigen, ohne dass Euch der Ruhm der Entdeckung und der ersten Beschreibung, die es von jenem Planeten geben wird, streitig gemacht wird."[482]

Nach dieser Nachricht Manfredis konnte Bianchini beruhigt sein – die Observationen in England schienen seine Ergebnisse prinzipiell zu bestätigen, waren jedoch glücklicherweise nicht exakt genug, um zu einer ernsthaften Gefahr für die Priorität seiner Entdeckung zu werden. Umso wichtiger musste es ihm jedoch sein, die Lage und Form der Venusflecken durch weitere Beobachtungen noch stärker präzisieren zu können.

Auch wenn es für Bianchini eine große Befriedigung war, dass die Venusflecken im August 1727 während einer gemeinsamen Observation von Personen wahrgenommen wurden, die keine Astronomen waren und somit mit ungeschultem Auge durch sein Fernrohr blickten,[483] war ihm die Bestätigung seiner Ergebnisse durch seine Fachkollegen Carbone, Manfredi und Maraldi doch ungleich wichtiger. Im Juli 1727 wandte sich Bianchini an Carbone in Lissabon:

> „Um Euch das Erkennen der Flecken des Planeten Venus, die Ihr mit dem kürzlich übersandten Fernrohr Campanis werdet sehen können, zu erleichtern, habe ich daran gedacht, die ersten von mir im Februar und März des Vorjahres entdeckten Flecken in Kupfer zu stechen [...]. Wenn Ihr diese Abbildung seht (die ich bislang niemand anderem übermittelt habe), werdet Ihr die Flecken Ende August und im September erkennen

481 Die Rede ist offenbar von dem englischen Naturphilosophen William Derham (1657–1735). Wer jedoch mit dessen „Korrespondent" gemeint ist und Anzeichen für Venusflecken entdeckte, konnte nicht geklärt werden.

482 „Mi rallegro infinitam[en]te con V[ostra] S[ignoria] Ill[ustrissi]ma che le sue belle scoperte intorno a Venere vengano comprovate da quelle che ne ha fatte in Inghilterra il corrispondente del S[igno]r Cavaliere Derham, le quali non essendo per altro sufficienti ad una esatta definizione della faccia di quel Pianeta, servono appunto per assicurare V[ostra] S[ignoria] Ill[ustrissi]ma della esattezza della sua scoperta, senza scemarle la gloria dell'invenzione, e della prima descrizione che si avrà di quel globo." Eustachio Manfredi an Francesco Bianchini (Bologna, 2. 8. 1727). BVR, U.17, fol. 1109r.

483 Siehe Anm. 463.

> können. Allerdings mache ich Euch darauf aufmerksam, dass auf den Zeichnungen aus dem Februar und März 1726 jene Teile der besagten Flecken zu sehen sind, die zur nördlichen Hemisphäre gehören und folglich ihr in der südlichen Hemisphäre befindlicher Teil verschattet bleibt, während im kommenden August und September die südliche Hemisphäre und nur ein Teil der nördlichen Hemisphäre sichtbar sein werden. Ich schicke Euch also diese Abbildung, um eine Antwort zu erhalten, bevor ich sie publiziere."[484]

Offensichtlich bezieht sich Bianchini mit der erwähnten Abbildung auf jenen in Mezzotinto-Technik ausgeführten Kupferstich, der im Traktat schließlich als Tafel I abgedruckt wurde (vgl. Bild 43). Angesichts der Formulierung, er habe daran gedacht, die Flecken in Kupfer „zu stechen" – und nicht: „stechen zu lassen" – sowie der Aussage, er habe die Darstellung noch niemandem gezeigt, kann es zudem nunmehr als gesichert gelten, dass Bianchini den Kupferstich tatsächlich eigenhändig angefertigt hat.

Bemerkenswert ist außerdem, dass sich Bianchini offenbar nicht sicher war, ob Carbone die Venusflecken ohne seine speziellen Hilfsmittel sehen würde. Er hatte ein Teleskop Campanis nach Lissabon geschickt, so dass Carbone die Venusbeobachtungen unter den gleichen optimalen technischen Voraussetzungen durchführen konnte. Aus erkenntnistheoretischer Perspektive ist zudem erneut Bianchinis Überzeugung von der Notwendigkeit einer visuellen Darstellung zu betonen. Erst das Betrachten der Zeichnung würde es Carbone garantiert ermöglichen, die Flecken auch durch das Teleskop hindurch zu erkennen.

Im Sommer 1727 begab sich Bianchini für seine Beobachtungen nach Albano und war sich schon nach wenigen Tagen sicher, nun auch die Flecken auf jenem Teil der Venus, der während der Observationen des Vorjahres von der Erde abgewandt war, ausreichend deutlich gesehen zu haben, wie er Carbone

484 „[...] per farle più aggevolmente riconoscere le macchie del Pianeta di Venere, che potrà V[ostro] P[adre] M[olto] R[everendo] vedere con il Cannocchiale del Campani ultimamente trasmesso, hò pensato d'inchidere quelle da me già scoperte prima di tutte le altre l'anno antecedente nel mese di Febraro, e di Marzo [...]. Vedendo questa figura (che ancora non hò comunicata ad altri) potrà ravvisarle nel fine d'Agosto, e nel Settembre prossimo. Solamente le significo, che in queste figure di Febraro, e di Marzo 1726 si vedevano le parti delle macchie suddette appartenenti all'emispero Boreale, restando in ombra allora una parte di esse situata nell'emisfero Australe, e nell'Agosto, e Settembre prossimo si vederà la parte dell'Emispero Australe, e nella parte ancora del Boreale. Le mando ancora questa figura, per ottenere una Risposta prima di publicarle." Francesco Bianchini an Giovanni Battista Carbone (Rom, 12. 7. 1727). BVR, S.82, fol. 102r/v.

berichtete.[485] Im Prinzip könne er nun mit dem Druck des Traktats beginnen, denn die Beschreibung der Venus sei abgeschlossen; es wäre jedoch besser, wenn er letzte Beobachtungen am Ende des Augusts [1727] durchführen würde, um die Ränder einiger Flecken noch präziser bestimmen zu können. Somit bliebe Carbone ausreichend Zeit, um das auf Wunsch Johanns V. kürzlich nach Lissabon gesandte Campani-Teleskop aufzubauen; um dieses mühelos anwenden zu können, sei es erforderlich, dass er es zunächst auf den Mond richte. Es wäre ihm äußerst wichtig, so Bianchini, wenn Carbone ihm anschließend Auskunft darüber geben würde, ob es ihm gelungen sei, die Venusflecken deutlich zu sehen, was er sehr hoffe. Carbone solle das Teleskop erst am Mond und dann am Planeten Saturn ausprobieren, damit es ihm anschließend gelinge, die Venus sofort zu finden. Er möge das Objektiv fest auf den Planeten Venus richten und diesen auch anderen Personen zeigen. Bianchini hoffe sehr, dass es Carbone gelingen werde, die Flecken im August und September zu sehen; und sobald sein Buch eintreffe, könne Carbone überprüfen, ob die Flecken wahrheitsgetreu gezeichnet sind.

Bianchini war im Sommer 1727 davon überzeugt, dass er sein Traktat noch vor Jahresende publizieren könnte; dazu kam es jedoch erst im Dezember 1728. Aber er hatte Carbone zumindest seinen Kupferstich zum Vergleich geschickt und wartete gespannt auf dessen Observationsergebnisse. Doch dieser bat ihn um Geduld:

485 „Mi sono portato questa Settimana quà in Albano per terminarvi le scoperte dell'intero globo nel Pianeta di Venere, di cui, come le scrissi, per avere intera la descrizione di tutte le macchie, mi restava solamente la parte intorno al Polo Boreale delle sue Revoluzioni circa l'Asse proprio, la quale non era rivolta a noi l'anno passato quando era illuminata dal Sole. Ora l'hò veduta, e vi hò scoperte quanto basta le macchie, benchè sia in lontananza considerabile dalla Terra. [...] Potrei incominciare in questo mese la stampa ora che hò tutta la descrizione del globo. Ma è meglio che io attenda di fare alcune osservazioni sul fine d'Agosto, per determinare più esattamente i contorni di alcune macchie vedute l'anno passato [...]. Sarà tempo allora, che V[ostro] P[adre] M[olto] R[everendo] procuri il Cannocchiale del Campani ultimamente mandatole per ordine di Sua Maestà, per adoperarlo con facilità, bisogna prima che ella abbia la bontà di procurarlo diriggendolo verso la Luna in quadratura. [...] Averò molto caro, che V[ostro] P[adre] M[olto] R[everendo] mi dia ragguaglio se le sia riuscito di vedere bene le macchie, come spero. Lo provi alla Luna e poi a Saturno, siche le riesca di ritrovare prontamente il Pianeta, e tenere fermo l'oculare per osservarlo [...] e farlo vedere ad altri, spero che le riuscirà bene il riconoscere queste macchie. [...] Desidero, che le riesca, sì che possa vedere le macchie dentro Agosto, e Settembre, e quando arriverà il mio libro possa riconoscere se sono fedelmente delineate." Francesco Bianchini an Giovanni Battista Carbone (Albano, ohne Datum; ca. Juli 1727). BVR, S.82, fol. 97r–99v.

> „Mit großer Freude habe ich Euren Brief mitsamt dem Druck der vier von Euch beobachteten Venusphasen erhalten [...]. Ihr werdet Euch vielleicht darüber wundern, dass ich hier bisher weder die Venus noch einen der anderen Planeten mit dem neuen 90 Palmi langen Teleskop Campanis observiert habe und sie auch noch nicht von Seiner Majestät habe observieren lassen. Aber die äußeren Umstände waren dergestalt, dass sie es mir nicht erlaubt haben, meiner berechtigten Neugier nachzugehen. Nach der Ankunft des besagten Teleskops war zunächst das Wetter nicht geeignet und die Planeten in keiner günstigen Position, um sie gut beobachten zu können. Als sich dann endlich die Gelegenheit für eine Observation näherte, ereilte mich eine Unpässlichkeit des Herzens, die mich monatelang quälte, mir jegliche Anstrengung verbat und erforderte, dass ich mich zu einem Landsitz begab, um mich zu erholen. Von dort wäre ich vielleicht schon zurückgekehrt, wenn die Feierlichkeiten, die hier veranstaltet wurden, nicht meine Anwesenheit erfordert hätten. Sobald die Feierlichkeiten vorbei sind [...], wird es mir vielleicht gelingen, die Venus, Saturn etc. mit dem besagten Teleskop zu observieren und auch von Seiner Majestät observieren zu lassen. Ich zweifele nicht daran, dass ich die Venusflecken deutlich erkennen werde, wenn das Wetter ganz ruhig ist.[486]

Wie zuvor bereits erwähnt, hatte Johann V. schon an früheren astronomischen Beobachtungen mit seinen Hofastronomen Carbone und Capassi teilgenommen.[487] Verständlicherweise sollte er nun auch das nach ihm benannte Mare Regium sowie die anderen Venusflecken nicht nur in Form von Kupferstichen oder auf dem Venusglobus zu Gesicht bekommen, sondern die neue Entdeckung

486 „Mi capita con sommo mio gusto la stimatiss[i]ma di V[ostra] S[ignoria] Ill[ustrissi]ma insieme colla stampa di quattro fasi di Venere da lei osservate [...]. Ella forse si maraviglierà, che non ancora abbia io quì osservata, nè fatta osservare a S[ua] M[aest]à, Venere, o altro de' Pianeti col nuovo Telescopio, che si fece venire di 90 palmi del Campana; mà le contingenze sono state tali, che non mi han permesso soddisfare alla raggionevole curiosità, che ne aveva. Sui principj, che arrivò il d[et]to Telescopio non erano i tempi opportuni per far di quello sperienza alcuna, nè i Pianeti in sito commodo da potersi osservar bene. Appresso, quando già si andava avvicinando l'occasione di poter osservare mi venne un indisposizione di petto, che mi tenne per mesi maltrattato, e m'impedì qualunque applicazione, obbligandomi ad andare in una villa per riavermi. Nè di là sarei forse ancor ritornato, se le Feste, che qui si fecero, [...] non m'avessero di là richiamato. [...] Finite queste feste [...] mi riuscirà forse osservare, e far osservare a S[ua] M[aest]à col sud[det]to Telescopio Venere, Saturno ecc. Né dubito che mi riuscirà distinguer le macchie di quella, se l'aria si ritroverà totalm[en]te quieta." Giovanni Battista Carbone an Francesco Bianchini (Lissabon, ohne Datum; ca. September 1727). BVR, U.24, fol. 140r/v.

487 Siehe oben S. 135.

mit eigenen Augen durch das Fernrohr sehen, um die Richtigkeit von Bianchinis Visualisierungen erkennen und bezeugen zu können. Da die Observation der Venusflecken in Portugal noch gar nicht stattgefunden hatte, musste Bianchini allerdings zunächst auf die Ergebnisse seiner anderen Korrespondenten hoffen. Doch auch Maraldi, der ihm Ende August 1727 aus Paris schrieb, hatte keine guten Nachrichten für ihn:

> „Leider war es weder im vergangenen Juli noch im laufenden Monat August möglich, auf der Venusoberfläche irgendeinen deutlichen Fleck zu erkennen, obwohl Herr [Jacques] Cassini und ich diesen Planeten mehrere Male und an jedem Abend, an dem der Himmel günstig war, beobachtet haben. Eine der Observationen fiel genau auf jenen Abend des 11. August, als von Euch zeitgleich in Rom die in der ersten Abbildung dargestellten Flecken beobachtet und mit großer Deutlichkeit gesehen wurden. [...] Wie ich schon sagte, schien es mir, am Rand einen dunklen länglichen Fleck und ungefähr in der Mitte des Kreises einen hellen größeren zu sehen [...]. Allerdings muss man sagen, dass das Fernrohr, das wir benutzen, wahrlich nicht perfekt ist und die Luft dieses Klimas nicht so rein und frei von Dämpfen ist wie die in Rom und Italien; letzterem Grund schrieb Herr [Giandomenico] Cassini, mein Onkel, die Tatsache zu, dass es ihm in Paris nie gelungen ist, irgendeinen jener Flecken auf der Venus zu erkennen, die er in Bologna mit kürzeren Fernrohren beobachtet hatte als jenen, die er später in Paris für diese Beobachtungen verwendete."[488]

Diese Antwort musste für Bianchini einerseits unbefriedigend sein, da es Maraldi in Paris erstens nur so „schien", Flecken gesehen zu haben, und diese zweitens in keiner Weise jenen Flecken ähnlich sahen, die Bianchini am selben

488 „Non è stato possibile non solo nel passato mese di luglio, ma ne meno nel corrente d'agosto di rimarcare nel disco di Venere alcuna macchia distinta, havendo il Sig[no]r Cassini ed io osservato questo pianeta spesse volte ed ogni sera che il Cielo è stato favorevole. Una di queste osservazioni cade a ponto nella sera degli 11 Agosto nel tempo in cui si osservò in Roma con le macchie notate nella prima figura manuscritta e vedute con tanta distinzione da V[ostra] S[ignoria] Ill[ustrissi]ma, da mio nipote e dagli a lui assistenti [...] si trovano molto differenti da quelle che furono vedute costì. [...] mi parve di vedere come ho gia detto confus[ament]e una machia oscura e longa verso l'orlo un chiarore maggiore del vestante del Disco verso il mezzo [...]. Onde bisogna dire che il cannochiale che adoperiamo non è assai perfetto e che l'aria di questo clima non è così pura e così ben purgata da vapori quanto è quella di Roma e d'Italia, a quest'ultima ragione attribuiva il Sig[nor] Cassini mio zio il non haver mai potuto rimarcare in Parigi alcune di quelle machie che haveva osservate in Venere mentre era in Bologna con cannochiali più piccoli di quelli che adopero poi in Parigi per queste osservazioni." Giacomo Filippo Maraldi an Francesco Bianchini (Paris, 31. 8. 1727). BVR, U.17, fol. 1239r–1240r.

Abend in Rom beobachtet und gezeichnet hatte. Andererseits konnte er Maraldis divergierendes Beobachtungsergebnis zumindest mit den schlechten klimatischen Bedingungen in Paris begründen, so dass die Richtigkeit seiner Erkenntnisse nicht in Frage gestellt war – ein Argument, das ihm Maraldi selbst durch die Wiedergabe der Überzeugung Cassinis geliefert hatte. Bianchinis Zeichnung vom 11. August befindet sich unten rechts auf der Tafel III des Traktats (vgl. Bild 45). Es ist deutlich die angeschnittene Dreierformation der Meere B, C und D (II, III und IV) zu erkennen, die sich nicht mit Maraldis Beschreibung in Einklang bringen lässt.

Im September 1727 berichtete Bianchini Maraldi, er habe gemeinsam mit dessen Neffen eine Sonnenfinsternis beobachtet.[489] Seinem Brief habe er die vollständige Observationsserie beigelegt sowie zusätzlich eine Zeichnung der Sonne und ihrer während der Sonnenfinsternis an verschiedenen Stellen beobachteten Flecken, damit Maraldi und die anderen Mitglieder der Académie des sciences die Zeichnung mit ihren eigenen Beobachtungen und Beschreibungen sowie mit denen anderer Personen vergleichen könnten. Außerdem dankte er Maraldi dafür, die übersandten Zeichnungen der Venusflecken der Königlichen Akademie der Wissenschaften präsentiert zu haben und bat ihn inständig darum, der Akademie auch die Beobachtungen der Sonnenflecken vorzustellen.

Offenbar wollte Bianchini anhand der Sonne, einem Himmelskörper, der zu diesem Zeitpunkt – insbesondere durch die Forschungen Galileo Galileis und Christoph Scheiners – bereits besser erforscht war als die Venus,[490] die Vergleichbarkeit der Observationen in Rom und Paris überprüfen. Wären die Pariser Kollegen im Falle der Sonne zu exakt übereinstimmenden Beobachtungsergebnissen gekommen, hätte dies bedeutet, dass Bianchinis Observationen der Venus eventuell fehlerhaft waren. Bianchini wird folglich darauf spekuliert haben, dass die Mitglieder der Akademie – von deren höchster Kompetenz er überzeugt war – differierende Sonnenflecken sahen, wodurch die Theorie von

489 „Avendoci permesso Lunedì mattina il tempo favorevole di fare con netta commodità, e diligenza la osservazione della eclisse del Sole, non mancammo il Sig[no]r Abbate di lei Nipote, ed io di farla assieme in queste mie stanze. […] Mando inclusa a V[ostra] S[ignoria] Ill[ustrissi]ma la serie di tutte le osservazioni, e incluso altresì la figura del disco Solare con le macchie collocate a' suoi luoghi nel tempo della ecclisse […], acciochè V[ostra] S[ignoria] Ill[ustrissi]ma, e gli altri Sig[no]ri dell' Accademia possano confrontarla con le loro descrizioni, ed osservazioni, e con quelle d'altri. Le rendo umilissime grazie del rappresentare che ha fatto co' miei umilissimi inchini alli suddetti Sig[no]ri dell'Accademia Reale delle Scienze ancora le figure delle macchie di Venere, che le trasmisi; e resto infinitamente tenuto alla degnazione di cotesto nobile Consesso, che abbia gradito il mio profondissimo rispetto, cui la supplico di rinovargli in occasione di comunicargli quest'altre osservazione." Francesco Bianchini an Giacomo Filippo Maraldi (Rom, 18. 9. 1727). BVR, S.82, fol. 107r–108r.

490 Vgl. Bredekamp 2007, Galilei, S. 217–282.

einer im Gegensatz zur klaren Luft Italiens viel dunstigeren Atmosphäre in Paris untermauert worden wäre.

Bianchini publizierte sein Traktat über die Venusflecken *Hesperi et Phosphori* im Dezember 1728. Vor ihm hatte bereits Giandomenico Cassini im Jahre 1666 in Bologna Flecken auf der Venus gesehen. Zudem war die Nachricht zu ihm gedrungen, dass auch in England Venusflecken beobachtet worden waren, und auch Maraldi hatte zumindest undeutlich einige Flecken wahrgenommen. Doch keiner seiner Fachkollegen Carbone, Maraldi oder Manfredi hatte ihm die Observationsergebnisse konkret bestätigt; umso wichtiger müssen für Bianchini die verschiedenen Bezeugungen seiner Zeichnungen aus dem August 1727 gewesen sein. Nach dem Erscheinen des Traktats ließ der Wunsch seiner Korrespondenten nach einem Nachvollziehen der Observationen keineswegs nach, sondern hat sich vielmehr noch verstärkt, was sicher zu einem wesentlichen Teil auf die Visualisierungen zurückzuführen ist. So kündigte Maraldi im Januar 1729 Bianchini gegenüber an, er werde gemeinsam mit den anderen Pariser Akademiemitgliedern im Februar und März ausprobieren, ob sie mehr Glück als in der Vergangenheit damit haben würden, jene Flecken zu sehen, nach denen sie mit größter Sorgfalt mit ihren Fernrohren gesucht hätten.[491]

Bianchinis erhaltener Briefverkehr ist symptomatisch für die wissenschaftliche Praxis des 17. und 18. Jahrhunderts, die durch die Herausbildung wissenschaftlicher Netzwerke geprägt war. Die verschiedenen Achsen von Bianchinis Korrespondentennetzwerk führten von Rom aus u. a. nach Bologna, Lissabon, Paris und London, waren jedoch auch untereinander verzweigt; zu seinen Korrespondenten zählten einige der berühmtesten Wissenschaftler seiner Zeit – darunter auch Newton und Leibniz.[492] Bianchini stand damit in der Tradition Galileis, der die bereits „seit Kepler eingesetzte Methode, Geräte zu verwenden, die Beobachtungen unter verschiedenen Bedingungen zu wiederholen und diese durch unterschiedliche Personen durchführen zu lassen, [...] zu einem ganz Europa umfassenden Netz erweitert" hatte und dessen „Form der Sonnenfleckenforschung [als] die erste gleichsam in Echtzeit durchgeführte transnationale Forschungskampagne" der Wissenschaftsgeschichte gelten kann.[493] Bianchinis wissenschaftliche Methode setzte nach dem Vorbild jener Galileis auf die

491 „Provaremo ne prossimi mesi di febraio e di marzo se saremo più fortunati di quello che siamo stati per il passato di veder queste machie benche ricercate con ogni attentione con nostri cannochiali." Giacomo Filippo Maraldi an Francesco Bianchini (Paris, 17. 1. 1729). BVR, U.17, fol. 1283r/v.

492 Bianchini lernte Leibniz 1689 in der Accademia Fisicomatematica kennen; Leibniz prognostizierte ihm eine bedeutende Zukunft als Astronom. Vgl. Sölch 2007, S. 26, 32. Briefe von Leibniz an Bianchini aus den Jahren 1700 bis 1713 befinden sich u. a. in BVR, U.16, fol. 767ff.

493 Bredekamp 2009, Augen, S. 83.

Objektivierung durch Geräte, Wiederholungen, unterschiedliche Zeugenschaft und visuelle Evidenz. Dabei ist diese visuelle Evidenz von beiden Astronomen auf der Grundlage von eigenhändig angefertigten Zeichnungen und Kupferstichen zu erzeugen versucht worden.

## 2. Das Problem der Rotationsperiode der Venus

### Giandomenico Cassinis Observation der Venusflecken

Im Zusammenhang mit der Erläuterung seiner Nomenklatur der Venusflecken wies Bianchini darauf hin, dass Galilei als erster die Phasengestalt der Venus erkannt hatte.[494] Der Meerenge zwischen den nach Vespucci und Galilei benannten Meeren VI und VII gab Bianchini hingegen den Namen Cassinis und begründete dies u. a. damit, dass „der erste Hinweis auf einen oder zwei Flecken auf der Venus aus einem Brief von ihm stammt, der zwar nicht von ihm publiziert worden ist, aber zu seinen Lebzeiten sowohl in den *Ephemerides eruditorum* als auch in der *Sphaera Coelestis* [Jacques] Ozanams verbreitet wurde".[495] Mit den gelehrten Ephemeriden ist das 1665 erstmals erschienene *Journal des Sçavans* gemeint, in welchem Cassinis Brief, den er am 18. Juni 1667 an den französischen Wissenschaftler Pierre Petit (um 1594–1677) gerichtet hatte, am 12. Dezember 1667 abgedruckt wurde.[496] Bianchini erfuhr von der Existenz dieses Briefes erst mehrere Monate nach seiner Entdeckung der Venusflecken und berichtete Maraldi im Dezember 1726 von seinen Zweifeln an dessen Authentizität:

> „Ich habe mich sehr gefreut über die Nachricht […] bezüglich des von Herrn Cassini, Eurem Onkel, 1667 geschriebenen Briefes über den auf der Venus entdeckten Fleck und den Hinweis, dass er diesen in den vielen folgenden Jahren nicht wieder gesehen hat. In Florenz wurde mir die Nachricht von diesem 1667 im Journal des Scavants gedruckten Brief bestätigt […]. Ich hatte Zweifel, ob der Brief echt oder gefälscht war: Denn da Herr Cassini über diese Venusflecken die gesamten 45 Jahre, die er noch gelebt hat, weder gesprochen noch geschrieben hat (soweit mir bekannt ist), schien es mir zweifelhaft, dass jener Brief von ihm stammen sollte. Meine Zweifel wurden noch durch die Überlegung verstärkt, dass mir nicht bekannt ist, dass es 1667 Fernrohre gab, die eine Länge von 60 römischen Palmi erreichten: und diese reichen nicht aus, um die

494 Siehe Anm. 408.

495 Bianchini 1996, S. 100.

496 Extrait d'une lettre de M. Cassini à M. Petit 1667, S. 257–264. Vgl. Bianchini 1996, S. 67, 107. Siehe auch Schiaparelli 1930, S. 364 sowie Dal Prete 2003, S. 12f.

> Venusflecken deutlich zu erkennen. Ich habe im vergangenen Februar, März, Mai und Juni ausprobiert, dass – nachdem ich die Venusflecken deutlich mit einem 90 Palmi langen Teleskop gesehen hatte – ich ihre Gestalt mit einem 60 Palmi langen Teleskop nicht genau erkennen konnte [...], sondern ihre Umrisse undeutlich waren [...]. Es wäre mir daher sehr wichtig zu erfahren, welche Länge das Fernrohr hatte, das Herr Cassini während seiner Beobachtungen 1667 verwendet hat, falls der Brief tatsächlich von ihm sein sollte. [...] Als ich den Venusflecken Namen gegeben habe [...], wollte ich noch einmal auf das Verdienst verweisen, dass er der erste war, der davon berichtet hat, indem ich ihn einem Flecken zuordnete, der vielleicht der einzige war, den er mit seinem weniger als 60 Palmi langen Fernrohr hatte sehen können; denn dieser erschien mir dunkler als die anderen Flecken des Planeten zu sein, und seine längliche Form ähnelt ein wenig dem von ihm beschriebenen [Fleck]."[497]

Bianchini versuchte, Cassinis Ergebnis mit seinen Beobachtungen in Übereinstimmung zu bringen und erklärte sich die Diskrepanzen durch die unterschiedlich langen verwendeten Teleskope. Doch besonders deutlich klingt aus seinem Brief das Unverständnis darüber heraus, dass Cassini, wenn er tatsächlich sechzig Jahre vor ihm auf der Venus Flecken observiert hatte, seine Erkenntnisse nicht auch veröffentlicht hatte. Im Verlauf seiner 1666 und 1667

497 „Mi è stata carissima la notizia [...] della lettera del Sig[no]r Cassini suo Zio di fel[icissima] Mem[oria] scritta nel 1667 sopra macchia da lui scoperta in Venere, con aggiungere che nel corso di tanti anni dopo non l'abbia più veduta. Mi fù mostrata in Firenze la notizia di quella lettera stampata nel Journal des Scavants del 1667 [...]. Dubitai se la lettera fosse vera o supposta: perche non avendo più parlato ne scritto il Sig[no]r Cassini di queste macchie di Venere per tutti li 45 anni, che ha sopravissuto (almeno per quanto io sappia) mi pareva potersi dubitare se quella lettera fosse sua. Accresceva il mio dubbio la riflessione, che nel 1667 io non sò che vi fossero cannocchiali che arrivassero alla lunghezza di 60 palmi Romani: i quali non bastano a scoprire distintamente le macchie di Venere. Ho provato io nel Febraro, Marzo, Maggio, e Giugno passato, che dopo di aver con il cannocchiale di novanta palmi vedute distintamente le macchie di venere [...], la stessa ora riguardandole con cannocchiale di sessanta palmi non poteva io assicurarmi della loro figura [...], ma i contorni non erano punto definiti [...]. Averei dunque caro di sapere di quale lunghezza fosse il cannocchiale di cui si servì il Sig[no]r Cassini in quelle scoperte del 1667, supposto che vi sia quella sua lettera. [...] nel dare un nome alle macchie di Venere [...] ho voluto riferire ancora per il merito di esser stato il primo a darne notizia, assegnandole ad una di quelle macchie, che forse potrebbe essere stata l'unica che da lui potesse vedersi con un cannocchiale minore di sessanta palmi, perche è la sola ch'io abbia scoperta più oscura dell'altre in tutto il corpo di quel Pianeta, e la figura sua bislunga si accosta un poco alla di lui descritta [...]." Francesco Bianchini an Giacomo Filippo Maraldi (Rom, 11.12.1726). BVR, U.23, fol. 173r–174v.

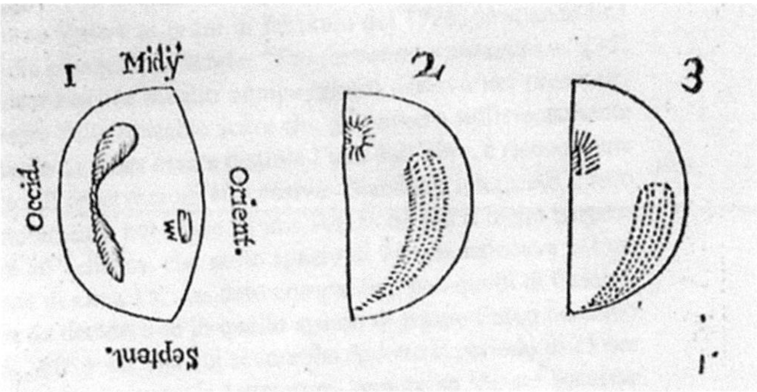


Bild 92 Giandomenico Cassini, Venusflecken, 1667/68.

durchgeführten Beobachtungen hatte Cassini auch eine kleine Skizzenreihe angefertigt, die im *Journal des Sçavans* zusammen mit dem Brief abgedruckt wurde (Bild 92). Es handelt sich um die Visualisierungen der Observationen vom 14. Oktober 1666 und 28. April 1667.[498]

Als Cassini am 14. Oktober 1666 erstmals Flecken auf der Venus entdeckte, nahm er einen leuchtenden Fleck ungefähr in der Mitte der Venus wahr sowie zwei längliche dunkle Flecken auf der westlichen Seite. Es sollte ihm erst ein halbes Jahr später am 28. April 1667 gelingen, erneut den kleinen hellen und einen länglichen dunklen Fleck auf der sich zu dem Zeitpunkt fast in der Halbphase befindlichen Venus zu beobachten. Die zweite Skizze zeigt die Position der Flecken vor Sonnenaufgang, die dritte Skizze deren leicht verschobene Anordnung am selben Tag nach Sonnenuntergang. Cassini gelang es an insgesamt acht Tagen der Jahre 1666 und 1667, auf dem beleuchteten Teil der Venus Flecken zu beobachten, wobei die letzte Observation am 6. Juni 1667 stattfand;[499] kurz darauf – am 18. Juni – verfasste er seinen Brief an Pierre Petit.

Dass zwischen der Anfertigung der ersten Skizze vom Oktober 1666 und den beiden weiteren Skizzen vom April 1667 mehrere Monate lagen, wird nicht nur anhand der unterschiedlichen Positionen der Flecken deutlich, sondern auch durch den Zeichenstil. In der ersten Skizze markierte Cassini die Ränder der beiden länglichen, ineinander übergehenden Flecken mit kurzen Strichen, während das Leuchten des kleinen Flecks durch eine dreifach gezackte Linie symbolisiert wird. In den beiden anderen Zeichnungen sind die länglichen Flecken hingegen gleichmäßig mit Punkten ausgefüllt, und die Leuchtkraft des kleinen Flecks wird nicht durch eine gezackte Linie, sondern von ihm ausgehende strah-

498 Extrait d'une lettre de M. Cassini à M. Petit 1667, S. 261. Vgl. Bianchini 1996, S. 153–155.

499 Vgl. Schiaparelli 1930, S. 363f.

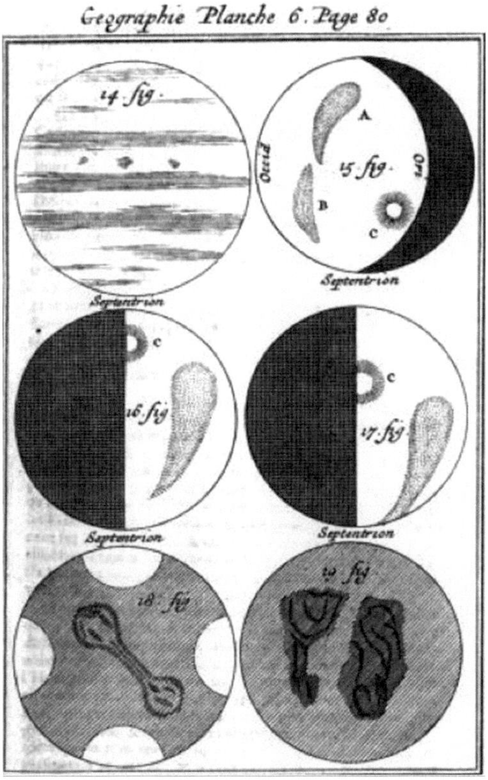


Bild 93 Jacques Ozanam, Cassinis Venusflecken, 1697.

lenartige Linien visualisiert. Cassinis Skizzenreihe erinnert sofort an Maraldis Beschreibung seines im August 1727 durchgeführten Versuchs einer Observation der Venusflecken. Auch Maraldi schien es, einen hellen sowie einen länglichen dunklen Fleck wahrgenommen zu haben;[500] er sah somit das, was sein Onkel in der ihm wohlbekannten Zeichnung dargestellt hatte.

Bianchini bezieht sich in seinem Venustraktat *Hesperi et Phosphori* wiederholt auf Cassinis Observationsergebnisse und verweist dabei stets auf die für ihn entscheidende Tatsache, dass ihm für seine Beobachtungen wesentlich längere Teleskope zur Verfügung gestanden hatten als noch Cassini. Am Ende des Traktats veröffentlichte Bianchini einen Brief, den ihm der Jesuitenpater und Astronom Melchiorre Briga (1686–1749) am 7. September 1726 aus Florenz geschrieben hatte.[501] Briga fasste darin zunächst den Brief Cassinis zusammen, um ihn anschließend ausführlich zu kommentieren. Als Bianchini gegenüber

500 Siehe Anm. 488.
501 Vgl. Bianchini 1728, S. 86–92 bzw. Bianchini 1996, S. 149–159.

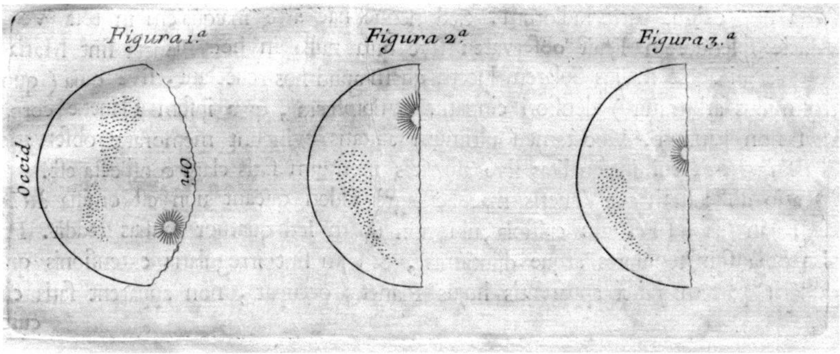


Bild 94 Francesco Bianchini, Cassinis Venusflecken, 1728.

Maraldi äußerte, ihm sei die Nachricht von Cassinis Brief in Florenz bestätigt worden,[502] bezog er sich damit auf Briga. Dieser schrieb ihm seinen Brief im Anschluss an ein Treffen in Florenz. Briga hatte Bianchini in die dortige Bibliothek des Marquis Ricciardi geführt, wo er über die Venusobservationen Cassinis im Buch Ozanams gelesen hatte.[503]

Jacques Ozanam (1640–1718) veröffentlichte in seiner Abhandlung *Cours de mathematique* auch die drei Skizzen, die Cassinis Beobachtungen visualisieren (Bild 93) – es handelt sich um die Abbildungen 15 bis 17 oben rechts sowie in der Mitte des Blattes. Doch wie auf den ersten Blick erkennbar ist, unterscheiden sich diese Darstellungen von den Originalskizzen Cassinis in mehreren Punkten. Zum einen ist hier auch der verschattete Teil der Venus visualisiert, während Cassini nur den beleuchteten Bereich dargestellt hatte; zum anderen sind aus den zwei sich berührenden Flecken der ersten Skizze Cassinis in der korrespondierenden Abbildung 15 bei Ozanam zwei deutlich voneinander getrennte Flecken geworden.

Briga ließ Bianchini mit seinem Brief auch die Skizzenreihe Cassinis zukommen, die erwartungsgemäß als Teil des Briefes im Traktat *Hesperi et Phosphori* abgedruckt wurde (Bild 94).[504] Sowohl die Handschrift der Bezeichnungen als auch die Skizzen sprechen allerdings dafür, dass es sich bei der Abbildung im Traktat nicht um ein Werk Brigas handelt, sondern Bianchini diese Skizzenreihe eigenhändig angefertigt hat. Bianchinis Zeichnung verrät dabei den Einfluss der von Ozanam publizierten Darstellungen. Zwar lässt Bianchini den verschatteten Teil der Venus weg und kehrt somit in diesem Punkt zur ursprünglichen Version Cassinis zurück, doch zeichnet auch er die beiden länglichen dunklen

502 Siehe Anm. 497.
503 Vgl. Bianchini 1996, S. 107.
504 Vgl. Bianchini 1728, S. 88 bzw. Bianchini 1996, S. 154.

Flecken der ersten Zeichnung deutlich voneinander getrennt. Die bei Cassini vorhandenen zeichnerischen Unterschiede zwischen der ersten Skizze und den beiden anderen Darstellungen (vgl. Bild 92) sind in Bianchinis Skizzenreihe nicht mehr erkennbar. Die länglichen Flecken sind – wie schon bei Ozanam – durchgehend mit Punkten ausgefüllt, der leuchtende Fleck ist in allen drei Skizzen mit Strahlen versehen.

Zudem nimmt Bianchini eine weitere Änderung vor: er spiegelt die zweite und dritte Zeichnung horizontal, so dass sich nun bei allen drei Skizzen die Rundung gleichmäßig auf der linken Seite befindet. Die Form und die Positionen der Flecken in der zweiten und dritten Skizze erscheinen – unabhängig von ihrer horizontal gespiegelten Darstellung – modifiziert. So nimmt der Abstand der dunklen Flecken zum Rand der Venus zu, und der leuchtende Fleck der dritten Skizze ist leicht ins Zentrum des Planeten verschoben.

Diese Veränderungen markieren einen unauffälligen Schritt in Richtung einer Anpassung von Cassinis Ergebnissen an Bianchinis eigene Beobachtungen, aber sie sind für Bianchinis Argumentation nicht entscheidend. Wichtig war vielmehr, dass Bianchini mit seinem Traktat über die Venusflecken zwar in der Observationstradition Giandomenico Cassinis stand, jedoch eine vollständige Revision von dessen Ergebnissen vorlegte. Diese Korrekturen betrafen Bianchinis Überzeugung nach nicht nur die Gestalt und Anordnung der Flecken, sondern ebenso die aus der Beobachtung gewonnenen Erkenntnisse.

## Die Widersprüchlichkeit in Bianchinis Ergebnis

Auch Cassini hatte verständlicherweise versucht, anhand der Bewegung der observierten Flecken die Rotation der Venus zu berechnen und war dabei zu einem Ergebnis von gut 23 Stunden gekommen, wie Bianchini mehrfach in seinem Traktat erwähnt.[505] Bianchini korrigierte diese Angabe bereits nach wenigen Wochen Beobachtungszeit. Er bestimmte die Rotation der Venus um ihre Achse mit 24 Tagen und 8 Stunden, woraus sich eine tägliche Bewegung des Planeten von etwas mehr als 14 Grad und 47 Minuten ergibt.[506] Doch entgegen der Annahme Bianchinis war Cassini offenbar nie zu einem Ergebnis von 23 Stunden gekommen.

Der Astronom Giovanni Virginio Schiaparelli (1835–1910), der von 1864 bis 1900 Direktor des Mailänder Observatoriums war, wies im Jahr 1890 darauf hin, dass Cassini in seinem im *Journal des Sçavans* abgedruckten Brief von

505 Vgl. Bianchini 1728, S. 89f. bzw. Bianchini 1996, S. 108f. Siehe auch Bianchini 1996, S. 155f. mit den Ausführungen Brigas, der ebenfalls von 23 Stunden schreibt.
506 Vgl. Bianchini 1996, S. 116.

„23 jours" schreibt – d. h. von 23 Tagen.[507] Der Brief sollte kurz darauf auch in der Zeitschrift *Philosophical Transactions* der Royal Society erscheinen, wo die „23 jours" jedoch irrtümlicherweise mit „23 hours" übersetzt wurden – ein Übersetzungsfehler, der aufgrund der ähnlichen Schreibweise entstanden sein könnte und aus Tagen nunmehr Stunden machte. Die unkorrekte Angabe von 23 Stunden verbreitete sich in der Folge europaweit. Da die Richtigstellung Schiaparellis offenbar weitgehend unbeachtet blieb, wird die von Cassini berechnete Rotationsperiode der Venus bis heute fast durchgehend mit 23 Stunden statt Tagen angegeben.[508] Cassinis Ergebnis war jedoch mit 23 Tagen gar nicht so weit von Bianchinis Angabe von gut 24 Tagen entfernt; aber Bianchini ging von 23 Stunden aus und war somit der Überzeugung, eine 25 Mal längere Rotationsperiode als Cassini bestimmt zu haben.

Die Analyse von Bianchinis Zeichnungen zeigt, dass während seiner Beobachtungen durchaus wiederholt Widersprüche auftauchten, die allerdings nicht im Traktat thematisiert werden.[509] Bezüglich der verschiedenen Venusdarstellungen der Tafel III (vgl. Bild 45) sind in zwei Fällen deutliche Unterschiede zwischen den Druckfassungen und weiteren existierenden Zeichnungen der Observation desselben Datums erkennbar. So stimmen die Form und Anordnung der Venusflecken auf der publizierten Zeichnung des 7. Januar 1728 (Bild 95) zwar ungefähr mit einer in Bianchinis Unterlagen befindlichen Bleistiftskizze überein (Bild 96), doch auf der posthum veröffentlichten Venuszeichnung, die ebenfalls die Positionen der Flecken am 7. Januar 1728 visualisiert, ist ein kleiner vorgelagerter Fleck erkennbar, der auf den anderen Darstellungen fehlt (Bild 97). Es war jedoch genau diese Zeichnung, deren Richtigkeit sich Bianchini von vier verschiedenen Zeugen mit den Worten „vidi ac testor" hatte bezeugen lassen.[510] Trotz dieser Bezeugungen taucht der kleine Fleck in der gedruckten Fassung des Venustraktats nicht mehr auf.

507 „Je puis neanmoins dire [...] qu'en moins d'un jour elle acheve son mouvement, soit de resolution, soit de libration, de maniere qu'en 23 jours à peu prés elle revient environ à la même heure, à la même situation dans la Planete de Venus." Extrait d'une lettre de M. Cassini à M. Petit 1667, S. 264. Vgl. Schiaparelli 1930, S. 364.

508 Die Angabe von 23 Stunden, 21 Minuten findet sich z. B. in Rotta 1968, S. 485 sowie in De Ferrari 1978, S. 485 (dem Artikel über Cassini im Dizionario Biografico degli Italiani); ebenso kürzlich in Cattermole/Moore 1997, S. 111. Nur Dal Prete 2003, S. 13, weist auf den von Schiaparelli angemerkten Übersetzungsfehler hin. Das Ergebnis von 23 Stunden und 20 Minuten stammt nicht von Giandomenico Cassini, sondern wurde vielmehr erst 70 Jahre später von seinem Sohn, Jacques Cassini, vorgeschlagen. Vgl. Schiaparelli 1930, S. 364.

509 Vgl. hierzu auch Schiaparelli 1930, S. 368–370 sowie Dal Prete 2003, S. 14f.

510 Siehe oben S. 189.

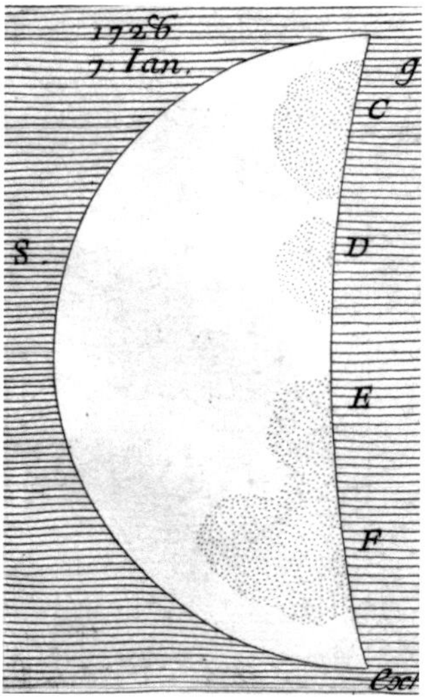


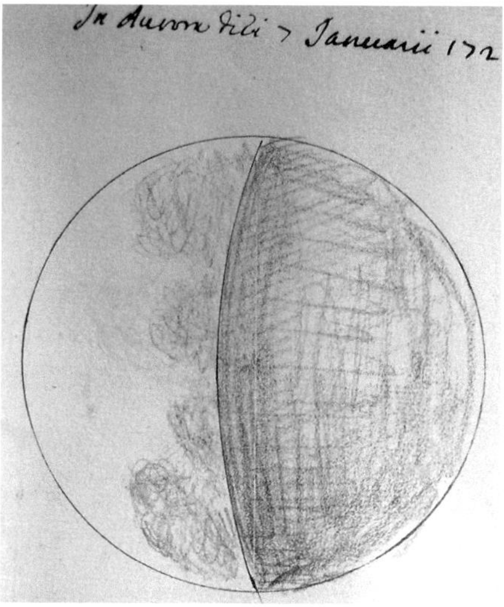

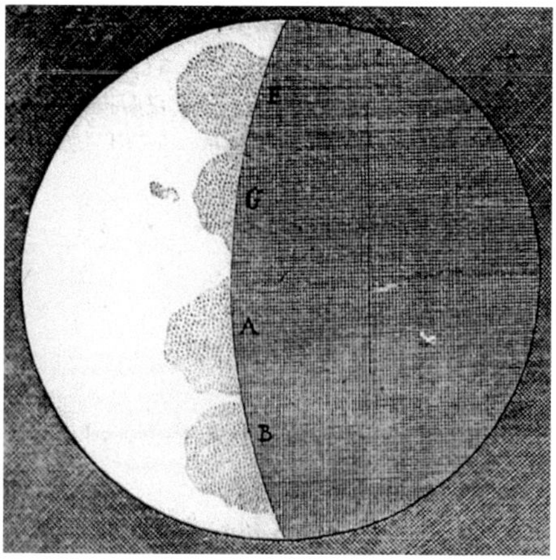


Bild 95 Venus am 7. Januar 1728, Detail aus Bild 45.

Bild 96 Francesco Bianchini, Venus am 7. Januar 1728, BCV, cod. CCCCXXXIV, fol. 206r.

Bild 97 Venus am 7. Januar 1728, Detail aus Bild 89.

Ebensowenig stimmt Bianchinis Tuschzeichnung vom 25. Mai 1726 (Bild 98) mit der im Traktat publizierten Venusdarstellung desselben Tages überein (Bild 99). Obwohl Bianchini die Observation mit einem 94 Palmi langen Teleskop durchgeführt und zur Untermauerung seiner Fähigkeiten im Sehen und Zeichnen anschließend mit einem kürzeren Fernrohr auch den Mond beobachtet und skizziert hatte (vgl. Bild 87), veröffentlichte er im Traktat eine Zeichnung, in der die Anzahl und die Position der Flecken vollkommen verschieden sind. Offensichtlich hat Bianchini die Flecken auf der Venus bei weitem nicht so klar und deutlich gesehen, wie er behauptete. Selbst wenn sich die Venusflecken der Vorskizze und der im Traktat publizierten Zeichnung stark ähneln, wie beispielsweise im Fall der Observation des 7. Juli 1727 (Bild 100, 101), ist festzustellen, dass die zeichnerische Gestaltung der Druckfassung grundsätzlich vereinfacht erscheint.

Cassini hatte seine Beobachtungen der Venusflecken von 1666 und 1667 sowie die daraus geschlussfolgerten Erkenntnisse über die Rotationsperiode des Planeten nicht in einem Traktat publiziert, da er die Bewegungen der Flecken auf der Venus – im Gegensatz zu den in den Jahren zuvor observierten Flecken auf dem Mars und dem Jupiter – nicht ausreichend deutlich hatte beobachten

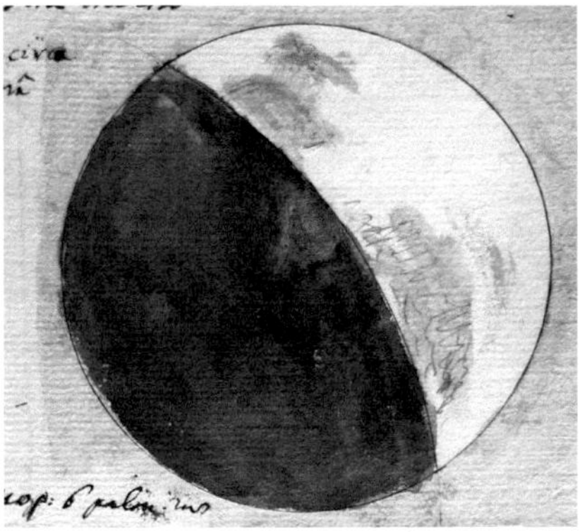

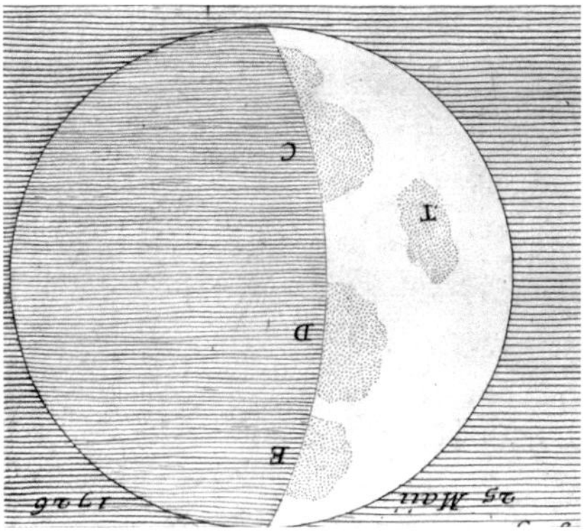

Bild 98 Francesco Bianchini, Venus am 25. Mai 1726, Detail aus Bild 87.

Bild 99 Venus am 25. Mai 1726, Detail aus Bild 45, um 180 Grad gedreht.

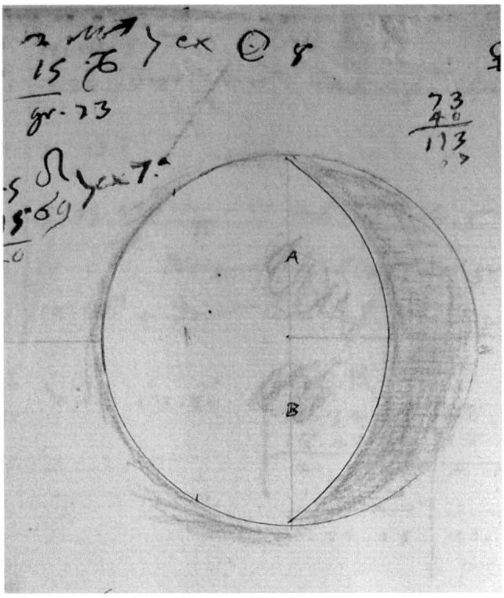

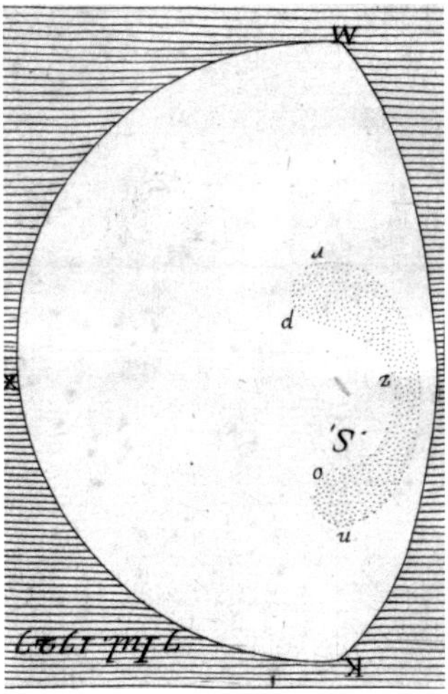

Bild 100 Francesco Bianchini, Venus am 7. Juli 1727, BCV, cod. CCCCXXXIV, fol. 202r.

Bild 101 Venus am 7. Juli 1727, Detail aus Bild 45, um 180 Grad gedreht.

können.[511] Und wie er 1699 in einem anderen Zusammenhang an Bianchini schrieb, „schäme [er] sich nicht, in der Astronomie die sicheren Dinge von den unsicheren zu trennen und [seine] Zweifel und Unsicherheit bezüglich vieler Dinge, die von anderen als unzweifelhaft betrachtet würden, zuzugeben".[512] Offenbar maß Cassini seinen Venusobservationen keine größere Bedeutung bei, denn er unternahm keinerlei Bemühungen, die in Folge des Übersetzungsfehlers falsch kursierende Angabe der Rotationsperiode zu korrigieren. Zudem scheint ihn das Problem der Venusrotation später nicht mehr interessiert zu haben. Dies würde erklären, weshalb Bianchini, der mit Cassini und dessen Neffen Maraldi in regelmäßigem Briefkontakt stand, erst 1726 durch Briga davon erfuhr, dass Cassini bereits vor ihm Venusflecken beobachtet und gezeichnet hatte und der betreffende Brief sogar veröffentlicht worden war.

Briga wies in seinem am Ende des Traktats *Hesperi et Phosphori* abgedruckten Brief auf die Unterschiede zwischen den von Giandomenico Cassini und Bianchini beobachteten Details der Venusflecken hin.[513] Ebenso betonte er, dass es in den sechzig Jahren zwischen diesen Observationen keinem anderen Astronomen gelungen war, auf der Venusoberfläche klar definierte Flecken zu erkennen. Briga hielt es u. a. aus diesem Grund für unwahrscheinlich, dass es sich bei den beobachteten Flecken tatsächlich um feste Strukturen der Oberfläche der Venus handelte, sondern vermutete vielmehr, zwischen dem Planeten und dem Auge hätten sich Phänomene in der Atmosphäre bzw. im Äther befunden. Doch Brigas These fand keine weitere Beachtung; vielmehr versuchten auch Maraldi und Jacques Cassini weiterhin, die Venusflecken zu beobachten.[514]

Bianchini hatte seine erste Venusbeobachtung im Jahre 1716 durchgeführt, als er mit Hilfe des Sterns Regulus die Parallaxe der Venus bestimmte.[515] Am 3. Juli 1724 standen sich die Venus und der Stern Regulus erneut so nah, dass Bianchini dieses Experiment zu wiederholen gedachte.[516] Dafür plante er, sein 23 Palmi langes Teleskop – wie schon acht Jahre zuvor – von einem Raum des Palastes auf dem Palatinhügel aus auf die Venus zu richten. Doch während dies 1716 von Papst Clemens XI., der seine Forschungen „wie ein wirklicher Mäzen gefördert hatte",[517] ermöglicht worden war, erhielt Bianchini 1724 von Papst Benedikt XIII. nicht die Genehmigung, den Palast für seine Obser-

511 Vgl. Bianchini 1996, S. 155.

512 „Io non mi vergogno punto di separare in Astronomia le cose certe dalle incerte e di confessare i miei dubij e la mia incertezza in molte cose che sono ritenute per indubitate da altri." Giandomenico Cassini an Francesco Bianchini (Paris, 1. 9. 1699). BVR, U.16, fol. 431r.

513 Vgl. Bianchini 1996, S. 157.

514 Siehe Anm. 491.

515 Vg. Bianchini 1996, S. 17–19, 124–141.

516 Vgl. ebd., S. 133.

517 Ebd.

vation zu nutzen. Da auch kein anderer geeigneter Ort zu finden war, musste Bianchini sein Vorhaben aufgeben und gedanklich auf das Jahr 1732 verschieben, das er jedoch nicht mehr erleben sollte.

### Die Entscheidung zur Veröffentlichung

Obwohl sich Bianchinis Hoffnungen, seine Venusbeobachtungen von 1716 im Jahr 1724 wiederholen zu können, aufgrund der beschriebenen Umstände nicht erfüllt hatten, war er nach den neuen Entdeckungen des Februars 1726 der Ansicht, dass diese ersten Ergebnisse nicht länger zurückgehalten werden dürften, sondern all jenen, die etwas mit der Astronomie verbindet, zugänglich gemacht werden müssten.[518] Denn nur so wäre es schließlich möglich, dass Beobachter mit noch größeren Fähigkeiten diese Observationen wiederholen könnten, wenn sich die Venus 1732 – acht Jahre nach 1724 – erneut in der gleichen Position befinden würde.

In seinem Brief an Manfredi vom Oktober 1727 hatte Bianchini angekündigt, dass noch im November oder Dezember mit dem Druck des Traktats über die Venusflecken begonnen werden könne.[519] Und tatsächlich befand sich das Werk Anfang November 1727 bereits in den Händen des Revisors.[520] Doch die Kontrolle durch die Indexkongregation sollte sich noch monatelang hinziehen – erst im Sommer 1728 erhielt Bianchini die Druckgenehmigung.[521] Im Oktober 1728 war er noch mit der Korrektur der Druckfahnen beschäftigt;[522] das Traktat *Hesperi et Phosphori* erschien schließlich am 23. Dezember 1728 – ein Jahr später als angekündigt.

Bianchinis Beobachtungen waren ihm weder von Carbone in Lissabon noch von Maraldi in Paris bestätigt worden. Jene Venuszeichnung, deren Korrektheit insgesamt vier Zeugen beglaubigt hatten, veröffentlichte Bianchini dagegen nicht im Traktat (vgl. Bild 89), da er den kleinen Fleck bei späteren Beobachtungen offenbar nicht mehr sah. Doch für ihn war entscheidend, dass bereits Cassini in Bologna Flecken auf der Venus gesehen hatte. Deren unterschiedliche Gestalt erklärte sich Bianchini mit der technischen Überlegenheit der von ihm verwendeten, wesentlich längeren Teleskope. Dass es auch Maraldi

518 Vgl. ebd., S. 17f.

519 Siehe Anm. 174.

520 „Oltre al Trattato che sta in mano del Revisore, per consegnarlo poi al Compositore della Stampa […].“ Francesco Bianchini an Giovanni Battista Carbone (Rom, 7. 11. 1727). BVR, S.82, fol. 130r.

521 Vgl. Bianchini 1996, S. 13f.

522 „Qui continuo a rivedere i fogli della stampa di quell'opera che mi vengono giornalm[ent]e mandati […].“ Francesco Bianchini an Eustachio Manfredi (Rom, 9. 10. 1728). BVR, U.20, fol. 236r.

nicht gelungen war, klar definierte Flecken auf der Venus zu entdecken, begründete dieser mit dem angeblich zu dunstigen Klima in Frankreich – ein Argument, das Bianchini dankbar übernommen hat.

Nicht zuletzt durch den Brief Brigas mit der These von atmosphärischen Phänomenen wird Bianchini jedoch leicht verunsichert gewesen sein. Dies verdeutlicht auch die Tatsache, dass er sein Traktat nicht als eine Veröffentlichung endgültiger Ergebnisse vorstellt, sondern schon im ersten Kapitel mit erstaunlicher Offenheit auf die Möglichkeit hinweist, dass seine Beobachtungen später von Astronomen mit besseren Fähigkeiten noch präziser wiederholt werden könnten.[523]

In Anbetracht dieser Aussage stellt sich die Frage, weshalb Bianchini seine Ergebnisse so schnell veröffentlichte, statt noch weitere Observationen abzuwarten, die ihm möglicherweise mehr Sicherheit gebracht hätten. Es ist wohl auszuschließen, dass er befürchtete, seine Arbeit könnte sich als gänzlich hinfällig erweisen. Denn trotz der Zweifel bezüglich der korrekten Form der Flecken war sich Bianchini doch sicher, Flecken beobachtet zu haben und damit der festen Überzeugung, in jedem Falle einen wichtigen und neuen Beitrag für das Wissen über den Planeten Venus geleistet zu haben.

Für Bianchinis Eile bezüglich der Publikation werden verschiedene Gründe ausschlaggebend gewesen sein. Erstens galt es, die Priorität seiner Entdeckung zu sichern. Angesichts der Information, dass auch in England bereits Venusflecken beobachtet worden waren, musste Bianchini dafür sorgen, dass ihm kein anderer Astronom mit einer Buchveröffentlichung über die Venusflecken zuvorkommt. Zweitens war er bestrebt, seinem Patron Johann V. so schnell wie möglich ein Ergebnis zu präsentieren – nicht zuletzt, um sich dessen Förderung auch für die nächsten Buchprojekte, insbesondere das Traktat über den Palazzo de' Cesari, zu sichern. Drittens hätte Bianchini auf vergleichbare Observationsbedingungen für eine Überprüfung seiner Ergebnisse lange warten müssen, da sich die Konstellationen des Planeten bei der Zugrundelegung der von ihm berechneten Achsenneigung nur alle acht Jahre wiederholt hätten – und er war 1728 bereits im 66. Lebensjahr. Die schnelle Veröffentlichung sollte sich als richtige Entscheidung erweisen: Nur gut zwei Monate nach der Publikation des Traktats starb Bianchini am 2. März 1729.

Nach dem Erscheinen des Traktats versandte Bianchini das Werk umgehend an seine Korrespondenten und Fachkollegen.[524] Wie eilig er es dabei hatte, verdeutlicht sein Brief vom 5. Januar 1729 an Manfredi in Bologna:

523 Vgl. Bianchini 1996, S. 18.
524 Siehe oben S. 90f.

> „Da der Druck der letzten Seiten noch frisch ist, ist es gut, die Bindung noch etwas aufzuschieben; außerdem fehlt am Anfang noch eine Abbildung, die jedoch nicht notwendig ist, da sie reiner Schmuck ist, denn sie dient als Frontispiz, auf dem die an Seine Majestät, den König von Portugal, gerichtete Widmung dargestellt ist; dennoch sollte sie hinzugefügt werden, sobald der Stich vollendet ist. Der Kupferstecher, der sie stach, war erkrankt und hatte sie nicht rechtzeitig fertigstellen können. Nun ist er genesen, und ich hoffe, dass er sie mir in zwei Wochen übergeben wird: Und dann werde ich Euch drei Kopien schicken können, die in jedes einzelne der Buchexemplare direkt neben dem Frontispiz einzufügen sind. Ich habe die Versendung des Buches an Euch und nach Frankreich nicht hinauszögern wollen, damit Ihr die Maßnahmen, die ich darin erläutert habe, rechtzeitig durchgehen könnt, um die Flecken des Planeten leichter entdecken zu können. Und dies wird ab der Mitte des kommenden Februars möglich sein."[525]

Bianchini drückt sich hier etwas missverständlich aus, denn er schreibt zunächst, der noch fehlende Kupferstich diene als Frontispiz, um kurz darauf anzuweisen, dass der Stich – sobald er fertig sei – direkt neben dem Frontispiz eingefügt werden solle. In dem in der Staatsbibliothek zu Berlin befindlichen Exemplar des Traktats *Hesperi et Phosphori* folgen auf den Einband zunächst ein leeres Blatt als Schmutztitel und im Anschluss das Frontispiz auf dem Folioblatt I recto sowie das Titelblatt auf dem Folioblatt II recto. Wenn tatsächlich eine weitere Abbildung neben dem Frontispiz platziert werden sollte, kann nur die verso-Seite des Schmutztitels gemeint sein.

Doch Bianchinis Hinweis, dass auf dem besagten Kupferstich die Widmung an den König dargestellt sei, deutet vielmehr darauf hin, dass in den verschickten Buchexemplaren tatsächlich noch das von Rocco Pozzi gestochene Frontispiz fehlte (vgl. Bild 40). In den Augen Bianchinis war es als „reiner Schmuck" zunächst entbehrlich. Sein Interesse bestand vielmehr darin, sich

525 „Essendo fresca la stampa degli ultimi fogli, è bene il differire a farle legare; oltre di che manca una figura del principio, la quale benche non necessaria essendo di puro ornamento perche serve di frontispicio in cui si rapresenta la dedicazione fattane alla Maestà del Re di Portugallo, nondimeno sarà bene inserirla quando l'intaglio sarà terminato. L'intagliatore che la incideva si ammalò, e non potè finirla in tempo. Ora è guarito, e spero che frà due settimane me la darà: ed allora potro mandargliene trè coppie da inserire in ogniuno degl' esemplari immediatamente accanto al frontispicio. Non hò voluto ritardare di mandare il libro a V[ostra] S[ignoria] Ill[ustrissi]ma, e in Francia, acciocche possono a tempo scorrere quelle precauzioni che in esso hò inseriti per poter scoprire meglio le macchie del Pianeta: il che potrà cominciarsi a fare verso la mettà del prossimo Febraro." Francesco Bianchini an Eustachio Manfredi (Rom, 5. 1. 1729). BVR, U.20, fol. 238r/v.

endlich von Manfredi in Bologna und Maraldi in Paris seine neuen Entdeckungen bestätigen zu lassen. Sie sollten das Traktat noch rechtzeitig vor dem Februar erhalten, um darin erstens die Hinweise bezüglich des korrekten Vorgehens nachlesen zu können – u. a. die Anweisung, ein Teleskop mit hundertfacher Vergrößerung zu verwenden und es zunächst probeweise auf den Mond zu richten[526] – sowie zweitens, um Bianchinis Venuszeichnungen mit ihren eigenen Observationsergebnissen abzugleichen.

Bianchini veröffentlichte in seinem Traktat insgesamt vier Ergebnisse über den Planeten Venus.[527] Davon bezog sich eine Erkenntnis auf die bereits 1716 erfolgte Vermessung der Parallaxe. Die anderen drei Punkte waren jedoch Neuentdeckungen der Observationen des Jahres 1726: Erstens lieferte er eine detaillierte Beschreibung der Flecken auf der Venus, zweitens berechnete er die Rotationsperiode des Planeten mit 24 Tagen und 8 Stunden, und drittens erkannte er die Parallelität der Achsenneigung während des gut 224 Tage währenden Umlaufs der Venus um die Sonne.[528]

Bianchini konnte diese Erkenntnisse unter der Patronage Johanns V. publizieren, da er schon zuvor die nötige ‚Credibilität' erworben hatte – ein Prinzip, das Biagioli am Beispiel Galileis erläutert hat: Nachdem Galilei dem Sekretär der Medici geschrieben hatte, er habe einige wichtige astronomische Entdeckungen gemacht und sei im Begriff, darüber einen Bericht zu veröffentlichen, erhielt er die Antwort, der Großherzog habe sein außerordentliches Interesse geäußert, diese Beobachtungen so schnell wie möglich zu sehen.[529] Daraufhin formulierte Galilei den Wunsch, seine Entdeckungen Großherzog Cosimo II. zu widmen. Zum Zeitpunkt der Ankündigung, die Veröffentlichung der Ergebnisse stünde unmittelbar bevor, hatte Galilei seine Beobachtungen allerdings noch nicht einmal zur Hälfte abgeschlossen.[530] Doch die Medici stimmten Galileis Wunsch zu und nahmen die Widmung an, ohne die Jupitermonde je mit eigenen Augen gesehen zu haben – eine Entscheidung „based on [Galileo's] preexisting credibility and on the potential benefit the Medici saw in having their name associated with such exceptional findings".[531]

Der große Zeitdruck auf der Seite des Astronomen sowie die Akzeptanz der Widmung aufgrund von ‚Credibilität' durch den Patron waren zwei Fak-

526 Siehe oben S. 181f. Vgl. Bianchini 1996, S. 143f.
527 Vgl. ebd., S. 18f.
528 „Die Venus benötigt 224 und zwei Drittel Tage für einen vollständigen Umlauf um die Sonne." Bianchini 1996, S. 66. Dass die Revolution um die Sonne in knapp 225 Tagen abläuft, war bereits vor Bianchini Teil des astronomischen Wissens; für ihn war die Entdeckung der Achsenparallelität entscheidend.
529 Vgl. Biagioli 2006, S. 27.
530 Vgl. ebd., S. 28.
531 Ebd., S. 27.

toren, die auf Bianchini ebenso zutrafen wie zuvor auf Galilei. Durch seine früheren Werke, die Vermessungen für die Meridianlinie, seine zuverlässige Expertise bezüglich anzukaufender Instrumente sowie seine Rolle als Ratgeber in allen astronomischen Fragen hatte sich Bianchini bereits einen Glaubwürdigkeitsbonus bei Johann V. erarbeitet, der es ihm schließlich ermöglichen sollte, die Genehmigung für die Widmung des Venustraktats an den portugiesischen König zu erhalten, ohne dass dieser die Venusflecken je gesehen hatte.

## Bianchinis Weltbild

In den Genehmigungsprozess des Imprimaturs für Bianchinis Trakat *Hesperi et Phosphori* waren mehrere Personen involviert, darunter Didacus de Revillas, Abt von S. Girolamo und Mathematikprofessor an der römischen Universität, der eines der Gutachten verfasste. Er kam zu dem Urteil, dass „alles in diesem Buch in Übereinstimmung mit dem katholischen Glauben" stehe.[532] Auch der zweite Gutachter, Giovanni Francesco Baldini, war in dem Text auf keine Stelle gestoßen, die dem christlichen Glauben oder der Moral widersprochen hätte; zudem habe Bianchini deutlich gezeigt, dass seine Entdeckungen mit beiden Weltsystemen erklärbar seien.[533] Tatsächlich hatte Bianchini beispielsweise im Zusammenhang mit der Visualisierung der Planisphäre (vgl. Bild 46) betont, die Venusphasen seien im tychonischen und kopernikanischen System identisch und würden keines der beiden Systeme widerlegen.[534] Die Darstellung im kopernikanischen System sei aus ökonomischen Gründen erfolgt, da das Diagramm in dieser Version weniger Platz beansprucht habe und die Bewegungen der Himmelskörper darin schneller verständlich seien.

John Heilbron hat darauf hingewiesen, dass das Zentrum der Armillarsphäre des Frontispizes jedoch leer blieb und folglich nicht erkennbar sei, welches astronomische Weltbild dort zur Anwendung komme (vgl. Bild 40). Die Allegorie der Astronomie sei zu vorsichtig, um den Körper einzufügen, der anzeigen würde, welches Weltbild sie bevorzuge.[535] Wie Bianchini ziehe sie es vor, in Ruhe zu leben und der Natur- und Menschheitsgeschichte – vielleicht etwas oberflächlich – auf den Grund zu gehen, so Heilbron. Dass die Venusarmillarsphäre ohne Zentrum gezeichnet wurde, erstaunt tatsächlich, doch der moralisierende Unterton der Interpretation Heilbrons erscheint unangebracht. An-

532 Bianchini 1996, S. 13.
533 Vgl. ebd., S. 14.
534 Siehe Anm. 227.
535 „She is too modest to insert the body that would indicate which system of the world she favored. Like Bianchini, she prefers living quietly and, perhaps, a little superficially, to grubbing to the bottom of natural and human history." Heilbron 2005, Bianchini, S. 82.

hand von Bianchinis Briefen kann eine Vermutung über die mögliche Ursache aufgestellt werden, die weniger vage ausfällt.

Wie bereits dargelegt, handelt es sich um eine Venusarmillarsphäre, die Bianchini – ebenso wie den silbernen Venusglobus – vom Instrumentenbauer Lusverg anfertigen ließ und Johann V. zum Geschenk machte.[536] Es ist davon auszugehen, dass Bianchini für das Instrument, welches er im Juli 1728 als Teil der umfangreichen Lieferung nach Lissabon schickte, das kopernikanische System ausgewählt hatte. Denn auch wenn Bianchini im Traktattext betonte, dass sowohl das tychonische als auch das kopernikanische System anwendbar seien, wählte er doch stets das letztere für die Visualisierungen (vgl. Bild 46, 47).

Möglicherweise wurde Bianchini in der Folge durch eine Entscheidung Johanns V. verunsichert, die jene Armillarsphäre betraf, die er für seine königliche Bibliothek bestellt hatte.[537] Bianchini hatte dem König mitgeteilt, Lusverg könne das Instrument entweder nach dem tychonischen oder kopernikanischen System anfertigen.[538] Diese beiden Weltsysteme gleichwertig für die Umsetzung anzubieten, war für Bianchini vermutlich eine routinemäßige Selbstverständlichkeit – ebenso wie seine diesbezüglichen Bemerkungen im Traktat. Es wird ihn sicherlich überrascht haben, dass Johann V. im November 1728 schließlich den Auftrag für die Ausführung der Armillarsphäre im tychonischen – und nicht im kopernikanischen – System erteilte.[539] Vor dem Hintergrund dieser Entscheidung erschien es Bianchini möglicherweise unangemessen, auf dem Frontispiz des Traktats die Venusarmillarsphäre, die durch ihre Präsentation als Teil des Porträtmedaillons Johanns V. erscheint (vgl. Bild 41), mit einer Sonne im Zentrum zeichnen zu lassen. Wie zuvor erwähnt, war der Stecher des Frontispizes erkrankt und der Stich noch nicht fertig, als das Traktat im Dezember 1728 erschien. Offenbar erteilte ihm Bianchini die Anweisung, das Zentrum der Armillarsphäre leer zu lassen. Dieser Akt der Verschleierung wäre damit in erster Linie als eine auf seinen Patron Johann V. bezogene Selbstzensur zu deuten.

Bianchinis Argumentationsstrategie ist stets von einem grundsätzlichen Zugeständnis an die Kongregation des Heiligen Offiziums geprägt. Wie Kopernikus zu argumentieren, aber gleichzeitig die Anwendbarkeit des tychonischen Systems zuzugestehen, war seit dem späten 17. Jahrhundert eine häufig angewandte Strategie, um die Zensur zu umgehen.[540] Obwohl sich Bianchini einer dezidierten Stellungnahme enthielt, kann nicht der geringste Zweifel an seiner kopernikanischen Überzeugung bestehen, was zum Teil in der Forschung be-

536 Siehe oben S. 140f.
537 Siehe oben S. 145.
538 Siehe Anm. 350.
539 Siehe Anm. 359.
540 Vgl. Heilbron 2005, Bianchini, S. 77–79.

stritten wurde.[541] Bianchinis kopernikanische Gesinnung verrät sich in beiläufigen Bemerkungen, wie z. B. der Formulierung, er habe eine Beobachtung im Garten des Barberini-Palastes abbrechen müssen, da die Erdrotation die Venus zu einem Teil des Himmels gebracht hätte, der durch den Palast verschattet gewesen sei.[542] Bianchini setzte folglich die von den Kopernikanern postulierte tägliche Erdrotation voraus. Doch ein klares Bekenntnis vermied er.

Im Jahre 1716 hatte Bianchini während seiner Berechnung der Parallaxe der Sterne Capella und Lyra die Aberration des Lichts entdeckt.[543] Damit beobachtete er dieses astronomische Phänomen bereits neun Jahre früher als der englische Astronom James Bradley, der mit seinen Observationen von 1725 als der Entdecker der Aberration des Lichts gilt.[544] Es ist davon auszugehen, dass Bianchini seine Entdeckung korrekt zu interpretieren vermochte: Die durch die Erdrotation verursachte Aberration des Lichts war der erste sichere Beweis für die Richtigkeit des kopernikanischen Sonnensystems. Somit erklärt sich, weshalb Bianchini seine neuen Erkenntnisse nicht publizierte. Ein derart explizites Bekenntnis gegen die offizielle Position der Kirche und für ein heliozentrisches Weltbild wollte er vermeiden.

Bianchini wusste genau, was in einem Buchprojekt zu wagen möglich war und was es zu vermeiden galt, um die Kontrolle durch die Indexkongregation ohne Beanstandung passieren zu können, denn er war selbst jahrzehntelang als Gutachter für die Zensurbehörde tätig, wie einem Brief an Manfredi aus dem November 1728 zu entnehmen ist:

> „[…] ich war derselben Ansicht, die Einschätzungen vollständig der Präfektur der Heiligen Kongregation des Index zu überlassen. Ich fügte sogar hinzu, dass ich – da ich vor dreißig Jahren zum Berater dieser [Kongregation] ernannt worden bin – in eben dieser Rolle als Berater gerne den Ratschlag bekräftigen möchte, die jüngsten Begebenheiten, die mit

541 So ist Uglietti der Ansicht, Bianchini habe nie das kopernikanische System akzeptiert, sondern sei stets dem semitychonischen System Ricciolis treu geblieben: „[…] non ne condivise mai l'accettazione del sistema cosmografico copernicano, rimanendo sempre fedele al sistema semiticonico del Riccioli." Uglietti 1986, S. 42. Dagegen erkannte Dal Prete, dass Bianchini – was auch immer er öffentlich erklärt oder in seinen Werken geäußert haben möge, um sich dem politischen und intellektuellen Klima anzupassen, in dem er lebte – immer ein überzeugter Kopernikaner gewesen sei: „[…] l'astronomo veronese – quali siano state le dichiarazioni pubbliche, e qualunque affermazione possa aver inserito nelle proprie opere per adeguarsi al clima politico ed intellettuale in cui viveva – fu sempre un convinto copernicano […]." Dal Prete 2005, S. 116.

542 Vgl. Bianchini 1996, S. 110.

543 Vgl. Rotta 1968, S. 193.

544 Manfredi konnte Bradleys Theorie als erster durch eigene Observationen bestätigen. Vgl. Gualandi/Bònoli 2004, S. 481.

jener Kongregation im Zusammenhang stehen, mit absolutem Stillschweigen zu bedenken."[545]

Von Bianchinis Tätigkeit für die Zensurbehörde zeugen auch verschiedene Gutachten, die in der Biblioteca Capitolare in Verona aufbewahrt werden.[546] Darunter befindet sich z. B. eine Einschätzung des achtbändigen Werkes *Vita della venerabile Serva di Dio Suor Maria Vittoria* über Camilla Orsini Borghese (1603–1685), dessen insgesamt 1013 Seiten Bianchini aufmerksam gelesen und darin nichts gefunden hatte, das den Dogmen widersprochen hätte, so dass er sich für eine Veröffentlichung aussprach.[547]

Bianchinis ausgezeichnete Kontakte zur Zensurbehörde sollten sich auch für das Bologneser Institut der Wissenschaften als nützlich erweisen. So bat Manfredi Bianchini 1704 um Hilfe bezüglich einiger verbotener Bücher der Bibliothek Luigi Ferdinando Marsiglis: dieser würde gerne die Lizenz erhalten, mathematische Bücher sowie Neudrucke jeglicher Materie lesen zu dürfen – und zwar mit so wenigen Ausnahmen wie möglich.[548] Manfredi wisse, dass Bianchini zu diesem Ziel unendlich viel beitragen könne. Bianchini informierte Manfredi, dass diese Lizenzen von der Indexkongregation stets nur für bestimmte einzelne Personen vergeben würden, nicht aber für ganze Familien

545 „[...] stesso parere circa il lasciare del tutto le riflessioni alla Prefettura della Sac[ra] Congregazione dell'Indice. Anzi io soggiunsi, che essendo da trent'anni fà nominato Consultore della mede[si]ma, ancora in qualità di consultore stimo prevalere questo consiglio di passare del tutto sotto silenzio quelle cose degli ultimi periodi che hanno relazione alla med[esim]a Congregazione." Francesco Bianchini an Eustachio Manfredi (Rom, 6. 11. 1728). BVR, U.20, fol. 236v–237r.

546 BCV, cod. CCCCXXX, Teil V „Censurae librorum".

547 „Nella presente Opera, che in otto libri contiene la vita della Ven[erand]a Serv[a] di Dio Suor Maria Vittoria, detta al secolo la Principessa D[onna] Camilla Ursini Borghese, per commissione del Rev[erendissi]mo P[ad]re Ill[ustrissi]mo del Sac[ro] Palazzo Ap[ostoli]co [,] da me letta attentam[ent]e dalla pag[ina] 1 alla pag[ina] 1013 in cui termine, non solamente attesto di non avere ritrovata cosa alcuna ripugnante a' dogmi di nostra Santa Fede, o a' buoni costumi onde dovesse impedirsene la impressione; ma rendo testimonianza di averla osservata così ripiena di esempli di Christiana perfezione in ogni genere di virtù [...] che reputo la pubblicazione della med[esi]ma [...]." Censura dell'opera „Vita della Ven. Serv. di Dio Suor Maria Vittoria" (12. 12. 1716). BCV, cod. CCCCXXX, fol. 158r.

548 „Per finir supplico V[ostra] S[ignoria] Ill[ustrissi]ma e Bea[tissi]ma d'una grazia per la libreria di casa Marsigli per diversi libri proibiti. [...] desiderebbe anch'egli licenza di legger libri matematici [...] e ristampe d'ogni materia, con le minori eccezioni che sia possibile. Sò che [...] può contribuire infinitam[ent]e a questo intento [...]." Eustachio Manfredi an Francesco Bianchini (Bologna, 7. 2. 1704). BVR, U.17, fol. 930r/v.

oder eine Bibliothek.[549] Wenn Marsigli die Lizenz für sich beantragen würde, werde er diese sicher mit einigen Erweiterungen genehmigt bekommen. Offenbar wurden die Lizenzen von der Zensurbehörde im Dreijahresrhythmus erteilt, denn 1708 bat Manfredi Bianchini, ihm zu bestätigen, dass seine eigene Lizenz, verbotene Bücher lesen zu dürfen, um weitere drei Jahre verlängert werde.[550]

Bianchini war mit den Regeln der Indexkongregation und der Notwendigkeit, gegebenenfalls Selbstzensur zu betreiben,[551] folglich bestens vertraut, so dass es zu keinerlei Beanstandungen seines Textes über die Venusflecken kam. Wie ihm Melchiorre Briga berichtete, gab es jedoch Einwände des Zensors bezüglich einzelner Worte seines am Ende des Traktats zu publizierenden Briefes.[552] Doch Briga beruhigte Bianchini: Selbst im Falle, dass nicht mehr genügend Zeit für Änderungen sein sollte, wäre dies nicht schlimm, denn er werde die beanstandeten Worte bei Plinius und anderen Autoren heraussuchen. Analog zu Bianchini, der sich in seinem Traktat auf Plutarch bezog, bediente sich Briga mit seinem Pliniusverweis ebenfalls eines Autoritätsarguments.[553]

Dass Bianchini zweifellos ein Kopernikaner war und die Richtigkeit des heliozentrischen Weltbildes erkannt hatte, wird bereits durch die Wahl seines Vorbildes deutlich: „Est omnium Princeps Galilaeus Galilaei" formulierte er schon in einem seiner ersten Textentwürfe (Bild 102) und im gleichen Wortlaut auch im gedruckten Traktat.[554] Galilei als Begründer der auf Experimenten basie-

549 „[...] la Congregazione dell'Indice da licenze per sogetti particolari attesa la di loro indigenza per gli studi ad essi proprj o di profess[ion]e o di stato; ma non ad una libreria, che non hà persona certa. Se il Sig[no]r Generale la unde egli l'averà senza dubbio con qualche ampiezza; mà la sua famiglia insieme, o la libreria non può averla giusta lo stile della congregazione, che non si altera." Francesco Bianchini an Eustachio Manfredi (Rom, ohne Datum; laut Celani 1889 ist der Brief vom 12. 12. 1703, allerdings ist es die Antwort auf Manfredis Brief vom 7. 2. 1704, wahrscheinlich ist der Brief also vom Februar 1704). BVR, U.20, fol. 40v.

550 „Per giunta di tanti incomodi mi prendo l'ardire di supplicarla ad intendermi la conferma per un altro triennio [...] licenza di leggere i libri proibiti [...]." Eustachio Manfredi an Francesco Bianchini (Bologna, 17. 3. 1708). BVR, U.17, fol. 995r/v.

551 „By 1700, any book or article teaching or using Copernican theory could pass the censorship – if duly self-censored." Heilbron 2005, Censorship, S. 296. Zu den von Heilbron unterschiedenen vier Phasen der Zensur zwischen 1633 und 1820 vgl. ebd., S. 280. Zur Selbstzensur bei Eustachio Manfredi vgl. ebd., S. 296f., 301f. sowie Gualandi/Bònoli 2004, S. 480.

552 „Uno de PP. Revisori ai quali fù commessa la censura di quella lettera per la stampa hà qualche scrupolo sù la parola undequaque, e ausit, che nel mio originale trovo al principio della pagina 3a dove si parla dell'Ugenio. [...] Caso che non siamo a tempo non importa, perché cercherò in Plinio e in altri le parole controverse." Melchiorre Briga an Francesco Bianchini (Florenz, 13. 12. 1727). BCV, cod. CCCCXXXIV, fol. 299v.

553 Siehe oben S. 181f.

554 Bianchini 1728, S. 53 bzw. Bianchini 1996, S. 99. Siehe Anm. 408.

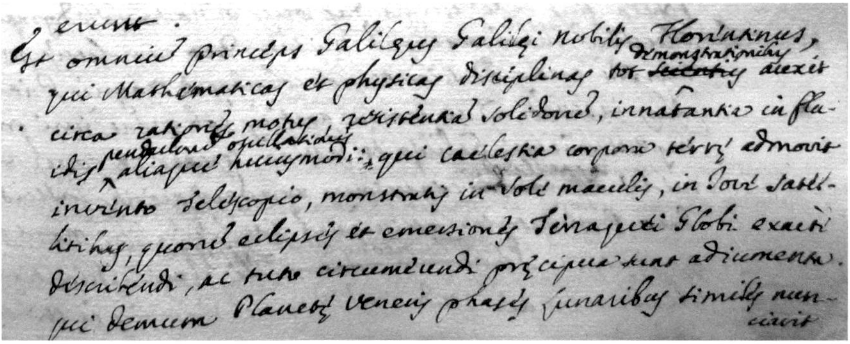

Bild 102 Francesco Bianchini, Textentwurf Hesperi et Phosphori, Est omnium princeps Galilaeus Galilei, BCV, cod. CCCCXXXIV, fol. 79r.

renden, modernen naturwissenschaftlichen Forschung musste zwingend zur Leitfigur Bianchinis werden, der an seiner Hochschätzung der modernen Astronomie keinen Zweifel aufkommen ließ:

> „Ich meine, dass die Erinnerung an solch bedeutende Persönlichkeiten [der modernen Astronomie] sogar noch größere Berechtigung hätte, in die Himmelschroniken eingeschrieben zu werden als jene an die alten Phönizier, Ägypter und Griechen, die die Sternenkonstellationen nicht so sehr durch tatsächliche Taten, sondern eher durch Legenden fanden.“[555]

Ein großes Verdienst Galileis bestand in den Augen Bianchinis zudem darin, dass dieser die Begeisterung der italienischen Akademien für die Himmelsbeobachtung entzündet habe, gleichzeitig im Gebrauch des Teleskops Vorreiter für die ganze Welt gewesen sei und auf vielfältige Weise zur Weiterentwicklung dieser Studien beigetragen habe.[556] Die Arbeiten Galileis hatten auch Bianchinis Forschungen erst möglich gemacht.

555 „Duxi tantorum virorum memoriam potiori jure inscribendam Fastis Coelestibus, quàm prisca illa fuerit ex Phoenicibus, Aegyptiis, & Graecis non tam gestis, quàm fabulis ad Asterismos traducta.“ Bianchini 1728, S. 46. Vgl. Bianchini 1996, S. 87.

556 „Incendit vero Galilaeus Italicas Academias ad studium Coelestium observationum, facem simul praeferens universis cum Telescopii usum monstravit, & innumera praesidia contulit ad has disciplinas amplificandas.“ Bianchini 1728, S. 54. Vgl. Bianchini 1996, S. 101.

## 3. Zur Rezeption und Bedeutung der Venusforschungen Bianchinis

### Die Venusbeobachtungen Johann Schroeters

Der deutsche Astronom Johann Hieronymus Schroeter (1745–1816) hatte sich im Jahr 1778 in Lilienthal bei Bremen eine Privatsternwarte eingerichtet, in der sich ein Teleskop mit einem Durchmesser von fast 50 Zentimetern befand, das in seiner Größe nur von den Instrumenten William Herschels in England übertroffen wurde.[557] 1790 veröffentlichte Schroeter die Ergebnisse seiner Mondbeobachtungen in den *Selenographischen Fragmenten* mit zahlreichen neu entdeckten Oberflächendetails – einen Mondkrater benannte er nach Bianchini.[558]

Im Gegensatz zum Mond war der Planet Venus nicht so einfach zu observieren. In seinen 1793 publizierten *Beobachtungen über die sehr beträchtlichen Gebirge und Rotation der Venus* berichtete Schroeter, im Laufe seiner seit 1779 unternommenen „fast unzählbaren Beobachtungen" habe er „bloß im Jahre 1788 einige, in den übrigen Jahren aber überall keine auch nur einigermaßen unterscheidbaren Flecken wahrgenommen".[559] Erwartungsgemäß erwähnte er in diesem Zusammenhang auch die Venusforschungen seiner Vorgänger:

> „Auch Cassini und Bianchini, die doch als unermüdliche Beobachter bekannt genug sind, nahmen in so vielen Beobachtungsjahren [...] nur sehr wenige Flecken wahr. Auch sie beobachteten sie nur mit großer Mühe, und wahrscheinlich eben so schwach und nebelähnlich, undeutlich und unbegränzt, weil sonst die Resultate daraus gewiß mehr Bestimmtheit, und nicht einen so auffallenden Widerspruch ergeben würden. Da die Sache durch anschauliche Vergleichung gewinnt, so habe ich zu mehrerer Bequemlichkeit die Cassinischen und Bianchinischen Figuren getreu copiret hier mit beygefüget. [...]. Auch aus den Cassinischen Beobachtungen erhellet, so wie aus den meinigen, die zufällige Veränderlichkeit der beobachteten Flecken, und man kann es Bianchini leicht

557 Sir Friedrich Wilhelm Herschel (1738–1822) war 1757 nach England übergesiedelt, wo er ab 1766 mit dem Bau von Spiegelteleskopen begann; das größte Instrument hatte einen Durchmesser von 1,22 Metern. 1781 entdeckte er den Planeten Uranus, den er zu Ehren des englischen Königs Georg III. „Georgsstern" (Georgium Sidum) nannte. Allerdings setzte sich schließlich der Name „Uranus" durch, der von Johann Bode (1747–1826) vom Berliner Observatorium vorgeschlagen wurde. Herschel wurde in die Royal Society aufgenommen und 1782 zum Hofastronomen ernannt. 1800 entdeckte er die Infrarotstrahlung und wurde schließlich 1816 in den Adelsstand erhoben. Vgl. Herrmann 1993, S. 141; Abbott 1984, S. 69–71.

558 Vgl. Whitaker 1999, S. 98–108; Cattermole/Moore 1997, S. 10–12; Herrmann 1993, S. 302.

559 Schroeter 1995, S. 10.

> verzeihen, daß er die beobachteten Flecken, so wie die im Monde, als Landschaftliche Schattirungen ansah, und ihnen in seiner Celidographie Nahmen beylegte."[560]

Schroeter veröffentlichte in seiner Abhandlung jeweils zwei Venuszeichnungen Cassinis und Bianchinis (Bild 103). Bei ersteren orientierte er sich offenbar an den von Ozanam publizierten Vorlagen (vgl. Bild 93), wobei er sie gespiegelt präsentiert. Auch anhand der oben rechts auf dem Blatt befindlichen Darstellungen der von Bianchini entdeckten Venusflecken wird deutlich, dass Schroeter die Vorlagen mitnichten „getreu copiret" hat. Er orientierte sich zwar eindeutig an den zwei Zeichnungen des unteren Teils der Tafel VI (vgl. Bild 48), aber die Umrissformen der einzelnen Flecken weisen doch Unterschiede auf. Zudem kam Schroeter zu einem anderen Ergebnis als Bianchini; er betrachtete die Venusflecken nicht als feste Oberflächenstrukturen, sondern als ephemere Phänomene der Atmosphäre:

> „Da diese Flecken ihre nebelähnliche Gestalt zu verändern schienen, bald sichtbar, bald aber nach einem kurzen Zeitraum, bey dem reinsten Bilde der Venus, nicht mehr sichtbar waren, und da ihrer seit länger als einem Jahrhundert nur so wenige beobachtet worden sind; so konnten sie nicht, wie die des Mondes landschaftliche Schattirungen der Oberfläche selbst, sondern sie mussten nach der einleuchtendsten Wahrscheinlichkeit [...] zufällige, atmosphärische Decken seyn, die sich bisweilen über einen beträchtlichen Theil der Venusfläche verbreiteten, aber nicht von so langer Dauer waren."[561]

Schroeter folgte damit der von Melchiorre Briga in dessen Brief an Bianchini vorgetragenen These von atmosphärischen Veränderungen. Während Schroeter der Überzeugung war, die Beobachtung der nur kurzzeitig sichtbaren Flecken sei für die „genaue Bestimmung der Rotationsperiode nicht hinreichend",[562] führten ihn stattdessen seine Observationen der ungleichen Hörnerspitzen der Venus (vgl. Bild 103) zu dem Ergebnis, „daß eine Revolution in beyläufig 24 Stunden, eher weniger, als mehr, vollendet werden müsse und daß folglich die Cassinische, keineswegs aber die Bianchinische Rotationsperiode" mit seinen eigenen Beobachtungen übereinstimme.[563] Auch Schroeter ging somit fälschlicherweise davon aus, dass Cassini zu einem Ergebnis von 23 Stunden (und nicht Tagen) gekommen war.

560 Ebd., S. 15.
561 Ebd., S. 16.
562 Ebd., S. 18.
563 Ebd., S. 20.

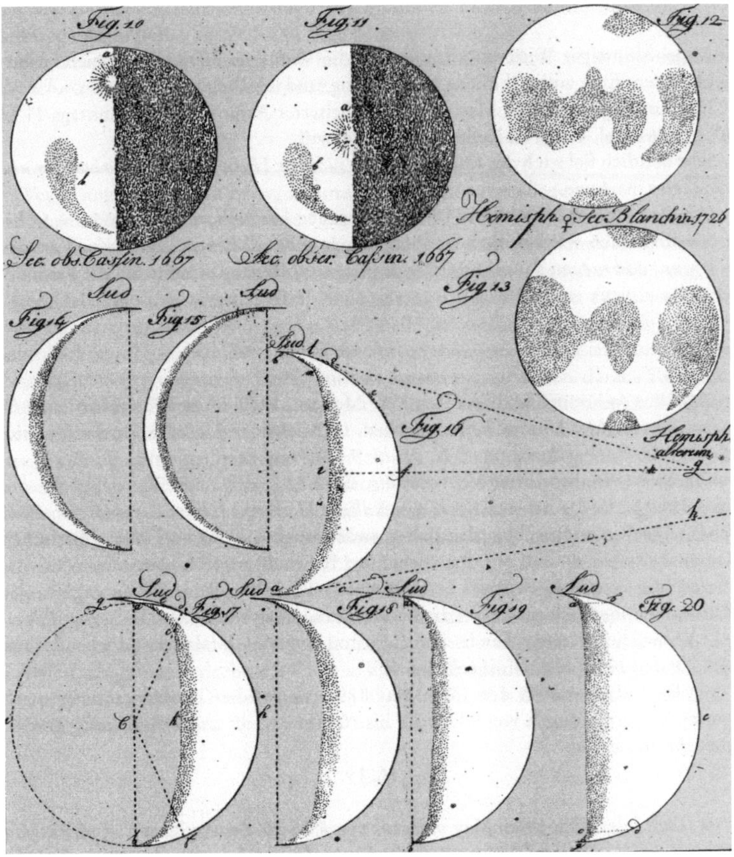


Bild 103 Gegenüberstellung der Venusflecken Cassinis und Bianchinis, in: Johann Schroeter, Beobachtungen über die sehr beträchtlichen Gebirge und Rotation der Venus, Lilienthal 1793.

Nachdem Schroeter die Rotationsperiode der Venus zunächst mit 23 Stunden und 21 Minuten angegeben hatte,[564] überprüfte er seine Beobachtungsergebnisse in den folgenden Jahren wiederholt und kam schließlich im Jahr 1811 zu dem bis auf eine Millisekunde berechneten Ergebnis von 23 Stunden, 21 Minuten und 7,977 Sekunden. Er war überzeugt, „daß nunmehr auch die Rotationsperiode dieses Planeten eben so zuverlässig und sicher, als die des Planeten Mercur bestimmt ist, und so gut es nach der eben so ausserordentlich gebirgigen Beschaffenheit dieses Planeten nur immer möglich war."[565] Schroeter hatte u. a. errechnet, „daß es auf der Venus Gebirge giebt, welche 4 deutliche Meilen senk-

564 Vgl. ebd., S. 96, 149, 167.
565 Ebd., S. 170.

recht hoch sind".[566] Seine Äußerungen bezüglich der Existenz von Gebirgen auf der Venus führten in der Forscherwelt zu einigen Irritationen, so dass er sich 1795 zu einer Klarstellung gegenüber William Herschel genötigt sah:

> „I have myself also never actually seen mountains in Venus as in the Moon, but only deduced their existence and height from the observed appearances. It is even impossible to see them, according to what I have expressly asserted in my paper on the Twilight of Venus; because, on account of the thickness of her atmosphere, we can never perceive the shades of land on her surface."[567]

Auf der Grundlage der Beobachtung der ephemeren Flecken sowie der Hörnerspitzen der Venus hatte Schroeter auf eine gebirgige Oberfläche des Planeten geschlossen. Dass er davon überzeugt war, sowohl die Höhen einiger Berge bestimmt als auch die Rotationsperiode auf die Millisekunde genau berechnet zu haben, erstaunt angesichts seiner Aussage, die Venus sei von einer dichten Atmosphäre umschlossen. Tatsächlich sollte er nur mit der letztgenannten Annahme richtig liegen.

### Die Venusforschung im späten 19. und 20. Jahrhundert

Der Direktor der Mailänder Sternwarte, Giovanni Virginio Schiaparelli, bezeichnete die Rotation der Venus 1890 als einen der noch „unsichersten und umstrittensten Punkte der Astronomie".[568] In seiner Abhandlung *Considerazioni sul moto rotatorio del pianeta Venere* wies er auf den Übersetzungsfehler und das Missverständnis bezüglich der von Giandomenico Cassini berechneten Rotationsperiode hin.[569] Schiaparelli ging als erster von einer extrem langsamen Rotation des Planeten aus: „Anhand der wenigen Observationen von genau definierten Flecken, die durchzuführen gelungen sind, erscheint es wahrscheinlich, dass die Rotationzeit 224,7 Tage beträgt"[570] und die Eigenrotation der Venus folglich exakt so lang wäre, wie die Revolution des Planeten um die Sonne. Auch Schiaparellis Berechnung beruhte auf der Tatsache, dass er auf der Venus zuweilen „genau definierte, helle und dunkle Fleckenformationen" sowie „sehr kleine, rundliche, leuchtende und zum Teil von dunklem Schatten umgebene Flecken" beobachtet hatte.[571] Er äußerte sich allerdings nicht über die Beschaffenheit dieser Flecken. Inzwischen weiß man, dass Schiaparelli die Rotationszeit

566 Ebd., S. 80.
567 Ebd.
568 Schiaparelli 1930, S. 363.
569 Siehe Anm. 508.
570 Schiaparelli 1930, S. 426.
571 Ebd., S. 427.

nicht korrekt bestimmt hat, aber dem tatsächlichen Wert als erster erstaunlich nahe kam. Doch wie alle seine Vorgänger sowie noch zahlreiche Nachfolger irrte auch er in der Annahme, die Rotationsperiode der Venus anhand von auf der Oberfläche des Planeten erkennbaren und sich bewegenden Flecken bestimmen zu können.

Die Venus – der zweitinnerste Planet des Sonnensystems und nach Sonne und Mond das hellste Gestirn am Himmel – umrundet die Sonne auf einer Umlaufbahn, die zwischen der des Merkur und der Erdbahn liegt, in knapp 225 Tagen in einem Abstand von 108 Millionen Kilometern.[572] Diese Revolutionsperiode war zur Zeit Bianchinis bereits bekannt.[573] Obwohl die Venus der Planet ist, der auf seiner Umlaufbahn der Erde am nächsten kommt, kann ihre Oberfläche jedoch nicht mit Fernrohren beobachtet werden. Es sind keinerlei Einzelheiten der Oberflächenstruktur sichtbar, denn die Venus ist von einer vorwiegend aus Kohlendioxid bestehenden Atmosphäre umgeben, die so dicht ist, dass sie einen Druck von 90 bar auf die Oberfläche ausübt, was einem neunzigfachen der Erdatmosphäre entspricht. Durch kleine Tröpfchen von Schwefelsäure sowie andere Atmosphärenbestandteile entstehen wirbelnde Wolken, die in einer Höhe von circa vierzig bis siebzig Kilometern über der Venusoberfläche drei dicke Wolkenschichten bilden, die den Planeten vollständig einhüllen und in denen verschiedene Windströmungen beobachtet werden können. Folglich ist die Sicht auf die Venus vollkommen verschleiert.[574]

Erst im Jahr 1961 durchdrangen erstmals von der Erde ausgesandte Radarwellen die dichten Wolkenschichten. Bis zu diesem Zeitpunkt war die Oberfläche der Venus unbekannt. Auch die Rotationsperiode konnte bis dahin nur geschätzt werden, denn die Venusoberfläche rotiert nicht mit derselben Geschwindigkeit wie die sie umgebende Atmosphäre.[575] Aufgrund von Strömungen bewegen sich die höheren Wolkenschichten ihrer Atmosphäre in nur vier Tagen um die Venus herum, wohingegen die Eigenrotation wesentlich länger dauert. In den knapp dreihundert Jahren zwischen Giandomenico Cassinis Berechnungen von 1667 und den ersten Messungen der Radioastronomie wurden über neunzig Ergebnisse bzw. Schätzungen der Rotationsperiode der Venus veröffentlicht, die von fünfzehn Stunden bis zu 225 Tagen reichten und allesamt unzutreffend waren.[576] Niemand hatte vermutet, dass die Eigenrotation der Venus länger dauern

572 Zum Planeten Venus vgl. Garlick 2006, S. 46–55; Herrmann 2005, S. 81–85 sowie Cattermole/Moore 1997. Zu den exakten Rotationswerten siehe Cattermole/Moore 1997, S. 3, 108.

573 Siehe Anm. 528.

574 Vgl. Garlick 2006, S. 47 sowie Greeley/Batson 2002, S. 54.

575 Vgl. Garlick 2006, S. 54.

576 Vgl. Cattermole/Moore 1997, S. 14, 111.

könnte als ihr 225 Tage währender Umlauf um die Sonne, denn somit wäre ein Venustag länger gewesen als ein Venusjahr.

Tatsächlich sollte sich ersteres als wahr herausstellen: Die Radarmessungen des Jahres 1962 ergaben zunächst, dass die Venus für eine Eigenrotation 250 Tage benötigt; der heute als korrekt geltende Wert von 243 Tagen wurde erst 1979 ermittelt.[577] Dies bedeutet jedoch nicht, dass ein Venustag länger ist als ein Venusjahr, denn die Rotation der Venus verläuft im Gegensatz zur Erde und den meisten anderen Planeten retrograd, d. h. entgegengesetzt zu ihrer Umlaufbahn um die Sonne. Daher ist ein Venustag 117 Erdentage lang.[578] Aufgrund der retrograden Rotation geht die Sonne auf der Venus im Westen auf und im Osten unter. Da die Rotationsachse fast senkrecht auf der Bahnebene steht, gibt es so gut wie keine Jahreszeiten. Wie der Mond weist auch die Venus Phasen auf – diese Venusphasen waren 1610 von Galilei entdeckt worden.

In den 1960er Jahren begann der Wettlauf um die ersten Bilder von der Oberfläche der Venus. Die sowjetische Raumsonde Venera 1 kam zwar 1961 als erste Raumsonde in die Nähe des Planeten, verlor allerdings den Funkkontakt. Ein Jahr später absolvierte die amerikanische Raumsonde Mariner 2 den ersten erfolgreichen Venusvorbeiflug.[579] In den folgenden Jahren errang das sowjetische Venera-Programm die Vormacht: Venera 3 gelang 1966 der Eintritt in die Venusatmosphäre, Venera 7 führte 1970 die erste Landung auf der Venus aus,[580] und Venera 9 und 10 übermittelten 1975 erstmals Bilder von der Oberfläche der Venus zur Erde. Nachdem die amerikanischen Sonden Pioneer-Venus 1978 und die sowjetischen Sonden Venera 15 und 16 im Jahr 1983 bereits erste Radarkarten hervorgebracht hatten,[581] gelang die vollständige Kartierung der Venus mit Hilfe der 1989 mit der Raumfähre Atlantis gestarteten amerikanischen Raumsonde Magellan, die zwischen 1990 und 1992 ungefähr 99 Prozent der Venusoberfläche in einer Auflösung von circa einhundert Metern erfasste.[582] Obwohl

577 Noch in den 1950er Jahren wurden die unterschiedlichsten Werte für die Rotationsperiode errechnet: So ging R. M. Baum 1951 von 195 Tagen aus, während G. D. Roth 1953 zu einem Ergebnis von 15 Stunden kam. Vgl. Cattermole/Moore 1997, S. 14, 111.

578 Auf der Venus ist es somit 58,5 Erdentage lang hell und anschließend ebenso lange dunkel. Vgl. Herrmann 2005, S. 83 sowie Cattermole/Moore 1997, S. 111.

579 Das Mariner-Programm der NASA diente der Erkundung der inneren Planeten des Sonnensystems (Merkur, Venus und Mars). Die Mariner-Sonden 2 (1962), 5 (1967) und 10 (1974) erforschten dabei die Venus, wobei nur Mariner 10 Bilder des Planeten lieferte. Vgl. Herrmann 2005, S. 83 sowie Cattermole/Moore 1997, S. 109.

580 Venera 7 war überhaupt die erste Raumsonde, welche Daten von der Landung auf einem anderen Planeten übermittelte. Vgl. Garlick 2006, S. 48.

581 Vgl. Greeley/Batson 2002, S. 54.

582 Vgl. Herrmann 2005, S. 83f. sowie http://www2.jpl.nasa.gov/magellan/fact1.html (15. 3. 2013).

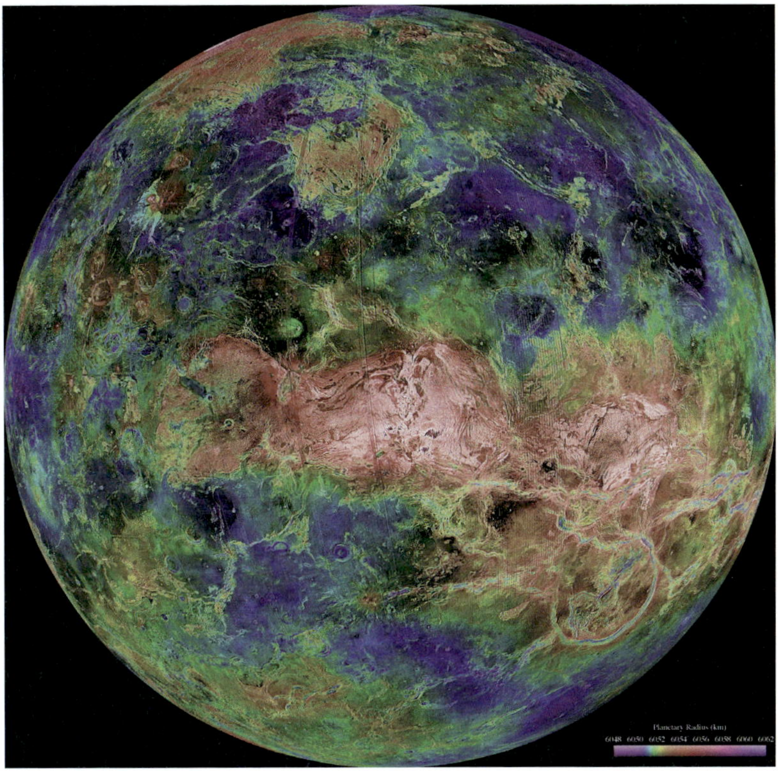

Bild 104 Venus, zentriert auf 90 Grad östliche Länge, Falschfarbendarstellung, 1998.

die Aufnahmen, die die Raumsonde Venera 13 im Jahr 1982 zur Erde sendete, die bis heute einzigen existierenden Farbbilder von der Venusoberfläche sind,[583] wurden seit den 1990er Jahren zahlreiche farbige Darstellungen der Venus veröffentlicht.

Die heutigen Bilder der Venus beruhen auf von Computern erstellten und anschließend medial aufbereiteten Messdaten, die zu Bildern agglomeriert werden (Bild 104). Das Jet Propulsion Laboratory der NASA in Pasadena, Kalifornien, hatte 1967 erstmals für die von den Ranger-Mondsonden gesendeten Messdaten mathematische Transformationen entwickelt, um aus den unverarbeiteten Daten Bilder zu gewinnen.[584] Die Visualisierung des Kosmos ist heute ebenso wichtig wie zu den Zeiten Cassinis oder Bianchinis, „da die Leere, welche die Astronomie erzeugt, nicht erträglich ist" und „der Blick, auch wenn er kollek-

583 Vgl. Hand 2007, S. 607.
584 Vgl. Greeley/Batson 2002, S. 17 sowie Böhme 2007, S. 23.

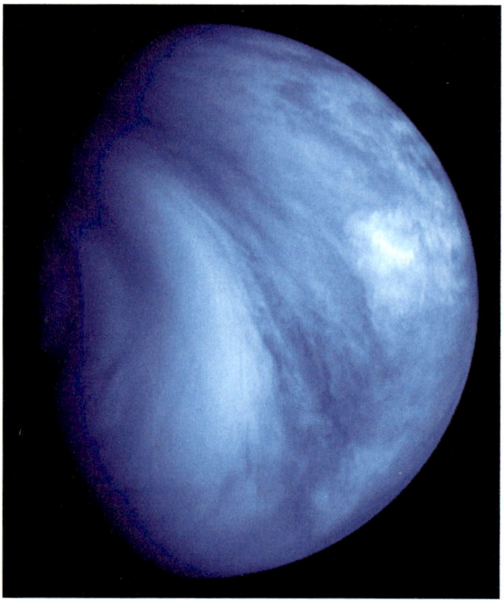

Bild 105 Venus, südliche Hemisphäre in Ultraviolett, Falschfarbendarstellung, 2007.

tiv ist, [...] nach einem Ziel oder nach einem Objekt" sucht.[585] Um diese Bilder dem Betrachter verständlich zu machen, werden sie in ihrer ästhetischen Gestaltung dem biologischen und kulturellen Sehvermögen angepasst.

Dementsprechend wurde eine Oberflächenkartographie der Venus entwickelt, die der von Erdgloben ähnelt. Allerdings hatten die Messungen ergeben, dass der Planet kein besonders stark profiliertes Landschaftsrelief aufweist, sondern zum größten Teil durch wellige Ebenen sowie einige Hochplateaus gekennzeichnet ist; achtzig Prozent der Höhenunterschiede betragen nicht mehr als einen Kilometer.[586] In der mit Falschfarben kodierten Darstellung, die auf Höhenmessungen beruht, visualisieren die braunen Flächen die Venus-Hochländer, die grünen die Ebenen und die blauen das Tiefland. Für die entdeckten Oberflächenstrukturen wurde eine eigene Nomenklatur entwickelt, die den Hauptmerkmalen größtenteils die Namen weiblicher Figuren aus dem Bereich der Mythologie zuwies,[587] wohingegen einzelne Krater und Vulkane Frauenvor-

585 Belting 2007, S. 216.

586 Vgl. Garlick 2006, S. 48, 52 sowie Greeley/Batson 2002, S. 53f.

587 Z. B. das Tal Diana Chasma. Eine Ausnahme bilden die Maxwell Montes, die nach dem britischen Physiker James C. Maxwell benannt sind. Vgl. Garlick 2006, S. 48.

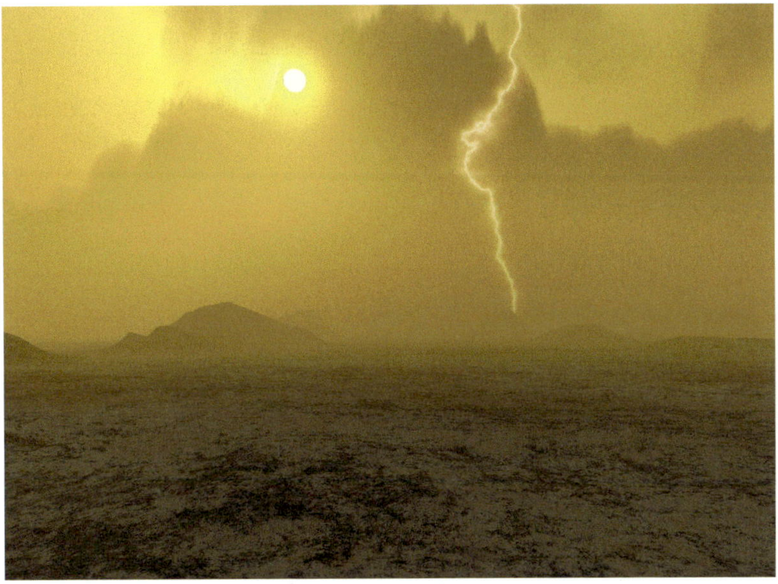

Bild 106 J. Whatmore, Blitze in der Venusatmosphäre, 2006.

namen bekamen oder nach berühmten Wissenschaftlerinnen, Künstlerinnen und Schriftstellerinnen benannt wurden.[588]

Im Jahr 2005 begann mit der ersten europäischen Venusmission ein neuer Abschnitt für die Venusforschung.[589] Die Raumsonde Venus Express der Europäischen Weltraumbehörde (ESA) startete im November 2005 vom russischen Weltraumbahnhof Baikonur und trat im April 2006 in eine Umlaufbahn um die Venus ein, von wo aus sie bis Ende 2012 den Planeten erforscht und Daten an die Erde sendet.[590] Die ESA folgte dem Beispiel der mit Hilfe der Magellan-Sonde durchgeführten Venus-Mission der NASA und stellt der Öffentlichkeit seit den ersten Ergebnissen von 2007 zahlreiche Bilder der europäischen Venus-Mission zur Verfügung. Auf einem Falschfarben-Bild, das am 23. Juli 2007 von der sich an Bord der Sonde Venus Express befindlichen sogenannten Venus Monitoring Camera aufgenommen wurde, sind deutlich die schlierenartigen Wolken oberhalb der Venusoberfläche erkennbar (Bild 105).

588 U.a. Simone de Beauvoir, Bertha von Suttner, Virginia Woolf. Vgl. Cattermole/Moore 1997, S. 112f.

589 Vgl. Garlick 2006, S. 55. Siehe auch http://www.esa.int/Our_Activities/Space_Science/Venus_Express (15. 3. 2013).

590 Die ersten Ergebnisse wurde am 29. November 2007 in der Zeitschrift Nature, Bd. 450, Nr. 7170, publiziert.

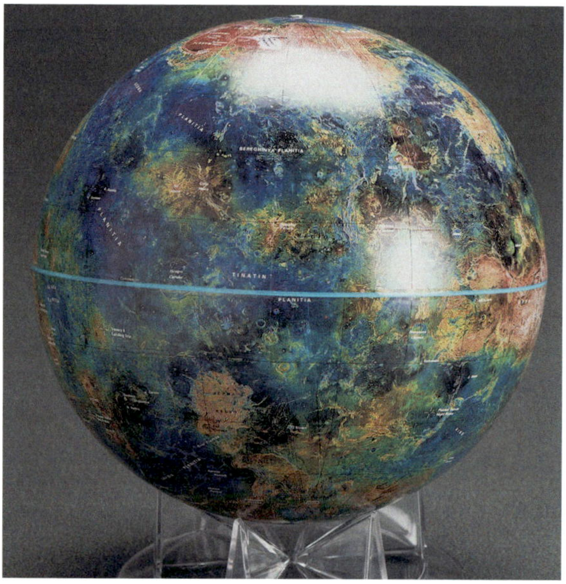

Bild 107 NASA Venusglobus, basierend auf Daten der Raumsonde Magellan, Durchmesser 30 cm.

Das Jet Propulsion Laboratory der NASA gibt bezüglich des Prozesses der Bildgenerierung zu, dass aus identischen Daten, wenn sie von verschiedenen Bearbeitern verbildlicht werden, automatisch Bilder mit einer jeweils unterschiedlichen Ästhetik entstehen würden.[591] Dass sich die Bildhersteller dabei nicht vor populären Fiktionen in der Bildgestaltung scheuen, zeigt eine Darstellung der Venusoberfläche von J. Whatmore mit dem Titel „Artist's concept of lightning on Venus" (Bild 106). Über dem Horizont einer Ebene mit sanften Hügeln im Hintergrund leuchtet die Sonne über den sich auftürmenden Wolken, zwischen denen ein gleißender Blitz am Himmel über der Venus erscheint. Abgesehen von dem grellgelben Licht, das die schwefelhaltige Atmosphäre visualisiert, entspricht die Szenerie nicht der Vorstellung von einem lebensabweisenden Planeten voller giftiger Dämpfe, sondern könnte auch eine in Nebel getauchte Gebirgslandschaft der Erde darstellen.

Erst die modernen Radarsonden konnten zeigen, dass die Venus vollkommen anders aussieht, als Bianchini sie gesehen und gezeichnet hat. Aufgrund der lückenlosen Wolkenabdeckung ist es unmöglich, die Oberfläche des Planeten mit einem Teleskop zu beobachten und durch die Observation der Oberflächenstrukturen auf die Rotationsperiode zu schließen. Bianchini hatte offenbar die von Windströmungen bewegten Wolkenschichten des Planeten beobachtet und für feste Oberflächenphänomene gehalten, denn durch Fernrohre

591 Vgl. Belting 2007, S. 216f.

von der Erde aus betrachtet, zeigt sich die Wolkenhülle der Venus tatsächlich in „zarten Flecken oder Schattierungen".[592] Somit hatte Briga mit seiner These bezüglich ephemerer Atmosphärenveränderungen Recht behalten. Die von Bianchini errechnete Rotationsperiode konnte jedoch bis zum Anfang der 1960er Jahre nicht widerlegt werden und stand ebenso als eine Möglichkeit im Raum, wie die zahlreichen anderen kursierenden Ergebnisse.

Der Drang, eine neue Entdeckung zu visualisieren – und zwar in möglichst allen zur Verfügung stehenden Dimensionen – bestand gleichermaßen im frühen 18. wie im 20. Jahrhundert: So wie Bianchini nach seiner Entdeckung der Venusflecken einen Venusglobus konstruiert und an seine Korrespondenten verschickt hatte (vgl. Bild 39), nutzte die NASA die neuen Daten der Magellan-Sonde für die Herstellung eines Venusglobus (Bild 107), der über das Internet erworben werden kann. Auch die Verbindung zwischen der Astronomie und der Seefahrt, die sich in Bianchinis Nomenklatur der Venusflecken widerspiegelt, findet ihre Fortsetzung bis in die heutige Namensgebung der Weltraumforschung hinein, wie am Beispiel der Magellan-Sonde, der Marco-Polo-Raumsonde sowie des europäischen Weltraumlabors Columbus deutlich wird.

### Die wissenschaftliche Leistung Bianchinis

Mit seinem Traktat *Hesperi et Phosphori. Nova Phaenomena sive Observationes circa Planetam Veneris* veröffentlichte Francesco Bianchini im Jahre 1728 die erste Abhandlung über Teleskopbeobachtungen des Planeten Venus. Die dunklen Flecken, die er bei seinen Observationen wahrgenommen hatte, visualisierte er in zahlreichen Zeichnungen und legte den ersten Bildatlas der Venus vor. Anhand der Flecken und ihrer beobachteten Bewegungen berechnete Bianchini die Rotationsperiode mit einem Wert von gut 24 Tagen.[593] Bianchinis Ziel lag in der Erweiterung bzw. Korrektur der ersten Erforschungen des Planeten, die Galileo Galilei und Giandomenico Cassini – seine erklärten Vorbilder der Astronomiegeschichte – im 17. Jahrhundert durchgeführt hatten. Obwohl Bianchinis neue Erkenntnisse über die Venus schließlich ebenso unkorrekt waren wie jene Cassinis, leistete er doch zweifellos wertvolle Pionierarbeit für die Erforschung dieses Planeten. Bianchinis wissenschaftliche Methode, die verschiedenen Venusphasen in Planisphären und Armillarsphären darzustellen, anhand der Bewegungen bestimmter Flecken Berechnungen der Rotationsperiode und Achsenneigung vorzunehmen, die Parallaxe und Präzession zu messen sowie das Gesehene auf Karten und Globen zu visualisieren, ist Teil der allgemeinen

592 Herrmann 2005, S. 81.
593 Siehe Anm. 247 und Anm. 506.

astronomischen Praxis und in gleichem Maße relevant für andere Planeten.[594] In ihrem historischen Kontext betrachtet, waren Bianchinis Ergebnisse überaus anerkennenswerte Leistungen.

Ein weiteres Verdienst der Venusforschungen Bianchinis erwähnte Eustachio Manfredi, als er diesem schrieb, er gehe davon aus, Bianchini werde „dem Publikum nicht das Vergnügen hinauszögern, die Geschichte dieser Entdeckung zu lesen und mit den eigenen Augen die Geographie eines zu unserer Erde so analogen Himmelskörpers zu betrachten".[595] Was Galilei für den Mond geleistet hatte, gelang Bianchini in Bezug auf die Venus: Er befreite einen weiteren Himmelskörper von der Aura der vermeintlichen Perfektion und zeigte stattdessen, dass die Venus wie die anderen Planeten dem irdischen vergleichbar ist. Damit ist keine Ähnlichkeit im engeren Sinn gemeint, denn auf der Venus herrschen vollkommen andere klimatische Bedingungen, sondern der Wille zu einer Entmystifizierung. Aufgrund der engen Nachbarschaft zur Erde wird die Venus heute auch scherzhaft als „the girl next door" bezeichnet.[596]

Der wohl bedeutendste Aspekt der wissenschaftlichen Arbeit Bianchinis liegt in seinem Umgang mit Bildern. Schon in seinen altertumswissenschaftlichen Untersuchungen hatte er auf den sichtbaren Quellenwert der Exponate vertraut, und im gleichen Maße setzte er auch bei seinen astronomischen Forschungen auf den Erkenntnisgewinn durch Visualisierung – die „epistemologische Dimension der Optik".[597] In Bezug auf Bianchinis Rekonstruktion des antiken Palazzo de' Cesari stellte Meinrad von Engelberg die Frage, wie es möglich gewesen sei, dass sich „der exakte Naturwissenschaftler, Mathematiker, Historiker, päpstliche Generalkonservator und hochgebildete Antiquar [...] als derart hemmungsloser Phantast [erwies], sobald er sich auf das Feld der Architektur begab".[598] Nachdem Bianchini seine Ausgrabungen zunächst akribisch dokumentierte, habe er sich zu ausschweifenden Interpretationen hinreißen lassen,[599] um abschließend darauf hinzuweisen, dass „ein noch sachverständigerer Forscher möglicherweise eines Tages eine genauere Darstellung dessen liefern könnte, was er in diesem Traktat in einer Rohfassung versucht hätte".[600]

594 Vgl. die Einleitung von Sally Beaumont in Bianchini 1996, S. 4.

595 „[...] dopo di che suppongo che V[ostra] S[ignoria] Ill[ustrissi]ma non ritarderà al Pubblico il piacere di vedere l'istoria di questa invenzione, e di osservare co' propri occhi la geografia di un globo così analogo alla nostra Terra." Eustachio Manfredi an Francesco Bianchini (Bologna, 2.8.1727). BVR, U.17, fol. 1109r/v.

596 Hand 2007, S. 606.

597 Sölch 2007, S. 15.

598 Engelberg 2005, S. 139.

599 Vgl. ebd., S. 140–146.

600 „[...] più perito indagatore possa un giorno darci più esatta cognizione di quello che io rozzamente mi vada ingegnando di fare in questo trattato." Bianchini 1738, S. 10. Zit. nach Engelberg 2005, S. 160.

Bianchinis reich bebildertes Traktat *Del Palazzo de' Cesari* versteht sich somit eher als ein Gedankenexperiment mit Thesencharakter, das der Frage nachzugehen versucht, wie der Kaiserpalast ausgesehen haben müsste, wenn er den damals gültigen Regeln entsprochen hätte. Damit offenbart Bianchini ein Verständnis von Wissenschaftlichkeit, in dessen Rahmen ein beschränkter archäologischer Befund durch ein methodisches Modell, welches diesen Befund zu interpretieren und gedanklich weiterzuführen vermochte, ergänzt werden sollte.[601] Im Falle des Palazzo de' Cesari sind die Zeichnungen folglich Medien einer visuellen Argumentation mit hypothetischem Charakter. Auf Bianchinis Venusforschung übertragen, bedeutet dieses Prinzip, dass die schematischen Darstellungen der Venusflecken eben nicht Ausdruck mangelnder zeichnerischer Fähigkeiten waren – was zudem durch zahlreiche andere Zeichnungen Bianchinis widerlegt werden kann –, sondern Teil einer visuellen Argumentationsstrategie, die ausschließlich einen hypothetischen Status beanspruchte.

Bilder waren für Bianchini nicht nur Mittel der Erkenntnisgenerierung, sondern auch die unverzichtbare Basis für die Authentifizierung seiner Forschung und somit gleichzeitig auch für die Legitimierung seiner Patronageverhältnisse. Den Prozess von Sehen, Erkennen und Zeichnen verstand er als eine untrennbare Einheit. Wie Bianchini in seinem Traktat betonte, habe „die Praxis wiederholt gezeigt, dass es nötig ist, die Augen der Beobachter zu erwecken, um die Evidenz dieser Beobachtungen" erkennen zu können.[602] Erst durch eine Erziehung des Auges zum erkennenden Sehen werde es möglich, das durch das Teleskop Gesehene auch zu verstehen. Außerdem legte Bianchini größten Wert auf eine genaue Beschreibung und den hiervon ausgehenden Vergleich – die entscheidenden Grundlagen jeder wissenschaftlichen Tätigkeit.

### Bianchini als der neue Galilei?

In seiner Widmung an den portugiesischen König stellte Bianchini nicht nur das Engagement Johanns V. auf eine Ebene mit der Patronagetätigkeit der Medici und Ludwigs XIV., sondern auch sich selbst in eine Reihe mit Galilei und Cassini, den zwei berühmtesten italienischen Astronomen.[603] Bianchini betrachtete sein Traktat über die Venus als die Vollendung der Venusbeobachtungen, die Galilei knapp 120 Jahre und Cassini 60 Jahre vor ihm durchgeführt hatten. Galilei und Cassini konnten die von ihnen entdeckten Jupitermonde bzw. Saturn-

601 Vgl. ebd., S. 144, 162.

602 „[...] quas praxis repetita ostendit nobis esse necessarias ad hujus experimenti evidentiam in spectatorum oculis excitandam." Bianchini 1728, S. 82f. Vgl. Bianchini 1996, S. 143.

603 Siehe Anm. 210.

monde ihren Patronen widmen.[604] Möglicherweise hatte Bianchini darauf gehofft, analog zu jenen Entdeckungen einige Venusmonde zu finden, doch der Planet Venus verfügt über keine Monde. Er konnte jedoch zumindest den solitär stehenden Fleck auf der Venus nach Johann V. benennen.

Nachdem Eustachio Manfredi das Traktat und den Venusglobus erhalten hatte, schrieb er im Januar 1729 an Bianchini, er freue sich sehr für ihn – und noch mehr für die italienische Nation –, dass Bianchini eine so wichtige Entdeckung gelungen sei, nachdem der Himmel von Neuigkeiten solcher Tragweite bereits ausgeschöpft zu sein schien; und er schätze sich glücklich, in einem Jahrhundert zu leben, das für diese Entdeckung nicht weniger berühmt sein werde, als das vergangene für die Beobachtungen Galileis.[605] Tatsächlich galt Bianchinis Traktat für gut 160 Jahre – bis zu Schiaparellis Abhandlung des Jahres 1890 – als die wichtigste Referenz für die Erforschung des Planeten Venus.

Ein entscheidender Unterschied zwischen Bianchini und Galilei bestand in der taktischen Vorsicht, mit der Bianchini seine Observationen und neuen Erkenntnisse vor Repressionen durch die Indexkongregation absicherte – u. a. durch Augenzeugen der Zensurbehörde. Seine frühe und potenziell bahnbrechendste Entdeckung – die Beobachtung der Aberration des Lichts – verfolgte er wahrscheinlich deshalb nicht weiter, weil sie als erster Beweis für die Richtigkeit des heliozentrischen Weltbilds aus Bianchinis Sicht zwar sicherlich entsprechend bedeutsam, aber eben nicht publizierbar war.

Mit der Veröffentlichung seines Venustraktats hatte Bianchini jedoch gerettet, was zu retten war: insbesondere die Priorität seiner Publikation, die als erste über Teleskopbeobachtungen der Venus berichtete. Da seine Erkenntnisse über die Venus jedoch – wie sich erst viel später herausstellte – nicht korrekt waren, geriet Bianchini im Gegensatz zu Galileo Galilei wieder weitgehend in Vergessenheit.

604 „In planeta omnium fulgidissimo ex his, qui circa Solem feruntur. Quod itaque Galilaeus in Mediceis quatuor stellulis circa Jovem detectis, quod Cassinus praestitit in quinque Saturniis sub Ludovici XIV. clientela conspectis, id mihi liceat in Phosphori, & Hesperi stella nuper observata tentare, ut scilicet monumentum perenne augusti patrocinii tui, Rex Serenissime, constituam." Bianchini 1728, S. VIf. Vgl. Bianchini 1996, S. 7f.

605 „Mi rallegro col maggior segno con V[ostra] S[ignoria] Ill[ustrissi]ma e più colla nostra Italia, che una sì importante scoperta sia stata a lei riserbata, dopo che pareva esausto il Cielo di novità di tante conseguenze e mi compiaccio di trovarmi in un secolo che sarà illustre per questa invenzione non meno di quello sia stato il passato per le osservazioni del Galileo." Eustachio Manfredi an Francesco Bianchini (Bologna, 12. 1. 1729). BVR, U.17, fol. 1155v.

Schon im zweiten Satz des ersten Kapitels seines Venustraktats erwähnte Bianchini die wissenschaftlichen Leistungen „Galileis, eines wahren Lynceus".[606] Diese Formulierung griff der Zensor Revillas in seinem Gutachten zum Traktat *Hesperi et Phosphori* auf und bezeichnete Bianchini darin als den „neuen Lynceus unserer Zeit".[607] Doch im Gegensatz zu Galilei war Bianchini kein „Lynceus" im engeren Wortsinn, d. h. ein Mitglied der römischen Accademia dei Lincei, denn die Akademie der Luchsäugigen existierte zu diesem Zeitpunkt nicht mehr. Vielmehr wurde Bianchini mit den Worten „neuer Luchsäugiger unserer Zeit" als scharfsichtiger und scharfsinniger Forscher charakterisiert. In einem noch weiter gefassten Sinn kann der Begriff „Lynceus" auch als Synonym für Galilei selbst verstanden werden. Folglich bezeichnete der Zensor Bianchini als den „neuen Galilei unserer Zeit" – Bianchini hatte damit sein höchstes Ziel erreicht.

606 „Galilaeus vere Lynceus". Bianchini 1728, S. 1. Vgl. Bianchini 1996, S. 16.
607 „novo aetatis nostrae Lynceo". Bianchini 1728, S. VIII. Vgl. Bianchini 1996, S. 13.

# RESÜMEE

Wenige Jahre nach dem Prozess gegen Galileo Galilei hatte sich Bernardino Spada 1644 in seinem Kardinalspalast in Rom einen Raum der Astronomie einrichten lassen. Durch die katoptrische Sonnenuhr, die Monduhr und die Planetenstundentabelle wurde die neben der Sala Grande gelegene Galleria della Meridiana gewissermaßen selbst in ein astronomisches Instrument verwandelt, das gleichzeitig durch seine anspruchsvolle künstlerische Ausführung höchsten ästhetischen Ansprüchen genügte. Im Jahre 1726 – gut achtzig Jahre später – entdeckte Francesco Bianchini unter Verwendung der besten existierenden Fernrohre seiner Zeit auf der Venus verschiedene Flecken, anhand derer er die Rotationsperiode des Planeten berechnete. In seinem 1728 in Rom publizierten Traktat *Hesperi et Phosphori* beschrieb und visualisierte er diesen vormals unsichtbaren Raum der Astronomie.

Mit der Sonnenuhr der Galleria della Meridiana im Palazzo Spada und den von Francesco Bianchini geschaffenen Darstellungen der Venusflecken wurden in der vorliegenden Arbeit Beispiele für Visualisierungen astronomischen Wissens im frühneuzeitlichen Rom untersucht, die sich in vielerlei Hinsicht voneinander unterscheiden. Die genaue Analyse der Bilder in ihrem jeweiligen historisch-sozialen Kontext hat jedoch gezeigt, dass zwischen dem großflächigen Fresko der katoptrischen Sonnenuhr aus der Mitte des 17. Jahrhunderts und den Venuszeichnungen Bianchinis aus den 1720er Jahren gemeinsame Anknüpfungspunkte bestehen, die über den grundsätzlich astronomischen Inhalt der Darstellungen hinausgehen.

Zudem wurden die Fallbeispiele vor dem Hintergrund der Frage nach ihrer jeweiligen visuellen Evidenz diskutiert, einer über das kunst- und wissenschaftsgeschichtliche Interesse hinausweisenden Fragestellung, die bis heute von großer Aktualität ist. Die Geschichte der Wissenschaften erscheint als eine Geschichte der Verbildlichung; es gibt wohl keine Wissenschaft, die sich nicht visueller Argumentationen durch Bilder bedient.

Ein zentraler Aspekt, der eine Kontinuität in der Frühen Neuzeit aufweist und die beiden Hauptteile der Arbeit miteinander verbindet, besteht in dem engagierten Einsatz von sowohl geistlichen wie auch weltlichen Herrschern im Bereich der Wissenschaftspatronage. Im Falle der Galleria della Meridiana wirkte Kardinal Spada selbst als Patron des Mathematikers und Astronomen Emmanuel Maignan. Die wissenschaftliche Karriere Bianchinis als Astronom wurde zunächst durch die Patronage Papst Clemens' XI. befördert und die Erforschung der Venus schließlich durch die Unterstützung des portugiesischen Königs Johann V. ermöglicht.

Die geförderten Klienten zeigten sich ihren großzügigen Patronen gegenüber entsprechend dankbar: Maignan widmete Bernardino Spada sein umfangreiches Optiktraktat *Perspectiva horaria* und ließ den Kardinal als Hausherrn des Palastes, der die Sonnenuhrgalerie seinen Besuchern vorführt, in einem großformatigen Kupferstich des Traktats visualisieren. Bianchini gab der im Auftrag von Papst Clemens XI. konstruierten Meridianlinie in der Kirche S. Maria degli Angeli den Namen „Linea Clementina" und widmete seinem Förderer die zugehörige Abhandlung *De nummo et gnomone Clementino*. Die Erforschung der Venus erfolgte hingegen unter der Patronage des portugiesischen Königs Johann V., dem das Traktat *Hesperi et Phosphori* gewidmet ist und dessen Name als Mare Regium den prominentesten Venusfleck bezeichnet.

Christopher Johns zufolge lag Bianchinis Erfolg ausschließlich in der päpstlichen Patronage begründet – ohne diese und die damit verbundene offizielle Anerkennung seiner Leistungen sowie die finanzielle Unterstützung seiner Projekte wäre Bianchini ein verhältnismäßig unbekannter italienischer Wissenschaftler geblieben, eine „historische Fußnote".[608] Zweifellos war die päpstliche Förderung für Bianchinis Karriere entscheidend, doch Johns' Aussage ist zu differenzieren, da Bianchini nach dem Tode Clemens' XI. zeitweise nicht ausreichend vom Kirchenstaat finanziert wurde und insbesondere seine astronomischen Forschungen und die Publikation des Traktats über die Venusflecken nur mittels der jahrelangen Unterstützung durch den portugiesischen Hof ermöglicht wurden.

Neben den Patronageverhältnissen standen vor allem jene Qualitäten und Methoden der Forschung im Fokus der vorliegenden Arbeit, die seit den Himmelsobservationen Galileis prägend für die moderne Wissenschaft wurden: Geschwindigkeit, Präzision, Serienbildung, Schärfung der Vergleichsmethoden sowie Internationalisierung.[609] In der Erforschung der mit dem bloßen Auge nicht sichtbaren Himmelsphänomene war die Präzision notwendigerweise an die Entwicklung und den Einsatz von Instrumenten gebunden. Während das

608 Johns 2005, S. 42.
609 Vgl. Bredekamp 2007, Galilei, S. 337.

Fernrohr zur Zeit Galileis „alles andere als ein anerkanntes wissenschaftliches Instrument“[610] war und viele der Zeitgenossen den Vorgang, Unsichtbares sichtbar zu machen, für Gaukelei oder optische Täuschung hielten, galt das instrumentell verstärkte Sehen zur Zeit Bianchinis längst als selbstverständliche Notwendigkeit der astronomischen Forschung.

Bianchini führte seine detaillierte Beschreibung der Venusflecken zu einem wesentlichen Teil auf die technische Überlegenheit der ihm zur Verfügung stehenden Instrumente zurück. Mit der angestrebten Präzision stand jedoch der Faktor der Geschwindigkeit in Konkurrenz – der Zeitdruck durch sein fortgeschrittenes Alter sowie das Streben, König Johann V. schnell ein Ergebnis präsentieren zu können. Neben den Qualitäten der Geschwindigkeit und Präzision spielten die Prinzipien der Serienbildung und der Schärfung der Vergleichsmethoden eine zentrale Rolle für Bianchinis Forschungen. Nur indem er die Venus über Wochen und Monate wiederholt observierte und das Gesehene zeichnerisch auf das Papier brachte, konnte er das Weiterwandern der Flecken im anschließenden Vergleich visuell erfassen und – so seine feste Überzeugung – anhand jener Oberflächenphänomene die Rotationsperiode des Planeten berechnen.

Die Internationalisierung der Forschung lässt sich anhand der überlieferten Korrespondenz Bianchinis geradezu mustergültig nachvollziehen. Er verglich seine Ergebnisse nicht nur mit den eigenen Observationsserien, sondern auch mit jenen von Astronomen in Bologna, Paris und Lissabon. Auch im Falle der Galleria della Meridiana, die von einem französischen Mathematiker im Auftrag eines römischen Kardinals konzipiert worden war, kam es zu einer internationalen Kooperation. Zwischen dem 17. und 18. Jahrhundert entstanden schließlich weit verzweigte Kommunikations- und Forschungsnetzwerke, wie am Beispiel Bianchinis deutlich gemacht werden konnte.

Ein besonderer Schwerpunkt lag auf den Strategien zur Erzeugung von Evidenz, welche seit dem 17. Jahrhundert zunehmend „in naturwissenschaftlichen und erkenntnistheoretischen Kontexten unter dem Gesichtspunkt eines Wissens verhandelt wird, das aus der Anschauung gewonnen wird.“[611] Als Prämisse kann somit die allgemeine Rückführbarkeit des Wissens auf das Sehen gelten. Daraus folgt die Überzeugung, dass Bilder die Leitfunktion im Prozess der Herstellung von Evidenz, einer anschaulichen und unhintergehbaren Gewissheit über einen Sachverhalt, übernehmen.[612] Die Visualisierungen der Himmelsphänomene in Zeichnungen und Drucken statten jene Bilder, die mit dem bloßen

610 Heßler 2006, S. 72.
611 Wimböck/Leonhard/Friedrich 2007, S. 11.
612 Vgl. hierzu ebd., S. 10–12. Die optische Dimension des Begriffes Evidenz ist etymologisch schon in seinem griechischen (energeia) und lateinischen (evidentia) Ursprung aufgehoben. Vgl. Boehm 2008, S. 16.

Auge nicht zu sehen sind, mit der Beweiskraft aus, die am Sichtbaren hängt.[613] Mit seiner Analyse der Sonnenfleckenzeichnungen Galileo Galileis hat Horst Bredekamp gezeigt, dass es „keine wirklich substantielle Erörterung der ‚Evidenz' naturwissenschaftlicher Ergebnisse geben kann, die nicht auch die spezifische Form, den Stil der Darstellung als epistemische Quelle begreift".[614] Inzwischen stelle es keine Provokation mehr dar, Bilder und Visualisierungen als eine Weise des Denkens zu betrachten, so Heßler und Mersch im Jahr 2009; allerdings sei es nach wie vor eine Herausforderung, ihre epistemische Struktur zu beschreiben.[615]

In der vorliegenden Arbeit ist jene epistemische Struktur am Beispiel verschiedener Visualisierungen astronomischen Wissens zu analysieren versucht worden. Dass der Erfolg der Strategien der Verbildlichung von der individuellen Richtigkeit des visualisierten Wissens unabhängig war, ist durch die Gegenüberstellung der zwei Hauptkapitel deutlich geworden. Während die bis heute korrekt funktionierende katoptrische Sonnenuhr im Palazzo Spada von den Zeitgenossen offenbar nicht rezipiert wurde, galt Francesco Bianchinis Traktat *Hesperi et Phosphori* für mehr als eineinhalb Jahrhunderte als wichtigstes Standardwerk über die Venus, obwohl die darin beschriebenen und visualisierten Ergebnisse nicht den tatsächlichen Eigenschaften des Planeten entsprechen. Die Untersuchung der Problemfelder der ausbleibenden Rezeption und des wissenschaftlichen Irrtums führt jedoch ebenso zu weitreichenden Erkenntnissen über die wissenschaftliche Theorie und Praxis wie das Verfolgen von Erfolgsgeschichten.

Bianchinis Sehfähigkeiten waren durch zwei Faktoren geprägt. Wahrnehmungstheoretisch gilt es als abgesichert, dass das Sehen ein Produkt von Erfahrung und Erwartung ist und nur das wahrgenommen werden kann, was bereits bekannt ist.[616] In diesem Sinne war Bianchinis Blick zum einen durch Galileis Visualisierungen der Mondoberfläche und der Sonnenflecken beeinflusst. Zum anderen waren seine Augen und seine Zeichenhand – wie im Falle Galileis – künstlerisch geschult. Indem Bianchini seine exzellenten Fähigkeiten im Zeichnen am Anfang des Venustraktats anhand von präzisen Mondstudien präsentierte, wurde auch die Richtigkeit der Venusfleckendarstellungen evoziert. Sein modernes Wissenschaftsverständnis zeigte sich in der Differenziertheit der Analysemethoden und dem Vorgehen, nicht nur Ergebnisse zu präsentieren, sondern durch detaillierte Angaben zu Ort und Datum der Observation, der Art des verwendeten Instruments und weiteren Faktoren die Entstehungs-

613 Vgl. Bredekamp 2007, Evidenz, S. 306.
614 Ebd., S. 307.
615 Heßler/Mersch 2009, S. 7.
616 Vgl. hierzu Kuhn 1967 sowie Fleck 1980.

bedingungen seiner Erkenntnisse offenzulegen: Die Vergleichbarkeit mit anderen Observationsergebnissen und die Nachvollziehbarkeit waren ausdrücklich erwünscht – auch um mögliche Fehler zu korrigieren.

Die Astronomie war in der Frühen Neuzeit keine statische Wissenschaft mehr, die den unwandelbaren ewigen Lauf der Gestirne untersuchte, sondern eine Erfahrungswissenschaft, die möglichst viele Beobachtungen durchführte, um auf deren Basis Hypothesen aufzustellen, die durch zukünftige Generationen ergänzt oder neu interpretiert werden können. In diesem Sinne sind Bianchinis Venuszeichnungen als verbildlichte Hypothesen zu verstehen: Es ging ihm nicht darum, die Oberflächenstruktur der Venus zu visualisieren – er konnte sie gar nicht sehen –, sondern um eine Bestimmung der vermeintlichen Fleckenumrisse zum Zwecke der Berechnung der Rotationsperiode. Dies erklärt auch, weshalb er sich mit der schematischen Darstellungsweise der Venusflecken zufrieden gab, während er die Mondoberfläche in all ihren Details erfasste; es war ein erster Schritt zur Erforschung der Venus, deren verschiedene Visualisierungen in jenem historischen Moment Überzeugungskraft entwickelten.

Die postulierte technische Überlegenheit der verwendeten Instrumente, der Nachweis seiner Fähigkeiten im ‚richtigen' Sehen und der zeichnerischen Darstellung des Gesehenen, die Authentifizierung der Beobachtungsergebnisse durch Augenzeugen, der Austausch in einem europaweiten Netzwerk (dessen Mitglieder die Ergebnisse Bianchinis zwar nicht bestätigen konnten, aber zumindest ihr Vertrauen in deren Korrektheit betonten), die Entwicklung einer Nomenklatur der Venusflecken sowie die Visualisierung der Ergebnisse in einem dreidimensionalen, haptisch begreifbaren Modell waren die von Bianchini angewandten Strategien, dank derer seine Venusforschungen für lange Zeit Evidenz erlangen konnten. In seiner Wertschätzung und eigenhändigen Erschaffung astronomischer Visualisierungen vertraute Francesco Bianchini nochmals jenem zentralen epistemischen Wert der Bilder, den diese in einem Traktat astronomischen Inhalts zuletzt ein Jahrhundert zuvor bei Galileo Galilei besessen hatten.

# ANHANG

## Abkürzungen

| | |
|---|---|
| ASR | Archivio di Stato, Rom |
| BCAB | Biblioteca Comunale dell'Archiginnasio, Bologna |
| BCV | Biblioteca Capitolare, Verona |
| BVR | Biblioteca Vallicelliana, Rom |
| FSV | Fondo Spada-Veralli |

## Verwendete Manuskripte

| | |
|---|---|
| ASR | FSV 264, 359, 364, 463, 747 |
| BCAB | Autografi VIII |
| BCV | CCCLXXII, CCCLXXXVII, CCCXCIII, CCCXCVI, CCCCIX, CCCCXVI, CCCCXX, CCCCXXIV, CCCCXXX, CCCCXXXIII, CCCCXXXIV |
| BVR | S.81, S.82, S.83, U.16, U.17, U.18, U.20, U.22, U.23, U.24, U.26, U.43 |

# GEDRUCKTE QUELLEN


Bellori, Giovan Pietro (1976): Nota delli Musei, Librerie, Gallerie & ornamenti di Statue, e pitture, né Palazzi, nelle Case, e né Giardini di Roma, hg. von Emma Zocca, Rom (Reprint der Originalausgabe Rom 1664).

Bianchini, Francesco (1697): La Istoria Universale, provata con monumenti, e figurata con simboli degli antichi, Rom.

Bianchini, Francesco (1728): Hesperi et Phosphori. Nova Phaenomena sive Observationes circa Planetam Veneris, Rom.

Bianchini, Francesco (1738): Del Palazzo de' Cesari. Opera postuma di Monsignor Francesco Bianchini Veronese, Verona.

Bianchini, Francesco (1882): Relazione delle cose più erudite e rare de' Principi di Firenze e di Parma e nell'Istituto di Bologna, Verona.

Bianchini, Francesco (1996): Observations Concerning the Planet Venus, transl. by Sally Beaumont, assisted by Peter Fay, London.

Deseine, François (1713): Rome moderne, première Ville de l'Europe, Leiden.

Extrait d'une lettre de M. Cassini à M. Petit (1667), in: Le Journal des Sçavans, Tome Second (1667–1671), Amsterdam 1679, S. 257–264.

Kircher, Athanasius (1635): Primitiae gnomonicae catoptricae. Hoc est Horologiographiae novae specularis, Avignon.

Kircher, Athanasius (1646): Ars magna lucis et umbrae, Rom.

Kircher, Athanasius/De Sepi, Giorgio (1678): Romani collegii Societatus Jesu musaeum celeberrimum, Amsterdam.

Köhler, Johann David (1973): Bibliothecken. Köhlers Anweisung für reisende Gelehrte, hg. von Erika Wenig, Bonn (Reprint der Originalausgabe Frankfurt/Leipzig 1762).

LaLande, Joseph-Jérôme de (1769): Voyage d'un François en Italie, fait dans les années 1765 & 1766, Venedig.

Maffei, Scipione (1955): Epistolario (1700–1755), hg. von Celestino Garibotto, 2 Bde., Mailand.

Maignan, Emmanuel (1648): Perspectiva horaria, sive de horographia gnomonica tum theoretica, tum practica libri quatuor, Rom.

Manfredi, Eustachio (1737): Francisci Blanchini Veronensis. Astronomicae, ac Geographicae observationes selectae, Verona.

Mazzoleni, Alessandro (1735): Vita di Monsignor Francesco Bianchini veronese, Verona.

Meyer, Cornelio (1689): Nuovi ritrovamenti dati in luce dall'ingegneiro Cornelio Meyer. Per eccitare l'ingegno de' Virtuosi ad augmentarli o aggiungervi maggior perfettione, Rom.
Niceron, Jean-François (1663): Thaumaturgus opticus, Paris (1. Aufl. 1646).
Ozanam, Jacques (1697): Cours de mathématique, tome V, Amsterdam.
Piazza, Carlo Bartolomeo (1698): Eusevologio romano, Rom.
Roisecco, Gregorio (1745): Roma antica, e moderna o sia nuova descrizione della Moderna Città di Roma, e di tutti gli Edifizj notabili, che sono in essa, e delle cose più celebri, che erano nella Antica Roma, Rom.
Saguens, Jean (1697): De vita, moribus et scriptis R. Patris Emanuelis Maignani, Toulouse.
Saguens, Jean (1703): Philosophia Maignani scholastica, 4 Bde., Toulouse.
Schiaparelli, Giovanni Virginio (1930): Considerazioni sul moto rotatorio del pianeta Venere (1890), in: ders.: Opere, Bd. 5, Mailand, S. 36–428.
Schroeter, Johann Hieronymus (1995): Beobachtungen über die sehr beträchtlichen Gebirge und Rotation der Venus, hg. von Dieter Gerdes, Lilienthal (Reprint der Originalausgabe Erfurt 1793, ergänzt durch weitere Aufsätze 1791–1811).

# FORSCHUNGSLITERATUR


Abbott, David (Hg.) (1984): The Biographical Dictionary of Scientists: Astronomers, London.

Ashworth, William B. (1990): The Face of the Moon: Galileo to Apollo, Kansas City.

Bacon, Francis (1901): Novum Organum, hg. von Joseph Devey, New York.

Baiada, Enrica/Braccesi, Alessandro (1983): Lo sviluppo della strumentazione astronomica dell'Osservatorio Marsiliano e della Specola dell'Istituto delle Scienze di Bologna dal 1702 al 1815, in: Tarozzi, Gino (Hg.): Gli strumenti nella storia e nella filosofia della Scienza, Bologna, S. 77–126.

Baiada, Enrica/Bònoli, Fabrizio/Braccesi, Alessandro (Hg.) (1995): Museo della Specola. Catalogo italiano-inglese, Bologna.

Baldini, Ugo (1984): Due raccolte romane di lettere di Eustachio Manfredi, in: Cremante, Renzo/Tega, Walter (Hg.): Scienza e letteratura nella cultura italiana del Settecento, Bologna, S. 529–544.

Baldini, Ugo (2001): The Roman Inquisition's Condemnation of Astrology: Antecedents, Reasons and Consequences, in: Fragnito, Gigliola (Hg.): Church, Censorship and Culture in Early Modern Italy, Cambridge, S. 79–110.

Baldini, Ugo (2007): Eustachio Manfredi, in: Dizionario Biografico degli Italiani, Bd. 68, Rom, S. 668–676.

Baldini, Ugo (2010): La rete di corrispondenza astronomica di Francesco Bianchini. Un'analisi del fondo Vallicelliano, in: Ciancio, Luca/Romagnani, Gian Paolo (Hg.): Unità del sapere, molteplicità dei saperi. Francesco Bianchini (1662–1729) tra natura, storia e religione, Verona, S. 75–99.

Baldriga, Irene (2002): L'occhio della lince. I primi lincei tra arte, scienza e collezionismo (1603–1630), Rom.

Baltrušaitis, Jurgis (1996): Anamorphoses ou Thaumaturgus opticus (Les perspectives dépravées II), Paris.

Barchiesi, Roberto (1964): I Bianchini e la corte di Lisbona. Spigolature dall'Archivio Bianchini della Vallicelliana, in: Estudos italianos em Portugal 23, S. 147–159.

Bedini, Silvio A. (1993): Christina of Sweden and the Sciences, in: Anderson, R. G. W./ Bennett, J. A./Ryan, W. F. (Hg): Making Instruments Count. Essays on Historical Scientific Instruments, Aldershot, S. 99–117.

Bedini, Silvio A. (1994): The Optical Workshop Equipment of Giuseppe Campani, in: ders.: Science and Instruments in Seventeenth-Century Italy, Aldershot, S. 18–38.

Belting, Hans (2007): Himmelsschau und Teleskop. Der Blick hinter den Horizont, in: Helas, Philine u.a. (Hg.): Bild/Geschichte. Festschrift für Horst Bredekamp, Berlin, S. 205–218.

Berkel, Klaas van (2002): ‚Cornelius Meijer inventor et fecit'. On the Representation of Science in Late Seventeenth-Century Rome, in: Smith, Pamela H./Findlen, Paula (Hg.): Merchants & Marvels. Commerce, Science, and Art in Early Modern Europe, New York/London, S. 277–294.

Biagioli, Mario (1999): Galilei, der Höfling. Entdeckung und Etikette. Vom Aufstieg der neuen Wissenschaft, Frankfurt/M.

Biagioli, Mario (2006): Galileo's Instruments of Credit: Telescopes, Images, Secrecy, Chicago.

Bickendorf, Gabriele (2002): Geschichte im Bild. Zur Visualisierung von Kunst und Geschichte um 1700, in: Landwehr, Achim (Hg.): Geschichte(n) der Wirklichkeit. Beiträge zur Sozial- und Kulturgeschichte des Wissens (Documenta Augustana, Bd. 11), Augsburg, S. 277–298.

Blumenberg, Hans (1980): Das Fernrohr und die Ohnmacht der Wahrheit, in: Galilei, Galileo: Sidereus Nuncius. Nachricht von neuen Sternen, hg. von dems., Frankfurt/M., S. 5–75.

Boehm, Gottfried (2008): Augenmaß. Zur Genese der ikonischen Evidenz, in: ders./ Mersmann, Birgit/Spies, Christian (Hg.): Movens Bild. Zwischen Evidenz und Affekt, München, S. 15–43.

Böhme, Hartmut (2007): Bildevidenz, Augentäuschung und Zeugenschaft in der Wissenschaft des Unsichtbaren im 17. Jahrhundert, in: Bredekamp, Horst u.a. (Hg.): Dissimulazione onesta oder die ehrliche Verstellung. Von der Weisheit der versteckten Beunruhigung in Wort, Bild und Tat. Festschrift für Martin Warnke, Hamburg, S. 13–42.

Bogen, Steffen (2005): Schattenriss und Sonnenuhr: Überlegungen zu einer kunsthistorischen Diagrammatik, in: Zeitschrift für Kunstgeschichte 68, S. 153–177.

Bonnard, Fourier (1933): Histoire du Couvent Royal de la Trinité du Mont Pincio à Rome, Rom.

Bònoli, Fabrizio (1999): Coronelli astronomo e i globi celesti, in: Tavoni, Maria Gioia (Hg.): Un intellettuale europeo e il suo universo. Vincenzo Coronelli (1650–1718), Bologna, S. 139–161.

Bònoli, Fabrizio (2007), Gli strumenti geografico–astronomici del Museo della Specola, in: Tega, Walter (Hg.): Il Viaggio. Mito e scienza, Bologna, S. 291–295.

Bredekamp, Horst/Schneider, Pablo (2006): Visuelle Argumentationen – Die Mysterien der Repräsentation und die Berechenbarkeit der Welt, in: dies. (Hg.): Visuelle Argumentationen. Die Mysterien der Repräsentation und die Berechenbarkeit der Welt, München, S. 7–10.

Bredekamp, Horst (2007): Galilei der Künstler. Der Mond, die Sonne, die Hand, Berlin.

Bredekamp, Horst (2007): Die Evidenz des Stiles: Galileis Sonnenflecken, in: Wimböck, Gabriele/Leonhard, Karin/Friedrich, Markus (Hg.): Evidentia. Reichweiten visueller Wahrnehmung in der Frühen Neuzeit, Berlin, S. 291–308.

Bredekamp, Horst (2009): Das Rot der Augen. Die Erforschung der Sonne zur Zeit Galileis, in: Sterne und Weltraum 1, Dossier, S. 74–83.

Bredekamp, Horst (2009): Im Zustand der Belagerung (1528/29), in: ders.: Michelangelo. Fünf Essays, Berlin, S. 39–58.

Bredekamp, Horst (2010): Theorie des Bildakts, Berlin.

Bruley, Yves (Hg.) (2002): La Trinité-des-Monts redécouverte. Arts, foi et culture / Trinità dei Monti riscoperta. Arti, fede e cultura, Rom.

Buchner, Edmund (1982): Die Sonnenuhr des Augustus, Mainz.

Camerota, Filippo (2000): Le bizzarrie dell'ingegno. Architettura e scienza per Villa Pamphili, in: Frommel, Christoph Luitpold/Sladek, Elisabeth (Hg.): Francesco Borromini. Atti del convegno internazionale (Rom 13.–15.1.2000), Mailand, S. 297–311.

Càndito, Cristina (2005): Corrispondenze ottico–prospettiche tra le opere di Maignan e di Borromini a Palazzo Spada, in: Mélanges de l'école française de Rome. Italie et Méditerranée 117, 1, S. 73–89.

Cannatà, Roberto (Hg.) (1992): Palazzo Spada. Arte e Storia, Rom.

Cannatà, Roberto (1995): Gli ambienti cinquecenteschi e i primi interventi del cardinale Bernardino Spada, in: ders. (Hg.): Palazzo Spada. Le decorazioni restaurate, Mailand, S. 13–57.

Cattermole, Peter/Moore, Patrick (1997): Atlas of Venus, Cambridge.

Cavazza, Marta (1984): Giandomenico Cassini e la progettazione dell'Istituto delle Scienze di Bologna, in: Cremante, Renzo/Tega, Walter (Hg.): Scienza e letteratura nella cultura italiana del Settecento, Bologna, S. 109–132.

Celani, Enrico (1889): L'epistolario di Monsignor Francesco Bianchini veronese. Memoria ed Indici, Venedig.

Ceñal, Ramón (1952): Emmanuel Maignan: su vida, su obra, su influencia, in: Revista de Estudios Políticos 46, S. 111–149.

Ciancio, Luca/Romagnani, Gian Paolo (Hg.) (2010): Unità del sapere, molteplicità dei saperi. Francesco Bianchini (1662–1729) tra natura, storia e religione, Verona.

Courtright, Nicola (2003): The Papacy and the Art of Reform in Sixteenth-Century Rome. Gregory XIII's Tower of the Winds in the Vatican, Cambridge.

Dal Prete, Ivano (2003): Hesperi et phosphori nova phaenomena. Le osservazioni venusiane di Francesco Bianchini, in: Astronomia. La rivista bimestrale dell'Unione Astrofili Italiani 2 marzo/aprile, S. 10–18.

Dal Prete, Ivano (2005): Francesco Bianchini e il pianeta Venere. Astronomia, cronologia e storia della terra tra Roma e Parigi all'inizio del XVIII secolo, in: Nuncius 20, 1, S. 95–152.

De Angelis, Simone (2008): From Text to the Body. Commentaries on ‚De Anima', Anatomical Practice and Authority around 1600, in: Campi, Emidio u.a. (Hg.): Scholarly Knowledge. Textbooks in Early Modern Europe, Genf, S. 205–227.

De Angelis, Simone (2010): Sehen mit dem physischen und dem geistigen Auge. Formen des Wissens, Vertrauens und Zeigens in Texten der frühneuzeitlichen Medizin, in: Jaumann, Herbert (Hg.): Diskurse der Gelehrtenkultur in der Frühen Neuzeit. Ein Handbuch, Berlin/New York, S. 211–253.

De Ferrari, A. (1978): Giovan Domenico Cassini, in: Dizionario Biografico degli Italiani, Bd. 21, S. 484–487.

Delaforce, Angela (1995): Giovanni V di Braganza e le relazioni artistiche e politiche del Portogallo con Roma, in: Vasco Rocca, Sandra/Borghini, Gabriele (Hg.): Giovanni V di Portogallo (1707–1750) e la cultura romana del suo tempo, Rom, S. 21–39.

Dinis, Alfredo (2002): Was Riccioli a Secret Copernican?, in: Borgato, Maria Teresa (Hg.): Giambattista Riccioli e il merito scientifico dei Gesuiti nell'età barocca, Florenz, S. 49–77.

Dixon, Susan M. (2005): Francesco Bianchini's Images and His Legacy in the Mid-Eighteenth Century, in: Kockel, Valentin/Sölch, Brigitte (Hg.): Francesco Bianchini (1662–1729) und die europäische gelehrte Welt um 1700, Berlin, S. 83–106.

Donato, Maria Pia (2000): Accademie romane. Una storia sociale (1671–1824), Neapel.

Edgerton, Samuel Y. (2002): Die Entdeckung der Perspektive, München.

Engelberg, Meinrad von (2003): Das Wissen vor Augen. Dekorationssysteme in Bibliotheken, in: Wissenswelten. Perspektiven der neuzeitlichen Informationskultur,

Sonderheft der Mitteilungen des Instituts für Europäische Kulturgeschichte Augsburg, S. 225–253.

Engelberg, Meinrad von (2005): Ricavare l'idea del tutto: Francesco Bianchinis ‚Del Palazzo de' Cesari', in: Kockel, Valentin/Sölch, Brigitte (Hg.): Francesco Bianchini (1662–1729) und die europäische gelehrte Welt um 1700, Berlin, S. 135–163.

Feist, Ulrike (2012): Mondkrater und Venusflecken. Francesco Bianchini in der Nachfolge Galileo Galileis, in: dies./Rath, Markus (Hg.): Et in imagine ego. Facetten von Bildakt und Verkörperung. Festgabe für Horst Bredekamp, Berlin, S. 301–323.

Feist, Ulrike (2013): Francesco Bianchini's Discovery of the Venus Markings. Strategies of Evidence and the Foundation of Knowledge in the Early Modern Astronomical Community, in: Fragmenta. Journal of the Royal Netherlands Institute in Rome (im Erscheinen).

Feist, Ulrike (2013): The Reflection Sundial at Palazzo Spada in Rome. The Mirror as Instrument, Symbol and Metaphor, in: Frelick, Nancy/Phan, Chantal (Hg.): Specular Reflections: The Mirror in Medieval and Early Modern Culture (Cursor Mundi. Series of the UCLA Center for Medieval and Renaissance Studies) (im Erscheinen).

Feldbauer, Peter (2005): Die Portugiesen in Asien: 1498–1620, überarb. Neuaufl., Essen.

Feldhay, Rivka (2009): Der Fall Galilei. Der damalige Konflikt zwischen Glauben und Wissen aus heutiger Sicht, in: Sterne und Weltraum 1, Dossier, S. 84–93.

Felfe, Robert (2008): Die Erziehung des Auges. Wissen und visuelle Praxis. Einführung, in: Schneider, Ulrich Johannes (Hg): Kulturen des Wissens im 18. Jahrhundert, Berlin/New York, S. 451–454.

Felfe, Robert/Weddigen, Tristan (2010): Tendenzen, Probleme, Chancen. Editorial, in: Kritische Berichte 38, 3, S. 3–5.

Ferrone, Vincenzo (1982): Scienza natura religione. Il mondo newtoniano e cultura italiana nel primo Settecento, Neapel.

Findlen, Paula (1991): The Economy of Scientific Exchange in Early Modern Italy, in: Moran, Bruce T. (Hg.): Patronage and Institutions. Science, Technology, and Medicine at the European Court 1500–1750, Woodbridge/Suffolk, S. 5–24.

Findlen, Paula (2003): Scientific Spectacle in Baroque Rome. Athanasius Kircher and the Roman College, in: Feingold, Mordechai (Hg.): Jesuit Science and the Republic of Letters, Cambridge, S. 225–284.

Finocchiaro, Giuseppe (1999): Il museo di curiosità di Virgilio Spada. Una raccolta romana del Seicento, Rom.

Finocchiaro, Giuseppe (2010): Francesco Bianchini e le accademie di papa Albani, in: Ciancio, Luca/Romagnani, Gian Paolo (Hg.): Unità del sapere, molteplicità dei saperi. Francesco Bianchini (1662–1729) tra natura, storia e religione, Verona, S. 323–337.

Fleck, Ludwik (1980): Entstehung und Entwicklung einer wissenschaftlichen Tatsache. Einführung in die Lehre vom Denkstil und Denkkollektiv, hg. von Lothar Schäfer u. Thomas Schnelle, Frankfurt/M.

Frangenberg, Thomas (1996): A Private Hommage to Galileo. Anton Domenico Gabbiani's Frescoes in the Pitti Palace, in: Journal of the Warburg and Courtauld Institutes 59, S. 245–273.

Freedberg, David (2002): The Eye of the Lynx. Galileo, his Friends, and the Beginning of Modern Natural History, Chicago/London.

Garlick, Mark A. (2006): Der große Atlas des Universums, Stuttgart.

Greeley, Ronald/Batson, Raymond (2002): Der NASA-Atlas des Sonnensystems, übers. von Werner Horwath, München.

Gualandi, Andrea/Bònoli, Fabrizio (2004): Eustachio Manfredi e la prima conferma osservativa della teoria dell'aberrazione annua della luce, in: Atti del XXII congresso nazionale di storia della fisica e dell'astronomia, Genua, S. 476–481.

Heilbron, John L. (1979): Electricity in the 17th and 18th Centuries. A Study of Early Modern Physics, Berkeley.

Heilbron, John L. (2000): Domesticating Science in the Eighteenth Century, in: Shea, William R. (Hg.): Science and the Visual Image in the Enlightenment, Canton, S. 1–24.

Heilbron, John L. (2001): The Sun in the Church. Cathedrals as Solar Observatories, Cambridge/London.

Heilbron, John L. (2005): Bianchini as an Astronomer, in: Kockel, Valentin/Sölch, Brigitte (Hg.): Francesco Bianchini (1662–1729) und die europäische gelehrte Welt um 1700, Berlin, S. 57–82.

Heilbron, John L. (2005): Censorship of Astronomy in Italy after Galileo, in: McMullin, Ernan (Hg.): The Church and Galileo, Notre Dame/Indiana, S. 279–322.

Herklotz, Ingo (1999): Cassiano Dal Pozzo und die Archäologie des 17. Jahrhunderts, München.

Herrmann, Joachim (1993): Bertelsmann Lexikon Astronomie, Gütersloh.

Herrmann, Joachim (2005): dtv-Atlas Astronomie, 15. aktualisierte Auflage, München.

Heßler, Martina (2006): Der Imperativ der Sichtbarmachung. Zur Bildgeschichte des Unsichtbaren, in: Bruhn, Matthias (Hg.): Bilder ohne Betrachter (Bildwelten des Wissens. Kunsthistorisches Jahrbuch für Bildkritik, Bd. 4, 2), Berlin, S. 69–79.

Heßler, Martina/Mersch, Dieter (2009): Bildlogik oder Was heißt visuelles Denken?, in: dies. (Hg.): Logik des Bildlichen. Zur Kritik der ikonischen Vernunft, Bielefeld, S. 8–62.

Johns, Christopher M. S. (1992): Art and Science in Eighteenth-Century Bologna: Donato Creti's Astronomical Landscape Paintings, in: Zeitschrift für Kunstgeschichte 55, S. 578–589.

Johns, Christopher M. S. (2005): Papa Albani and Francesco Bianchini: Intellectual and Visual Culture in Early Eighteenth-Century Rome, in: Kockel, Valentin/Sölch, Brigitte (Hg.): Francesco Bianchini (1662–1729) und die europäische gelehrte Welt um 1700, Berlin, S. 41–55.

Karsten, Arne (2001): Kardinal Bernardino Spada. Eine Karriere im barocken Rom, Göttingen.

Karsten, Arne/Zitzlsperger, Philipp (2001): Bilderkrieg in Neu-St. Peter. Alessandro Algardis Grabmal für Papst Leo XI. de' Medici und die ‚Borgia-Krise' der Jahre 1632/34, in: Städel Jahrbuch 18, S. 195–212.

Karsten, Arne (2006): Bernini. Der Schöpfer des barocken Rom, München.

Kockel, Valentin/Sölch, Brigitte (Hg.) (2005): Francesco Bianchini (1662–1729) und die europäische gelehrte Welt um 1700, Berlin.

Kuhn, Thomas S. (1967): Die Struktur wissenschaftlicher Revolutionen, Frankfurt/M.

La Trinité des Monts (2004), Connaissance des Arts, No. 220, Paris.

Lattanzi, Marco (1995): I giochi della diplomazia. Il tempo di Giovanni V fra Roma e Lisbona, in: Vasco Rocca, Sandra/Borghini, Gabriele (Hg.): Giovanni V di Portogallo (1707–1750) e la cultura romana del suo tempo, Rom, S. 475–479.

Leeman, Fred (1975): Anamorphosen. Ein Spiel mit der Wahrnehmung, dem Schein und der Wirklichkeit, Köln.

Leonhard, Karin/Felfe, Robert (2006): Lochmuster und Linienspiel. Überlegungen zur Druckgrafik des 17. Jahrhunderts, Freiburg i. Br./Berlin.

Livermore, Harold V. (1976): A New History of Portugal, Cambridge u.a.

Lo Sardo, Eugenio (2004): Kircher's Rome. A Way to Understand the Celeberrimus Museum, in: Findlen, Paula (Hg.): Athanasius Kircher. The Last Man Who Knew Everything, New York/London, S. 51–62.

Lourenço, Eduardo (1995): Tra l'oro e l'incenso, in: Vasco Rocca, Sandra/Borghini, Gabriele (Hg.): Giovanni V di Portogallo (1707–1750) e la cultura romana del suo tempo, Rom, S. 1–2.

Louyat, Henri (1974): Emmanuel Maignan (1601–1676). Un religieux toulousain, mathématicien, astronome, philosophe, in: Comptes rendus du 96e Congrès National des Sociétés Savantes, Bd. 1: Histoire des Sciences, Paris, S. 15–29.

Lutz, Georg (2000): Urbano VIII., in: Enciclopedia dei Papi, Bd. 3, Rom, S. 298–321.

Marani, Pietro C. (2009): Fortezze, bastioni e cannoni. Disegni di Leonardo dal Codice Atlantico, Mailand.

Marchi, Silvia (Hg.) (1996): I Manoscritti della Biblioteca Capitolare di Verona. Catalogo descrittivo redatto da don Antonio Spagnolo, Verona.

Mariette, Pierre-Jean (2003): Catalogues de la collection d'estampes de Jean V, roi de Portugal. Par Pierre-Jean Mariette, Bd. 1: Préfaces, études, notes, index, eingel. von Jacques Thuillier, Lissabon/Paris.

Mayer-Deutsch, Angela (2010): Das Musaeum Kircherianum. Kontemplative Momente, historische Rekonstruktion, Bildrhetorik, Zürich.

Meinel, Christoph (1992): Okkulte und exakte Wissenschaften, in: Buck, August (Hg.): Die okkulten Wissenschaften in der Renaissance, Wiesbaden, S. 21–43.

Mersmann, Jasmin (2013): Heilige/Landschaft. Anamorphosen in der Trinità dei Monti, in: Oechslin, Werner (Hg.): Heilige Berge, Heilige Landschaft, Zürich (im Erscheinen).

Minois, Georges (1990/91): L'Église et la science. Histoire d'un malentendu, Bd. 1: De Saint Augustin à Galilée, Bd. 2: De Galilée à Jean-Paul II, Paris.

Monaco, Giuseppe (1983): Un parere di Francesco Bianchini sui telescopi di Giuseppe Campani, in: Physis 35, 3, S. 413–431.

Monaco, Giuseppe (2000): L'astronomia a Roma. Dalle origini al Novecento, Rom.

Neppi, Lionello (1975): Palazzo Spada, Rom.

Olmi, Giuseppe (1999): Terra e cielo in una stanza: mappe e globi nelle dimore e nelle collezioni dell'età moderna, in: Tavoni, Maria Gioia (Hg.): Un intellettuale europeo e il suo universo. Vincenzo Coronelli (1650–1718), Bologna, S. 55–91.

Pelletier, Monique (1998): I globi di Coronelli, in: Domini, Donatino/Milanesi, Marica (Hg.): Vincenzo Coronelli e l',Imago Mundi', Ravenna, S. 90–98.

Pemsel, Helmut (2003): Weltgeschichte der Seefahrt, Bd. IV: Biographisches Lexikon, Wien/Graz.

Piazzi, Alberto (Hg.) (1994): Biblioteca Capitolare Verona, Fiesole.

Polignac, François de (2005): Francesco Bianchini et les ‚cardinaux antiquaires'. Archéologie, science et politique, in: Kockel, Valentin/Sölch, Brigitte (Hg.): Francesco Bianchini (1662–1729) und die europäische gelehrte Welt um 1700, Berlin, S. 165–178.

Reinhard, Wolfgang (1979): Sozialgeschichte der Kurie in Wappenbrauch und Siegelbild. Ein Versuch über Devotionswappen frühneuzeitlicher Kardinäle, in: Gatz, Erwin (Hg.): Römische Kurie, Kirchliche Finanzen, Vatikanisches Archiv. Studien zu Ehren von Hermann Hoberg, Bd. 2, Rom, S. 741–772.

Rohr, René R. J. (1982): Die Sonnenuhr. Geschichte – Theorie – Funktion, München.

Romano, Antonella (1999): Roma e la scienza. Figure, istituzioni, dibattiti, in: Roma moderna e contemporanea 7, 3, S. 347–367.

Romano, Antonella (2002): La vita scientifica alla Trinità dei Monti nel XVII secolo, in: Bruley, Yves (Hg.): La Trinité-des-Monts redécouverte. Arts, foi et culture / Trinità dei Monti riscoperta. Arti, fede e cultura, Rom, S. 131–141.

Rossi, Paolo (2007): I viaggi, il mare, i naufragi, la nuova scienza, in: Tega, Walter (Hg.): Il Viaggio. Mito e scienza, Bologna, S. 21–29.
Rotta, Salvatore (1968): Francesco Bianchini, in: Dizionario Biografico degli Italiani, Bd. 10, S. 187–194.
Rotta, Salvatore (1990): L'accademia fisico-matematica Ciampiniana: un'iniziativa di Cristina?, in: Di Palma, Wilma/Bovi, Tina (Hg.): Cristina di Svezia. Scienza ed alchimia nella Roma barocca, Bari, S. 99–186.
Ruhl, Klaus-Jörg (Hg.) (1993): Spanien Ploetz. Die Geschichte Spaniens und Portugals zum Nachschlagen, Freiburg/Würzburg.
Salentiny, Fernand (1995): Dumont's Lexikon der Seefahrer und Entdecker. Von Amundsen bis Zeppelin, überarb. und aktual. von Heike Brillmann-Ede und Annika Mikesch, Köln.
Sander, Franz (1934): Die Auffassung des Raumes bei Emanuel Maignan und Johannes Baptiste Morin, Paderborn.
Schaffer, Simon (2007): Himmlische Mächte, in: Brons, Franziska (Hg.): Imagination des Himmels (Bildwelten des Wissens. Kunsthistorisches Jahrbuch für Bildkritik, Bd. 5, 2), Berlin, S. 40–49.
Schiavo, Armando (1979): Abitanti del palazzo della Cancelleria, in: Strenna dei Romanisti 40, S. 552–560.
Schiavo, Armando (1993): La Meridiana di S. Maria degli Angeli, Rom.
Schröder, Richard (2002): Wissenschaft contra Religion? Zum Fall Galilei, in: Buchheim, Thomas u.a. (Hg.): Die Normativität des Wirklichen. Über die Grenze zwischen Sein und Sollen, Stuttgart, S. 112–154.
Siemer, Stefan (2004): Geselligkeit und Methode. Naturgeschichtliches Sammeln im 18. Jahrhundert, Mainz.
Sölch, Brigitte (2002): Visualisierung historischen Wissens und (Re-)Konstruktion von Geschichte. Ein Blick in die Sammlungsgeschichte des 18. Jahrhunderts, in: Landwehr, Achim (Hg.): Geschichte(n) der Wirklichkeit. Beiträge zur Sozial- und Kulturgeschichte des Wissens (Documenta Augustana, Bd. 11), Augsburg, S. 249–273.
Sölch, Brigitte (2007): Francesco Bianchini (1662–1729) und die Anfänge öffentlicher Museen in Rom, München/Berlin.
Spinelli, Riccardo (Hg.) (2003): Il Gran Principe Ferdinando de' Medici e Anton Domenico Gabbiani. Mecenatismo e committenza artistica ad un pittore fiorentino della fine del Seicento, Ausst. Kat., Florenz.
Stauffer, Marie Theres (2005): ‚Nihil tam obvium, quam specula; nihil tam prodigiosum, quam speculorum phasmata'. Zur Visualisierung von katoptrischen Experimenten des späten 16. und 17. Jahrhunderts, in: Schütze, Sebastian (Hg.): Kunst und ihre Betrachter in der Frühen Neuzeit. Ansichten – Standpunkte – Perspektiven, Berlin, S. 251–290.
Stauffer, Marie Theres (2010): Spiegel-Wissen. Kunstvolle optische Effekte in der frühneuzeitlichen Naturphilosophie, in: Kritische Berichte 38, 3, S. 46–59.
Tega, Walter (1984): Mens agitat molem. L'accademia delle Scienze di Bologna (1711–1804), in: Cremante, Renzo/ders. (Hg.): Scienza e letteratura nella cultura italiana del Settecento, Bologna, S. 65–108.
Thieme, Ulrich/Becker, Felix (1999): Allgemeines Lexikon der bildenden Künstler von der Antike bis zur Gegenwart, unveränd. Nachdr. der Originalausgabe 1950, Leipzig.
Tinazzi, Massimo (2003): Gli strumenti ottici di Francesco Bianchini. Tecniche costruttive e uso del cannocchiale reticolato e senza tubo, in: Atti del XXIII Congresso Nazionale di Storia della Fisica e dell'Astronomia, Bari, S. 383–397.

Tinazzi, Massimo (2004): I disegni inediti dei manoscritti di Francesco Bianchini conservati presso la Biblioteca Capitolare di Verona, in: Atti della Fondazione Giorgio Ronchi 59, 3, S. 407–456.

Trempler, Jörg (2013): Katastrophen. Bild und Bedeutung, Berlin (im Erscheinen).

Uglietti, Francesco (1986): Un erudito veronese alle soglie del settecento: Mons. Francesco Bianchini 1662–1729, Verona.

Van Helden, Albert (1994): Telescopes and Authority from Galileo to Cassini, in: Osiris 9, S. 9–29.

Vasco Rocca, Sandra/Borghini, Gabriele (Hg.) (1995): Giovanni V di Portogallo (1707–1750) e la cultura romana del suo tempo, Rom.

Vicini, Maria Lucrezia (Hg.) (1998): Guida alla Galleria Spada, Rom.

Viola, Corrado (2010): Per un inventario dei carteggi bianchiniani, in: Ciancio, Luca/Romagnani, Gian Paolo (Hg.): Unità del sapere, molteplicità dei saperi. Francesco Bianchini (1662–1729) tra natura, storia e religione, Verona, S. 121–162.

Vitali, Samuel (2003): Der Palazzo Magnani in Bologna, in: Büchel, Daniel/Reinhardt, Volker: Modell Rom? Der Kirchenstaat und Italien in der Frühen Neuzeit, Köln, S. 101–117.

Wheeler, Douglas L. (2002): Historical Dictionary of Portugal, Lanham u.a.

Whitaker, Ewen A. (1999): Mapping and Naming the Moon. A History of Lunar Cartography and Nomenclature, Cambridge.

Whitmore, P.J.S. (1967): The Order of Minims in Seventeenth-Century France, The Hague.

Wimböck, Gabriele/Leonhard, Karin/Friedrich, Markus (2007): Evidentia: Reichweiten visueller Wahrnehmung in der Frühen Neuzeit, in: dies. (Hg.): Evidentia. Reichweiten visueller Wahrnehmung in der Frühen Neuzeit, Berlin, S. 9–38.

Wolf, Hubert (2005): Symbolische Kommunikation am Heiligen Hof des Papstes. Eine Einleitung, in: Wassilowsky, Günther/ders. (Hg.): Werte und Symbole im frühneuzeitlichen Rom, Münster, S. 9–19.

Zenkert, Arnold (2002): Faszination Sonnenuhr, Frankfurt/M.

Zinner, Ernst (1956): Deutsche und niederländische astronomische Instrumente des 11. bis 18. Jahrhunderts, München.

Zittel, Claus (2010): Bildwissenschaft als Herausforderung für die Philosophie?, in: Kritische Berichte 38, 3, S. 7–17.

Zittel, Claus (2012): Die Lunatiker von Aix-en-Provence: Peiresc – Gassendi – Mellan, in: Feist, Ulrike/Rath, Markus (Hg.): Et in imagine ego. Facetten von Bildakt und Verkörperung. Festgabe für Horst Bredekamp, Berlin, S. 277–299.

Zitzlsperger, Philipp (2006): Die globale Unendlichkeit. Berninis Sockelplanung für seine Porträtbüste Ludwigs XIV., in: Bredekamp, Horst/Schneider, Pablo (Hg.): Visuelle Argumentationen. Die Mysterien der Repräsentation und die Berechenbarkeit der Welt, München, S. 61–78.

# BILDNACHWEISE

**Bild 1**: Foto der Verfasserin. **Bild 2**: BCV, cod. CCCLXXXVII, fol. 258, Foto der Verfasserin. **Bild 3**: Vicini 1998, S. 16. **Bild 4**: Cannatà 1995, S. 75. **Bild 5**: Neppi 1975, S. 239, Bild digital bearbeitet von der Verfasserin. **Bild 6**: Cannatà 1995, S. 85. **Bild 7–11**: Foto der Verfasserin. **Bild 12**: Sopr. BAS Roma, Neg. No. 127087. **Bild 13**: Detail aus Bild 6. **Bild 14–17**: Foto der Verfasserin. **Bild 18**: Istituto Centrale per il Catalogo e la Documentazione, D 5394. **Bild 19**: Camerota 2000, S. 307. **Bild 20**: Maignan 1648, fol. 3r. **Bild 21**: Frontispiz aus Maignan 1648. **Bild 22**: Maignan 1648, zwischen S. 390 und S. 391. **Bild 23**: Detail aus Bild 22. **Bild 24**: Romano 2002, S. 131. **Bild 25**: Bildarchiv prometheus. **Bild 26**: Frontispiz aus Kircher 1635. **Bild 27**: http://commons.wikimedia.org/wiki/File:Cadran_solaire_Stendhal_-_Grenoble.jpg (15. 3. 2013). **Bild 28**: Romano 2002, S. 134. **Bild 29**: Paul Gagnaire, http://michel.lalos.free.fr/cadrans_solaires/autres_pays/italie/latium/trinite_des_monts/cs_trinite_des_monts.html (15. 3. 2013). **Bild 30**: Courtright 2003, Tafel III. **Bild 31**: Spinelli 2003, S. 75. **Bild 32**: Detail aus Bild 31. **Bild 33**: Heilbron 2000, S. 8, Bild 3. **Bild 34**: Bianchini 1697, fol. 1. **Bild 35**: BVR, U.20, fol. 223r, Foto der Verfasserin. **Bild 36**: BCAB, Autografi VIII, no. 2435, fol. 2v, Foto der Verfasserin. **Bild 37–38**: Staatsbibliothek zu Berlin – PK, Abteilung Historische Drucke. **Bild 39**: Bologna, Alma Mater Studiorum – Università di Bologna, Museo della Specola. **Bild 40**: Staatsbibliothek zu Berlin – PK, Abteilung Historische Drucke. **Bild 41**: Detail aus Bild 40. **Bild 42**: Mariette 2003, Bd. 1, S. 20, Bild 2. **Bild 43–52**: Staatsbibliothek zu Berlin – PK, Abteilung Historische Drucke. **Bild 53**: BCV, cod. CCCLXXXVII, fol. 244, Foto der Verfasserin. **Bild 54**: BCV, cod. CCCLXXXVII, fol. 259, Foto der Verfasserin. **Bild 55**: BCV, cod. CCCCXXXIV, fol. 183r, Foto der Verfasserin. **Bild 56**: BCV, cod. CCCCXXXIV, fol. 189r, Foto der Verfasserin. **Bild 57**: BCV, cod. CCCCXXXIV, fol. 187r, Foto der Verfasserin. **Bild 58**: BCV, cod. CCCCXXXIV, fol. 184r, Foto der Verfasserin. **Bild 59**: Piazzi 1994, Tafel CLXVIII. **Bild 60**: Vasco Rocca/Borghini 1995, S. 19, Bild 6. **Bild 61**: Zitzlsperger 2006, S. 62, Bild 1. **Bild 62**: BCV, cod. CCCCXXIV, fol. 6v, Foto der Verfasserin. **Bild 63**: BCV, cod. CCCCXXXIV, fol. 5r, Foto der Verfasserin. **Bild 64**: BCV, cod. CCCCXXXIV, fol. 7r, Foto der Verfasserin. **Bild 65**: BCV, cod. CCCCXXXIV, fol. 64r, Foto der Verfasserin. **Bild 66**: BCV, cod. CCCCXXXIV, fol. 169v, Foto der Verfasserin. **Bild 67**: BCV, cod. CCCCXXXIV, fol. 69v,

Foto der Verfasserin. **Bild 68**: BCV, cod. CCCCXXXIV, fol. 219v/220r, Foto der Verfasserin. **Bild 69**: Detail aus Bild 38. **Bild 70**: BCV, cod. CCCCXX, fol. 5v/6r, Foto der Verfasserin. **Bild 71**: Kockel/Sölch 2005, S. 21, Bild 5. **Bild 72**: BCV, cod. CCCCIX, fol. 11r, Foto der Verfasserin. **Bild 73**: BCV, cod. CCCCXVI, fol. 21r, Foto der Verfasserin. **Bild 74**: Bredekamp 2007, S. 26, Bild 15. **Bild 75**: Detail aus Bild 74. **Bild 76**: BCV, cod. CCCLXXXVII, fol. 248, Foto der Verfasserin. **Bild 77**: BCV, cod. CCCCXXX, fol. 101v/102r, Foto der Verfasserin. **Bild 78–79**: Staatsbibliothek zu Berlin – PK, Abteilung Historische Drucke. **Bild 80**: http://tab.faculty.asu.edu/chapter73.html (15.3.2013). **Bild 81**: BCV, cod. CCCCXXXIV, fol. 212r, Foto der Verfasserin. **Bild 82**: BCV, cod. CCCCXXXIV, fol. 221r, Foto der Verfasserin. **Bild 83**: BCV, cod. CCCCXXXIII, fol. 259r, Foto der Verfasserin. **Bild 84**: Bredekamp 2007, S. 132, Bild 103. **Bild 85**: Leonhard/Felfe 2006, S. 114, Bild 15. **Bild 86**: BCV, cod. CCCCXXXIII, fol. 23r, Foto der Verfasserin. **Bild 87**: BCV, cod. CCCCXXXIV, fol. 191r, Foto der Verfasserin. **Bild 88**: BCV, cod. CCCCXXXIV, fol. 201r, Foto der Verfasserin. **Bild 89**: Manfredi 1737, S. 253. **Bild 90**: BCV, cod. CCCCXXXIV, fol. 204r, Foto der Verfasserin. **Bild 91**: BCV, cod. CCCCXXXIV, fol. 207r, Foto der Verfasserin. **Bild 92**: Dal Prete 2003, S. 12. **Bild 93**: Ozanam 1697, S. 80. **Bild 94**: Staatsbibliothek zu Berlin – PK, Abteilung Historische Drucke. **Bild 95**: Detail aus Bild 45, unten links. **Bild 96**: BCV, cod. CCCCXXXIV, fol. 206r, Foto der Verfasserin. **Bild 97**: Manfredi 1737, S. 253. **Bild 98**: BCV, cod. CCCCXXXIV, fol. 191r, Foto der Verfasserin. **Bild 99**: Detail aus Bild 45, oben rechts. **Bild 100**: BCV, cod. CCCCXXXIV, fol. 202r, Ausschnitt, Foto der Verfasserin. **Bild 101**: Detail aus Bild 45, Mitte rechts. **Bild 102**: BCV, cod. CCCCXXXIV, fol. 79r, Foto der Verfasserin. **Bild 103**: Schroeter 1995, S. 23. **Bild 104**: NASA/JPL/USGS, http://photojournal.jpl.nasa.gov/catalog/PIA00158 (15.3.2013). **Bild 105**: ESA 2007 MPS/DLR-PF/IDA, http://spaceinimages.esa.int/Images/2007/11/Venus_southern_hemisphere_in_the_ultraviolet (15.3.2013). **Bild 106**: J. Whatmore/ESA 2006, http://spaceinimages.esa.int/Images/2007/11/Artist_s_concept_of_lightning_on_Venus2 (15.3.2013). **Bild 107**: http://www.scientificsonline.com/venus-globe.html (15.3.2013).

ACTUS
et IMAGO

Berliner Schriften für Bildaktforschung
und Verkörperungsphilosophie

Herausgegeben von Horst Bredekamp und Jürgen Trabant

Bilder sind keine Abbilder, sondern erzeugen im Bildakt, was sie darstellen. Sie verfügen über eine handlungsstiftende Kraft und wirken selbst lebendig. Bildkompetenz lässt sich keineswegs ausschließlich aus der traditionell überbewerteten Visualität des Menschen ableiten: Menschen reagieren auch deshalb auf Bilder, weil ihr unbewusstes neurologisches Körperschema, das aus der Integration taktiler, propriozeptiver, vestibulärer, visueller und akustischer Informationen entsteht, durch Bildschemata affiziert wird. Diese neuere Erkenntnis der Kognitionswissenschaften entspricht älteren Vorgaben der Verkörperungsphilosophie, die eine genuine Tradition im europäischen Sprachraum hat.

In den Studien der Reihe „Actus et Imago" wird eine Bild- und Verkörperungstheorie entwickelt, die in der Lage ist, Bildproduktion, Bildverstehen und Bildakte zu erklären. Im Ausgang vom belebten Leib leisten sie einen Beitrag zum Verständnis des menschlichen Reflexionsvermögens, das sich in ikonischen wie sprachlichen Formen und Interaktionen verkörpert.

In der Reihe sind bereits erschienen:

BAND I *Sehen und Handeln*
hrsg. von Horst Bredekamp und John M. Krois
ISBN 978-3-05-005090-4

BAND II *John Michael Krois. Bildkörper und Körperschema*
hrsg. von Horst Bredekamp und Marion Lauschke
ISBN 978-3-05-005208-3

BAND III Thomas Gilbhard
*Vicos Denkbild. Studien zur „Dipintura" der „Scienza Nuova" und der Lehre vom Ingenium*
ISBN 978-3-05-005209-0

BAND IV Stefan Trinks
*Antike und Avantgarde. Skulptur am Jakobsweg im 11. Jahrhundert: Jaca – León – Santiago*
ISBN 978-3-05-005695-1

BAND V *Das bildnerische Denken: Charles S. Peirce*
hrsg. von Franz Engel, Moritz Queisner und Tullio Viola
ISBN 978-3-05-005696-8

BAND VI *Verkörperungen*
hrsg. von André L. Blum, John M. Krois und Hans-Jörg Rheinberger
ISBN 978-3-05-005699-9

BAND VII *Das haptische Bild. Körperhafte Bilderfahrung in der Neuzeit*
hrsg. von Markus Rath, Jörg Trempler und Iris Wenderholm
ISBN 978-3-05-006011-8

BAND VIII John Bender, Michael Merrinan
*Kultur des Diagramms*
ISBN 978-3-05-005765-1

BAND IX *Bodies in Action and Symbolic Forms. Zwei Seiten der Verkörperungstheorie*
hrsg. von Horst Bredekamp, Marion Lauschke und Alex Arteaga
ISBN 978-3-05-006140-5

BAND XI *Paragone als Mitstreit*
hrsg. von Joris van Gastel, Yannis Hadjinicolaou und Markus Rath
ISBN 978-3-05-006425-3